官运和
主　编

罗　静
李善佳
盛维林
徐文锋
副主编

新师范数学基本技能

清華大学出版社
北京

内 容 简 介

本书为适应时代发展需要,落实新师范建设的"最后一公里",结合数学教育的实际而编写.

本书根据"数学微格教学"课程标准的要求进行编写,旨在深化数学课堂教学研究,科学化、规范化数学教师教学技能训练.本书力求使用通俗的语言、严密的论述,结合典型实例,使教材具有较好的可读性与思考性,力求在总结自己教学经验的同时充分吸收各位前辈和同仁的经验和做法,丰富本书内容.

全书共分6章,第1章为"数"说技能,第2章为数学教学设计技能,第3章为信息技术应用技能,第4章为数学课堂教学的基本技能,第5章为微格教学技能,第6章为教研技能.

本书可作为高等师范院校数学教育专业的教材,也可作为中小学教师继续教育、各类数学教育工作者的参考书.

图书在版编目(CIP)数据

新师范数学基本技能 / 官运和主编. -- 北京 : 清华大学出版社,2025.9.
ISBN 978-7-302-70175-0

Ⅰ. O1

中国国家版本馆 CIP 数据核字第 2025YJ3455 号

责任编辑:刘 颖
封面设计:傅瑞学
责任校对:薄军霞
责任印制:刘 菲

出版发行:清华大学出版社
   网 址:https://www.tup.com.cn,https://www.wqxuetang.com
   地 址:北京清华大学学研大厦 A 座   邮 编:100084
   社 总 机:010-83470000   邮 购:010-62786544
   投稿与读者服务:010-62776969,c-service@tup.tsinghua.edu.cn
   质量反馈:010-62772015,zhiliang@tup.tsinghua.edu.cn
印 装 者:三河市铭诚印务有限公司
经 销:全国新华书店
开 本:185mm×260mm   印 张:12   字 数:292 千字
版 次:2025 年 9 月第 1 版   印 次:2025 年 9 月第 1 次印刷
定 价:38.00 元

产品编号:107969-01

前言

FOREWORD

　　新时代塑造新格局,新格局呼唤新教育,新教育召唤新教师,新教师需要"新师范".2022年4月2日,教育部等八部门联合印发《新时代基础教育强师计划》,"新师范"建设在全国各地迅速开展,特别是广东省教育厅印发《广东"新师范"建设实施方案(2022—2025年)》,以下简记为《方案》.《方案》明确提出到2025年,建成以师范院校为主体、其他高校参与,以本科和研究生教育为重点的新时代师范生培养体系,进一步健全省、市、县、校、工作室"五位一体"教师专业发展体系,办好一批高水平、有特色的师范院校和一流师范专业,优化师范生培养规格、层次和结构,防止教师人才供给区域性、结构性失衡,提升师范院校服务区域基础教育发展能力.《方案》的定位是把好脉、开好方,以问题为导向,积极探索破解教师教育困境的路径和方法,并提出十条措施,以期达到全面提升教师教育服务基础教育能力的目标.为适应时代发展需要,落实新师范建设的"最后一公里",结合数学教育的实际,我们编写了本书.

　　"数学微格教学"是高等师范院校数学教育专业必修课程,本书根据"数学微格教学"课程标准的要求进行编写,旨在深化数学课堂教学研究,科学化、规范化数学教师教学技能训练.本书力求使用通俗的语言、严密的论述,结合典型实例,使教材具有较好的可读性与思考性,力求在总结自己教学经验的同时充分吸收各位前辈和同仁的经验和做法,丰富本书内容.

　　全书共分6章,第1章为"数"说技能(包括说数学与数学教学、说题与技能竞赛、说课与教师应聘技能),第2章为数学教学设计技能,第3章为信息技术应用技能(包括PowerPoint、几何画板、GeoGebra),第4章为数学课堂教学的基本技能(包括导入技能、讲解技能、提问技能、板书板画技能、结束技能、变化技能、演示技能),第5章为微格教学技能,第6章为教研技能(包括教育调查、教育课题、教研论文的写作).第1章与第5章由官运和编写,第2章与第6章由罗静编写,第3章由李善佳编写,第4章由盛维林与徐文锋编写.全书由官运和设计框架与统稿.

　　本书在出版过程中得到了清华大学出版社的大力支持,特别是清华大学出版社刘颖编审付出了大量的心血,得到了韶关学院教务部与数学与统计学院等单位领导的支持和帮助,在此表示衷心的感谢.

　　本书可作为高等师范院校数学教育专业的教材,也可作为中小学教师继续教育、各类数学教育工作者的参考书.

　　本书在编写过程中,引用或参考了现有数学微格教学教材、数学教学技能训练教材、数学专著、数学丛书、数学论文、数学帖子、AI 工具及中小学教师课堂教学中的内容等,在此谨向有关作者表示由衷的谢意.

　　由于编者水平有限,错误和缺点在所难免,恳请读者批评指正.

编　者

2025 年 4 月于广东韶关

目录

CONTENTS

第 1 章

"数" 说技能

随着中小学数学教学研究的不断深化与发展,数学教学、教研活动的内容和形式都在发生变化,特别是在"说"的活动方面,"说数学""说题""说课"蓬勃发展,应用广泛.很多数学教师在教学中积极应用说数学,很多学校将说课、说题活动纳入教研活动中,有的地方将说课、说题技能纳入教师教学技能的考核范围之内,有的省举行全省数学教师的说课、说题比赛,有的学校招聘教师将说课、说题纳入面试环节.

1.1 说数学与数学教学

1.1.1 什么是说数学

说数学的定义众说纷纭,无统一界定,比如,有人认为说数学是学生通过数学交流来学习数学的方式,强调数学学习中的交流与表达;有人认为说数学是学生用自己的语言说出数学知识、思想方法及解决问题的过程与策略等内容的一种学习方式,强调说数学有助于学生组织和整合数学知识,深化对概念的理解;有人认为说数学是学生在数学课堂中针对某一数学对象表达自己的理解与认识、想法与思路、体会与感悟等的一种互动性数学活动,强调说数学不仅是数学学习的一种方式,更是理解数学的重要工具;有人认为说数学是学生通过数学交流来完成数学学习的重要形式;有人认为说数学是个体用口头表达自己对数学问题的具体认识、理解,解决数学问题的思路、思想和方法以及数学学习的情感、体会等的数学学习活动,强调说数学不仅是个人思维的体现,更是社会互动和知识共享的过程.简单地说,有人说其是一种教学活动、数学活动、学习方式,也有人说其是一种教学模式、教学策略、教学方法等,原因之一是看问题的角度不同,应用情形不同.共性是,说数学是用语言表达数学概念、数学问题解决过程、数学思维等内容.这里界定为教学技能,在数学教学过程中,教师引导学生对数学问题进行表达交流,以便更好地达到教学目标和良好的教学效果,这种教学技能称为说数学.

当然,说数学可以发生在课堂内外,关键在于教师对说数学技能的发挥.一方面,说数学可以发生在课堂教学中.学生通过口头表达自己对数学问题的理解、解题思路、推理过程等,有助于加深对数学知识的理解和掌握,同时也能让教师及时了解学生的思维状况,进行有针对性的指导；另一方面,说数学也可以在日常学习交流中进行.同学之间互相讲述数学题的解法、分享数学学习心得,能够拓宽思维视野,从不同角度看待数学问题.

为了更好地掌握说数学的技能,要注意以下几个方面:

(1) 语言表达与数学理解的结合.说数学强调通过语言表达来促进数学理解.学生在表达数学思想的过程中,需要组织和整合数学知识,这有助于深化对数学知识的理解.

(2) 思维过程的外化.说数学要求学生将内在的思维过程外化为语言表达.通过描述数学知识或数学知识应用过程(比如:解题思路和推理过程),学生可以更好地梳理思维,发现知识间的联系.

(3) 师生互动与知识共享.说数学不仅是个人的思维活动,更是师生互动和知识共享的过程.通过与他人的交流和讨论,学生可以拓展思维,提高解决问题的能力.

(4) 语言的精确性与逻辑性.说数学要求学生用准确、简洁的语言表达复杂的数学思想.这不仅有助于提高学生的语言组织能力,还能培养其逻辑思维和批判性思维能力.

1.1.2 为什么要说数学

古希腊的苏格拉底创立了对话式的教学方式,其本质是说数学的思想,该教学法强调教师用引导、提问的方式促使学生去"说".多数国家的数学教学都高度重视说数学.多数国家的数学教育教学大纲含有"数学交流"之类的字眼,其含义是说数学.1989 年,全美数学教育理事会在《美国学校数学课程与评价标准》中提出了"说数学",认为"说数学"包括:①让学生理解数学语言的分类以及特点,教会学生使用数学语言阐述数学知识或命题并与他人交流思想.②设置合理的教学情境为学生提供更多的"说"的机会,对学生"说"的过程进行有效的引导和监控,关注学生在"说"的过程中的情感态度层面的收获.③引导学生在自然流畅的"说"数学语言的同时要善于思考,提高其精确使用数学语言进行表达的能力.

说数学对数学教学具有十分重要的意义.

(1) 有利于更好地适应课改的教学理念.

数学课堂的教学普遍存在"单边教学"的现象,而说数学要求教师由"知识灌输者"转变成学习的"领航人",使学生真正成为学习的主体,教师在教学活动中更加关注学生的主体性发展.现代教育强调以学生为中心的教学模式,而说数学正是这一理念的体现.它鼓励学生主动思考、表达和参与,而不是被动接受知识.这种教学方式更符合核心素养培养的要求,注重学生的全面发展.

(2) 有助于深化数学理解.

学生通过说数学将自己的思考过程用语言表达出来,能够更好地梳理和反思自己的思路,从而加深对数学概念和方法的理解.在表达的过程中,学生需要将抽象的数学知识转化为具体的语言,这有助于他们更好地消化知识,使学生对数学知识和数学过程的理解更加深刻.

(3) 有助于培养学生逻辑思维能力.

说数学要求学生清晰地表达自己的推理过程,呈现出思维过程,这有助于培养他们的逻辑思维能力和严谨的数学表达能力.通过语言组织数学思想,学生能够更好地发现思维中的逻辑漏洞或不严谨之处,从而改进自己的思维方式.

学生经过"说"之前的准备、"说"过程中的思考、"说"之后的反思总结这一整体说数学的过程,深切体会数学学习活动,使得学生的思维更活跃、更缜密,提高学生分析问题、解决问题的能力,培养学生有条理思考、质疑、清晰表达、言必有据、言必有理等优良品质.

(4) 有助于促进课堂互动与形成良好的学习氛围.

说数学鼓励学生在课堂上积极参与讨论,与同学和老师交流想法,形成良好的学习氛围.在小组讨论或全班分享中,学生可以听到不同的解题思路和方法,拓宽自己的思维视野,增强学生主体意识、合作精神,让数学学习效果反馈更及时、快速和有效.

(5) 有助于提高数学语言表达能力.

数学有自己的语言体系,包括符号、术语和表达方式.通过"说数学",学生能够熟练掌握数学语言,并学会用准确的语言描述数学问题,提高学生口头表达能力、思维能力、数学知识迁移的能力.

(6) 有助于提高学生学习数学的兴趣和自信心.

通过"说数学",学生能够更主动地参与到课堂中,表达自己的观点和想法,从而提高对数学学习的兴趣.当学生能够清晰地表达数学思想并得到认可时,他们的自信心也会得到提升.强化了学生的主动参与和学习主体地位,能够增强学生的自我期望值,让学生不再对数学学习恐惧而是对其充满了信心.

(7) 有助于帮助教师及时获得反馈信息.

通过倾听学生说数学,教师可以更直观地了解学生对知识的掌握程度以及思维过程中存在的问题,从而有针对性地调整教学策略.学生的表达能够反映出他们的思维误区,教师可以及时纠正并提供指导.

(8) 有助于培养学生的批判性思维.

在说数学的过程中,学生不仅需要表达自己的观点,还需要倾听他人的想法,并对不同的观点进行分析和评价.这种过程有助于培养学生的批判性思维,使他们能够从多角度看待问题.

1.1.3 说数学说什么

在数学教学中,学生通过"说"来表达自己对数学问题的具体认识、对数学知识的理解、对数学基本思想的感悟.说数学的主要内容包括:说数学知识、说思考过程、说学习疑惑、说收获体会.

说数学知识包括说数学的数量、关系、结构、变化、空间以及相关信息等,说对数学问题的认知、理解,说对符号、概念的理解等.

说思考过程包括说理解问题与制定解决问题策略的思路,说执行步骤与检验结果的流程或操作步骤,说总结与优化的思路,说推理过程,说发现、提出、分析、解决问题的过程等.

说学习疑惑包括说思考中的疑惑、表达中的疑惑等.

说收获和体会包括说学习数学知识、提升数学能力的收获,说学习失败的原因与改进策略的分析,说数学学习的内心感受、情感体验等.

当然,在不同的课型与环节,说数学的侧重点不同,概念教学中重点说概念的形成过程,让学生尝试、体验抽象与概括,重点说语言转换,加强学生对概念的理解,培养学生进行语言转换的能力,重点说规律、性质,促使学生质疑、讨论和辩论;原理教学中重点说为什么要学习这一原理,使学生了解原理的产生背景,说原理是如何产生的,让学生感悟原理的产生过程中的数学思想方法,说原理的引入,让学生感悟原理的数学思维过程,说原理是怎样证明或推导的,让学生认清原理的条件和结论,掌握它的证明或推导方法,说原理的结构和作用,说原理的应用与拓展,使学生进一步掌握不同原理间的关系或推广,把所学知识加深巩固、系统化,使学得的知识融会贯通,能灵活自如地应用原理解决有关问题.探索新知识时说发现过程,说探索中的体会和困难以及相应的数学教与学的方法;解题教学时说命题的构成,说问题思考方向、解决的方法、解决的关键,说所用的思想方法,说由问题启发而来的思考、想法,说解题中的得意之处、解题失败的原因、思维火花、试题的变式;学习遇到困难时说疑问、说方法;课堂小结时说收获、说体会.

1.1.4 怎么说数学

说数学是一项重要的技能,要能够灵活应用这一技能,必须通过不断练习和反思,并且掌握训练方法.

(1)明确说数学的目标.

在说数学之前,首先要明确说数学的目标.是要解释一个概念、证明一个定理,还是解决一个问题? 明确目标有助于组织语言和逻辑结构.

(2)使用准确的数学语言进行结构化表达.

数学语言具有高度的精确性,因此在说数学时,必须使用准确的术语和符号.避免使用模糊或不明确的词汇.

(3)可视化辅助使得形象生动.

使用图表、图形等可视化工具,可以增强表达的效果.特别是在解释几何等数学内容时,可视化工具尤为重要.

(4)互动与反馈.

在说数学的过程中,与听众互动并获取反馈是非常重要的.通过提问、讨论等方式,可以了解听众的理解程度,并及时调整你的表达方式.

(5)练习与反思.

说数学是一项需要不断练习的技能.通过反复练习和反思,可以不断提高自己的表达能力和逻辑思维能力.

(6)让学生敢"说".在教学过程中,坚持以学生的学习为中心的理念,学生为主体,教师为主导.说数学更是突出这一特征,学生是"说"的主体,教师是"说"的调控者,教师的职责之一是鼓励、引导学生"说"出来.在教学过程中,针对数学问题,教师创设轻松、愉快、民主的氛围,鼓励、引导学生说.在创设"说"的机会的同时,对学生的发言要有合理评价,要宽容对待学生的表现,允许学生出现错误,营造"说"的环境,让学生敢"说".

(7)让学生会"说".在教学过程中,教师要提供有效的引导使学生清晰地、有条理地"说",引导学生用正确的、规范的语言进行表达,指导学生对概念定义、推导过程、分析方法、解题关键、知识应用、学习过程中的感受、情绪、认识、想法和念头等内容进行述说,让学生会"说".

(8)让学生想"说".说数学是说、听、记、想、评等行为的统一体,在说的过程中不断有新的观点被提出,不同的意见之间发生碰撞、交融,当某同学在说的时候,其他同学通过听、看、记、想、辨等思维过程之后,与"说"的同学展开对话交流,回答其提出的问题或者向其表述自己的质疑,补充其相关讲述或者提出更好的解法,使得同学们学习兴趣更浓厚、知识应用更轻松、思维更清晰、分析更准确、基础更深厚、方法更有效,所有同学都有所收获.

(9) 让学生乐"说". 在数学教学过程中,让学生享受说数学带来的收获,让学生乐"说",以便更好地发展和提高学生的自我监控能力、思考问题的能力. 积极开展形式多样的说数学活动,在新授课中说数学、在复习课中说数学、在试卷讲评课中说数学、在习题课中说数学、在知识的形成过程中说数学、在问题的疑难处说数学、在解题教学中说数学、在激发学生兴趣处说数学、在新课导入时说数学、在小结时说数学.

(10) 从让学生讲解数学题目开始,逐步扩展到其他的教学过程中. 教师可以根据学生的不同特点进行有针对性的引导.

(11) 针对不同特征的学生说数学应采用不同的方法给予指导. 具体可以参考表 1.1.

表 1.1 学生特征及对策汇总

学生特征	策 略	具 体 描 述
性格内向	给予鼓励	这类学生可能不太敢于表达自己,教师可以用温和的语气给予鼓励.
		当学生有进步时,及时表扬. 例如:"你看,你这次讲解得比上次更清楚了,继续加油."
	多提简单问题	"这个条件在这里起到了什么作用呢? 你试着说一说."教师适时提出这样一些相对简单的问题,帮助他们打开思路,增强自信心.
	营造轻松氛围	微笑着倾听,用点头等肢体语言给予肯定,营造轻松的课堂氛围,让学生感到放松.
性格外向	引导深入思考	这类学生通常比较活跃,但可能思考不够深入. 教师可以提出一些具有挑战性的问题,引导学生更深入地分析问题.
		提醒他们注意细节:"你说得很有道理,不过这里有个小细节你有没有考虑到呢?"
	规范表达	性格外向的学生可能在表达时比较随意,教师要注意规范他们的语言表达.
	发挥带头作用	可以让他们在小组讨论中发挥带头作用,带动其他同学积极参与. 比如:"你来组织一下小组讨论,看看大家对这道题有哪些不同的解法."
学习能力较强	鼓励创新方法	对于学习能力强的学生,鼓励他们尝试不同的解题方法和思路. 例如:"你已经掌握了常规的解法,能不能想出一种更独特的方法呢?"
		引导他们进行拓展:"这道题还有没有更深层次的数学原理可以挖掘呢?"
	挑战高难度问题	给他们提供一些高难度的题目,让他们在挑战中不断提升. 比如:"这是一道拓展题,你可以尝试一下,看看能不能找到解题思路."
	担任小老师	让他们担任小老师,帮助其他同学解决问题. 这样既可以巩固他们的知识,又能培养他们的领导能力和责任感.
学习能力较弱	简化问题	教师可以将问题进行简化,逐步引导他们理解. 例如:"我们先来看这个问题的一个简单版本,等你理解了,再看这道完整的题目."
		分解步骤:"这道题可以分成几个步骤来解决,我们一步一步来. 首先,我们看这个条件……"
	重复和强调重点	在他们讲解过程中,重复和强调重点内容,帮助他们加深印象. 比如:"你刚才说的这个知识点很重要,我们再回顾一下."
	给予具体建议	给予具体的建议和指导. 例如:"下次遇到类似的问题,你可以先从这个角度去思考……"

1.1.5　如何评价说数学

对说数学的评价必须是多元的.说数学是一种穿插于课堂教学中的教学活动,旨在促进学生交流数学,强化学生对数学知识的理解和内化,培养学生数学思维的能力,对其评价包括学生对数学语言、数学表征、对问题解决过程的组织、表达等知识性内容的收获程度的评价,包括学生在说数学过程中的思维、发言、参与度等方面的表现情况的评价,还包括在整个说数学过程中情感体验及独立思考、创新精神、协作精神的评价.

说数学之后,教师要引导学生及时进行反思和总结,对表现出来的态度、行为,以及说数学过程中的情感体验等方面进行定性评价,让学生静下心来回顾"说"的过程中所收获的知识和情感体验,总结其他同学的优秀思路和方法、反思自身的不足之处,体会整个学习过程并进行深入思考.关注学生在学习过程中的数学交流、数学思考、创新能力等方面的发展,关注学生是否对数学知识、数学学习有更深层的体会和理解,关注是否促进学生认知内化、思维发展,这是说数学的目标,也是评价说数学的基础.

评价说数学也可以选择学习效果、思维培养、教学策略、交流合作等四个维度来进行.从学习效果来看,说数学能促使学习者深入理解数学知识.当你用语言把数学概念、定理、解题过程等说出来时,需要对其进行梳理和思考,这有助于发现自己理解的薄弱点,从而强化对知识的掌握.从思维培养角度,说数学有助于锻炼逻辑思维能力.在表达的过程中,必须做到条理清晰、有理有据,这就要求对数学问题进行严谨的分析和推理,从而提升逻辑思维水平.在教学策略方面,教师可以通过学生说数学了解他们的学习情况和思维方式,及时调整教学策略,实现更有针对性的教学.对于交流合作来说,说数学可以促进学生之间的交流与合作,大家分享不同的解题思路和方法,能够拓宽视野,激发创新思维.

评价说数学也有人从语言表达、思维逻辑、互动质量、教学效果、创新能力等五个方面进行评价.语言表达方面评价的指标是数学术语使用的准确性、语言表达的清晰度、生活化类比的恰当性.思维逻辑方面评价的指标是推理的严密性、问题解决的策略性、数学思想的深度.互动质量方面评价的指标是师生对话的深度、学生参与的广度、课堂氛围的活跃度.教学效果方面评价的指标是学生对数学概念的理解程度、数学交流能力的提升、学习兴趣的激发.创新能力方面评价的指标是提出问题的独特性、解决方法的创造性、数学表达的个性化.

说数学要坚持四大基本原则:(1)学生主体原则.学生是"说"的主体,教师是"说"的调控者.(2)循序渐进原则.由易到难,由简到繁,逐步深化提高,使学生系统地掌握说数学的方法.(3)因材施教原则.在教学中根据不同的内容与不同学生的认知水平、学习能力以及自身素质,选择合适的说数学的方法,发挥学生的长处,弥补学生的不足,激发学生的学习兴趣,树立学生的学习信心.(4)机会均等原则.说数学不是个别学生用语言表达自己的想法,而是要让全体学生参与到说数学的教学活动中来.(5)发展性原则.注重过程性评价,关注学生在"说数学"中的思维发展轨迹.强调评价的诊断功能,帮助教师调整教学策略.

说数学过程中的常见问题有学生表达不流畅、讨论偏离主题、学生参与度低、评价流于形式,究其原因是数学语言积累不足、问题设计不够聚焦、课堂氛围不够开放、评价工具设计不合理.解决策略是提供语言支架,如关键词列表、设计核心问题,明确讨论方向、创设安全环境,鼓励学生大胆表达、优化评价工具,注重可操作性.

1.2　说题与技能竞赛

说题过程是说、听、记、想、评等行为的统一体,与选题、想题、做题、改题、编题等建立直接联系,很多学校将说题活动纳入教研活动中,有的地方将说题技能纳入教师教学技能的考核范围之内,有的省举行全省数学教师的说题比赛,有的学校招聘教师采用说题的形式.

1.2.1　什么是数学说题

简单地说,"数学说题"是指对一道数学题进行分析、讲解、阐述、评价的过程.数学"说题"包括教师说题、师范生说题和教学过程中的学生说题.

教师说题是指教师依据数学教育理论和课程标准,在做题的基础上,面向同行、专家或教研人员,运用口头语言及有关的辅助手段,阐述数学题的知识背景、达成目标、解题思路、变式延伸、推广拓展、教育价值、学情预设、解法指导等内容的一种教研活动.

师范生说题与教师说题相似,面向指导教师和同学,以练习技能为目的.

学生说题是指学生在课堂上说出自己对数学题目的认识、理解和解答等内容的教学活动.学生说题的目的是展示学生解题思维过程,发挥学生的主体作用,调动学生学习的积极性,提高学生的参与度,把课堂还给学生,把思考的权力还给学生,把课堂话语权还给学生,有效地构建过程性评价的渠道,以说一题来解决一类问题,以便能够将已解过的问题类型及其解决方法以形成整体、构成一定的"知识块"来达到掌握和储存的目标,培养学生分析问题、解决问题的能力.

1.2.2　数学说题说什么

不同的说题主体、不同的说题要求可以有不同的说题内容,说题内容包括很多方面,比如说审题、说解题、说评题等.

说审题包括说题目背景、立意、题意、知识网络、选题意义,其中的说题意又包括说已知条件与结论、题目的条件与结论的转化、题目相关知识点(包括概念、定理、定义等)、隐含条件、难点、易错点、突破点等.

说解题包括说解题思路、解题的切入点、解法分析、解答的格式和表述、思维过程、解题灵感、妙解、错解、解题困惑、检查、经验型反思、错误性反思、创造性反思、难点的解决、易错点的处理、突破点破解等.

说评题重在总结归纳.对题目进行总结,分析这类题目的特点、解题方法的普适性以及可能的拓展和变化.说评题有助于说题目标的达成,说题可以帮助学生更好地理解数学问题,提高解题能力和思维水平,同时也有助于教师了解学生的学习情况,改进教学方法.说评题包括两大方面内容,(1)变式延伸、推广拓展.说变式延伸包括说改变问题条件的变式,说改变问题结论的变式,说变式的设计意图等.说推广拓展包括说如何应用归纳与概括、类比与猜想、引申与推广、特殊化、一般化等方法将问题一般化或特殊化,说推广后的结论等.

(2)数学思想、解法指导、教育价值等.说数学思想即说出可能用到的数学思想方法,说解法指导即说如何引导探索解题思路,说教育价值即说对于解题者形成数学技能、理解数学有何实践意义,说问题解决整个过程包含的教育价值等.

教师说题、师范生说题包括数学题的知识背景、考查意图、解题思路、变式延伸、推广拓展、教育价值、学情预设、解法指导等内容.在教学过程中学生说题主要说出学生对数学题目的认识、理解和解答等内容.

1.2.3　为什么要说题

从师范生说题的角度来说,说题具有十分重要的意义.

(1)有利于提高说题者的数学表达能力.说题的本质是数学交流,说题的过程包括思考与表达,经常参与说题,有利于数学表达能力的提高.说题过程中,语言简洁明了:用简洁、准确的语言表达数学问题和解题过程,避免冗长和模糊的表述.图文结合:善于运用图形、图表等辅助工具来解释数学问题,使听者更容易理解.互动交流:在说题过程中能够与听众进行有效的互动,回答听者的提问,引导听者积极思考.

(2)有助于说题者养成善于反思的习惯.说题是有感而发,是经过大脑思考后才说,说题有助于经验型反思、错误性反思、创造性反思习惯的养成.

(3)有助于提升说题者的思维品质.说题是说、听、记、想、评等行为的统一体,在说题的过程中不断有新观点、新解法被提出,不同意见之间发生碰撞、交融,当某师范生在说题的时候,其他同学通过听、看、记、想、辨等思维过程之后,与说的同学展开对话交流,回答其提出的问题或者向其表述自己的质疑,补充其相关讲述或者提出更好的解法,使得知识应用更轻松、思维更清晰、分析更准确、方法更有效,展示解题思维过程,优化学生的思维品质,挖掘思维潜力,使得思维的深刻性、广阔性、灵活性、批判性得到提升.说题过程中,逻辑思维清晰:说题时思路连贯、条理分明,从问题的已知条件出发,通过合理的推理和论证逐步得出结论.创新思维的促成:能够从不同角度思考问题,提出新颖的解题方法和思路,展现出创造性地解决数学问题的能力.批判性思维的发展:对自己和他人的解题方法进行反思和评价,指出其中的优点和不足,不断改进解题过程.

(4)有助于说题者转变课堂教学方式.传统的教学以教为主,教师的讲授为主,说题教学是落实学生中心、以学为主的策略之一.

(5)有利于提高说题者的解题能力.说题过程中,通过说解题思路、解题步骤、解答格式、解题反思、解题困惑、妙解、错解的训练,必将提高说题者的解题能力.

(6)有利于提升说题者的数学素质.在知识掌握方面有利于对数学概念的准确理解.能够清晰地阐述各种数学概念的定义、性质和特点,比如函数的定义域、值域、单调性等概念.提升扎实的定理和公式运用能力.熟悉各种数学定理和公式,并能在说题过程中正确地运用它们来解决问题,例如勾股定理、三角函数公式等.在学习态度方面有利于严谨认真与积极进取的态度养成.对待数学问题一丝不苟,注重细节,不轻易放过任何一个错误.不断学习新的数学知识和方法,提升自己的数学素养,勇于挑战难度较大的数学问题.

1.2.4 如何说题

积极开展形式多样的说题活动,说题步骤大致可以是:

(1)夯实数学学科知识基础,掌握相关数学教育理论.数学学科知识是数学说题的基础,相关数学教育理论是数学说题的支撑.

(2)选择用以进行说题的题目.数学说题的选题是一门学问,选择的题目不宜太难,题目要有启发性,能引导数学思考和数学探索过程,使之在解决数学问题的整个过程中,经历观察、实验、猜想、推理、交流、反思等基本过程.题目要有代表性,通过对题目的一题多解与多题一解,体现数学知识的联系,体现数学思想和数学方法的灵活使用.

(3)选择说题内容.说题内容丰富,实施说题时可以根据实际情况选择说题内容.说题时分析题目所涉及的知识、思想、方法以及方法的适用条件,将解题所运用的意向性策略、合情推理策略和数学思想策略展示出来,充分暴露解题的思维过程.

(4)反思说题过程.回顾整个解题过程,读题分析过程中,仔细阅读题目,明确已知条件和所求问题,分析题目中的关键信息、数量关系以及隐含条件等.思路阐述过程中,说明自己解决这个问题的总体思路和方法选择的理由,结合图形、图表或举例等方式辅助说明思路的形成过程.回顾整个解题过程,总结所用的知识点、方法和技巧.思考此题是否有其他解法,或者可以进行怎样的拓展和变化.强调解题过程中的易错点和需要注意的地方,更好地达到说题的目的.

(5)强化说题训练,积极开展想题、选题、做题、改题、编题、议题、说题等系列活动.

在组织数学说题时要注意两个方面.①营造说题氛围,鼓励开口.创设宽松、民主、和谐的说题氛围,控制好说题的节奏.②合理设置说题的难度与梯度并持之以恒.在开始阶段,说的内容应相对简单和少,目的是培养学生说题的自信心,随着学生说题能力的提升,说的难易程度和说的内容范围等方面逐步提高和扩大.

在实施数学说题时要注意四个方面.①语言表达方面,语言要清晰、准确、简洁,避免模糊不清或冗长啰嗦的表述.使用规范的数学语言,确保表达的专业性.语速适中,给听众足够的时间理解你的讲解.②解题过程方面,解题步骤要完整,不能跳跃关键步骤,让听众能够清晰地跟随你的思路.对每一步的计算和推理都要有合理的解释,说明其依据的定理、公式或概念.注意书写规范,尤其是在展示解题过程时,字迹要工整,格式要规范.③互动交流方面,关注听众的反应,适时提问或引导听众思考,增加互动性.认真听取听众的问题和意见,耐心解答,积极交流.④内容把握方面,准确把握题目难度和重点,针对不同的听众调整讲解的深度和广度.可以适当拓展相关知识,但不要偏离题目主题太远.检查说题内容的准确性,避免出现错误的讲解.

做好说题的基础性工作是数学解题的有意义学习,包括数学解题理论的学习,目的是在数学新问题与自己解题认知结构中的知识之间,建构起非人为和实质性的联系;把问题中的一些特征加以组织而归为数学概念,由问题中涉及的概念,推出该概念的各个性质;根据新归入的概念和新推出的性质,对问题作出新的理解和认识,将问题纳入新的知识系统中.

1.2.5　如何评价数学说题

数学说题的评价可以是多元的,不同说题目标有不同的说题评价.对数学说题可以从说题意、说解题思路、说思想方法、说推广、说价值等方面进行评价.评价说题意的关注点包括说题目涉及的知识点,说清楚已知和未知之间的关系,说明题目的基本背景等.评价说解题思路的关注点包括说题设条件及隐含条件、结论等对思路形成的作用,说解题思路形成的路径,说形成解题思路的关键点如何突破等.评价说思想方法的关注点包括说问题涉及的主要技巧及其作用,说解决问题使用的数学思想和方法,说解决问题中的数学思维过程等.评价说推广的关注点包括说本问题的变式,即不改变本质结构的推广,说本问题的探究,本问题可否形成一个类别,或改变条件,使得问题有本质的改变,或与中考、高考试题、著名数学问题的联系等.评价说价值的关注点包括说问题的评价功能,对于解题者形成数学技能、理解数学有何实践意义,说问题与教材内容、中考高考命题的联系与区别等.在评价过程中要体现评价的目的性、典型性、系统性.

1.2.6　数学技能赛的说题案例

1. 广东省举行了首届"南方杯"(高师)数学说题大赛

2012 年广东省举行了首届"南方杯"(高师)数学说题大赛.大赛的通知、试题与答案及评分标准如下.

2012 年广东省首届"南方杯"(高师)数学说题大赛,其流程是:

(1) 比赛内容

本次"说题"大赛主要内容为:笔试和答辩.

① 笔试."笔试"环节是进行解题,题目均属于高中中等难度的试题,强调数学概念、定理的应用.

② 答辩.答辩的内容主要包括:说题目,说思路,说思想(方法),说推广,说价值等.

(2) 比赛流程

① 上午 8:30—9:30,从 15 个题中抽取 3 个进行解题.9:40—10:40,评委评卷,根据笔试成绩确定前 10 名进入说题答辩.

② 下午 2:30—5:30 举行说题答辩.

(3) 比赛要求

① 笔试环节,时间为 60min.解题注重数学思维,突出思想和方法;书写清晰、整洁、条理.

② 答辩环节,每位选手答辩时间为 15min.

(4) 2012 年首届广东省"南方杯"(高师)数学说题大赛笔试题与参考答案如下:

(考试时间:60min)答题要求:请解答下列各题,并分析解题思路、数学思想和方法.每题各 35 分,其中解答 20 分;分析解题思路、数学思想和方法 15 分.

1. 已知：$0<a<b,m>0$，试判断 $\dfrac{a+m}{b+m}$ 和 $\dfrac{a}{b}$ 的数量关系，并给出证明.

（本题主要考查证明不等式的过程中渗透的比较法、分析法、定比分点法、数形结合法、函数构造法等数学思想方法的灵活应用.）

证明 1 （比较法）

作差得 $\dfrac{a+m}{b+m}-\dfrac{a}{b}=\dfrac{(a+m)b}{(b+m)b}-\dfrac{a(b+m)}{(b+m)b}=\dfrac{m(b-a)}{(b+m)b}$.

因为 $m>0$，且 $b>a$，所以 $m(b-a)>0$，故 $\dfrac{m(b-a)}{(b+m)b}>0$，于是 $\dfrac{a+m}{b+m}-\dfrac{a}{b}>0$，即 $\dfrac{a+m}{b+m}>\dfrac{a}{b}$.

证明 2 （分析法）

等价变形 1 交叉相乘，原不等式等价于 $b(a+m)>a(b+m)$，即 $ab+bm>ab+am$，从而得 $bm>am$.

而 $m>0$，故 $b>a$.

由条件知显然成立，得证.

等价变形 2 因为 $a<b,m>0$，所以 $am<bm$，故 $am+ab<bm+ab$，于是 $a(b+m)<b(a+m)$，即 $b(a+m)>a(b+m)$，故得 $\dfrac{a+m}{b+m}>\dfrac{a}{b}$.

证明 3 （函数构造法）

考虑函数 $f(x)=\dfrac{a+x}{b+x}$，$x\in[0,+\infty)$，因为 $f(x)=1-\dfrac{b-a}{b+x}$，注意到 $b-a>0$，故可知 $\dfrac{b-a}{b+x}$ 在 $[0,+\infty)$ 上是减函数，从而 $f(x)$ 在 $[0,+\infty)$ 上是增函数，那么对一切 $0\leqslant x_1<x_2$，有 $f(x_1)>f(x_2)$，特殊地取 $x_1=0,x_2=m$，就有 $\dfrac{a+m}{b+m}>\dfrac{a}{b}$.

证明 4 （定比分点法）

由 $\dfrac{a+m}{b+m}=\dfrac{\dfrac{a}{b}+\dfrac{m}{b}\cdot 1}{1+\dfrac{m}{b}}$，可知 $\dfrac{a+m}{b+m}$ 分 x 轴上点 $\dfrac{a}{b}$ 与 1 为定比 $\lambda=\dfrac{m}{b}>0$，所以，$\dfrac{a+m}{b+m}$ 在 $\dfrac{a}{b}$ 与 1 之间（内分点），所以 $1>\dfrac{a+m}{b+m}>\dfrac{a}{b}$.

证明 5 （数形结合法）

参见图 1.1，在直角坐标系中，设 $A(b,a),B(m,m)$，则 AB 的中点为 $C\left(\dfrac{b+m}{2},\dfrac{a+m}{2}\right)$.

由于三线 OA,OB,OC 的斜率满足 $K_{OA}<K_{OC}<K_{OB}$，故得 $1>\dfrac{a+m}{b+m}>\dfrac{a}{b}$.

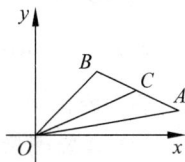

图 1.1

2. 已知关于 x 的二次方程 $x^2+2mx+2m+1=0$.

(1) 若方程有两根，其中一根在区间 $(-1,0)$ 内，另一根在区间

(1,2)内,求 m 的取值范围.

(2) 若方程两根均在区间(0,1)内,求 m 的取值范围.

(本题考查函数的零点与方程根之间的联系,掌握零点存在的判定条件,体现分类讨论和等价转化.)

解 (1) 设 $f(x)=x^2+2mx+2m+1$,问题转化为抛物线 $f(x)$ 与 x 轴的交点分别在

区间(−1,0)和(1,2)内,则 $\begin{cases} f(0)=2m+1<0, \\ f(-1)=2>0, \\ f(1)=4m+2<0, \\ f(2)=6m+5>0, \end{cases}$ 即 $\begin{cases} m<-\dfrac{1}{2}, \\ m\in\mathbf{R}, \\ m<-\dfrac{1}{2}, \\ m>-\dfrac{5}{6}. \end{cases}$

解得 $-\dfrac{5}{6}<m<-\dfrac{1}{2}$,故 $m\in\left(-\dfrac{5}{6},-\dfrac{1}{2}\right)$.

(2) 若抛物线与 x 轴交点均落在区间(0,1)内,则其对称轴 $x=-\dfrac{2m}{2}=-m$ 在(0,1)

内,故有 $\begin{cases} f(0)=2m+1>0, \\ f(1)=4m+2>0, \\ \Delta=4m^2-4(2m+1)\geqslant0, \\ 0<-m<1, \end{cases}$ 即 $\begin{cases} m>-\dfrac{1}{2}, \\ m>-\dfrac{1}{2}, \\ m\geqslant1+\sqrt{2}\ \text{或}\ m\leqslant1-\sqrt{2}, \\ -1<m<0. \end{cases}$

解得 $-\dfrac{1}{2}<m\leqslant1-\sqrt{2}$,故 $m\in\left(-\dfrac{1}{2},1-\sqrt{2}\right]$.

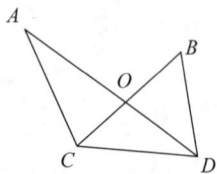
图 1.2

3. 2010 年上海世博会上展馆 A 与展馆 B 位于观光路的同侧,在观光路上相距 $\sqrt{3}$ km 的 C,D 两点分别测得 $\angle ACB=75°$,$\angle DCB=45°$,$\angle ADC=30°$,$\angle ADB=45°$(A,B,C,D 在同一平面内).

(1) 求展馆 A,B 之间的距离;

(2) 若 BD 之间有障碍物,不能测量 $\angle ADB$ 的大小,应该测量哪个距离或角,可以求出 A,B 之间的距离,为什么?

解 (1) 参见图 1.2,在 △ACD 中,有 $\angle DAC=180°-\angle ACB-\angle BCD-\angle ADC=30°$,$\angle ADC=30°$.

在 △ACD 中,$DC=\sqrt{3}$,$\dfrac{DC}{\sin\angle DAC}=\dfrac{AD}{\sin\angle ACD}\Rightarrow AD=3$,在 △BCD 中,$\angle CBD=180°-\angle DCB-\angle ADB-\angle ADC=60°$,$\angle BCD=45°$.

在 △BCD 中,$DC=\sqrt{3}$,$\dfrac{DC}{\sin\angle CBD}=\dfrac{BD}{\sin\angle BCD}\Rightarrow BD=\sqrt{2}$.

在 △ABD 中,$AB^2=AD^2+BD^2-2AD\cdot BD\cdot\cos\angle ADB=5\Rightarrow AB=\sqrt{5}$.

答 展馆 A,B 之间的距离为 $\sqrt{5}$ km.

(2) 只要测量 BC 或者 BO 的长度即可.由余弦定理就可以求出 AB 的长度.

广东省首届"南方杯"(高师)数学说题大赛评分标准见表 1.2.

表 1.2 广东省首届"南方杯"(高师)数学说题大赛评分标准

项目	分值	评分要点	得分
说题意	20	说题目涉及的知识点; 说清楚已知和未知之间的关系; 说明题目的基本背景.	
说解题思路	30	说题设条件(隐含条件)、结论等对思路形成的作用; 说解题思路形成的路径; 说形成解题思路的关键点如何突破.	
说思想方法	20	说问题涉及的主要技巧及其作用; 说解决问题使用的数学思想和方法; 说解决问题中的数学思维过程.	
说推广	10	说本问题的变式,即不改变本质结构的推广; 说本问题的探究,本问题可否形成一个类别,或改变条件,使得问题有本质的改变,或与高考试题、著名数学问题的联系.	
说价值	10	说问题的评价功能,对于解题者形成数学技能、理解数学有何实践意义; 说问题与教材内容、高考命题的联系与区别.	
答辩情况	10	表达准确、条理,无逻辑性错误; 体现数学思维过程,有独特见解; 回答主次分明,重点突出,层次清晰.	
总分	100		

2. 全国各地许多学校、教育机构或数学组织都曾举办以"说题"(即讲解解题思路、分析问题、展示数学思维)为核心的数学技能竞赛. 下面列出一些常见的组织方和竞赛形式.

(1)学校或地区性竞赛

① 北京十一学校"数学说题大赛". 比赛形式为学生需选择一道经典数学题(如中考压轴题、竞赛题),通过 PPT、板书或演讲形式,讲解解题思路、方法对比和拓展反思. 评委从"逻辑严谨性""表达清晰度""创新性"三个维度评分.

② 上海中学"数学讲题联赛". 比赛形式是团队赛(3 人一组),现场抽题后准备 20min,轮流讲解几何、代数、组合等题型,需回答评委提问. 强调"一题多解"和"实际应用背景分析".

③ 浙江省数学会"青少年数学说题邀请赛". 参加比赛的范围为面向省内中学,分初中组和高中组,题目来自竞赛真题或改编题. 评分内容包含:解题占 60%,说题表达占 40%(包括板书设计、语言流畅性).

(2)全国性活动

全国中学生数学奥赛(CMO)夏令营"讲题工作坊". 比赛形式是优秀选手需在培训期间担任"小讲师",为其他学生讲解竞赛题,锻炼数学交流能力.

(3)线上竞赛或活动

"洋葱学园"说题视频大赛. 参赛方式是学生录制 3~5min 解题视频,上传至平台,由网友和专家共同评选. 题目类型是聚焦中考、高考中的易错题或趣味题.

(4)大学或教育机构组织的活动

① 华东师范大学"数学师范生说题大赛". 参赛对象为师范生,模拟中学课堂场景,考查

如何向学生讲解难题,比如,如何向初中生解释勾股定理的证明?

②"好未来"教育集团数学思维赛.面向中小学生,决赛环节需用思维导图或动画工具辅助说题.流程包括初赛与决赛,初赛:提交书面解题报告+录制说题视频.决赛:现场抽题,限时准备后演讲,并回答评委提问.评分标准为:解题正确性(40%)、表达逻辑性(30%)、互动与应变能力(20%)、创新性(10%).

1.3　说课与教师应聘技能

很多学校将说课活动纳入教研活动中,有的地方将说课技能纳入教师教学技能的考核范围之内,有的省举行全省数学教师的说课比赛,有的学校招聘教师采用说课的形式.说课之所以应用广泛,原因之一是说课不受环境条件影响、操作简易.另外,说课也可以考查说课者作为教师必备的教育信念、基本的数学科学素质、相应的数学人文素质、数学教育科学的基本理论及相关知识、教育教学基本功、自我专业发展的意识等.

1.3.1　说课的概念和特点

1. 说课的概念

什么是说课?到目前为止,众说纷纭,还没有统一的科学定义,在较多的实践中,说课是说者在精心准备的基础上,针对一个问题、一堂课、一个教学单元、一门课程、一个课程群,采用讲述的方式,深入地分析教材和学情,向学员、同行、专家介绍教学设计及其依据的教学研究形式.说课的过程中不仅要解决教什么,如何教,而且要解决为什么这样做,有什么理论依据.从说课的概念来看,说课是在现代教学理念的指导下,教师对整个教学设计在理论上的高度概括、科学分析、简明解释,从而证明相应的教学是有序的,而不是随意的;是理性的,而不是感性的;是客观的,而不是主观的;是科学的,而不是盲目的.

对于说课,需要特别强调的是,要说出教学设计的依据,即不仅要说出做什么,怎样做,而且要说出为什么这样做,是针对某个实际问题,直接、具体、简洁、明确地说出为什么这样做.有理有据地说出有利于提高教师的教育理论水平和应用教育理论解决实际问题的能力.主要依据有三类:第一类是课标的要求;第二类是教育学、心理学、教学法等教育基础理论;第三类是传授知识、发展智力、培养能力、渗透德育等方面的理论.

2. 说课的特点

说课作为一种教学研究形式,与课堂教学(讲课)相比,具有以下的特点:

(1)面向对象不同.

课堂教学是面对学生,说课的对象是教师同行和关心教学的其他听众,没有学生.

(2)主要目的不同.

课堂教学的主要目的是提高学生的学习水平和各种能力,说课的主要目的是促进教师认识教学规律,提高教学水平.

（3）所属范畴不同.

课堂教学强调教与学的互动、教师与学生的交流,属于教学范畴.说课是教师面对同行系统地谈自己的教学设计及其理论,然后由听众评说,达到互相交流共同提高的目的,是一种有计划有组织有准备的教学研究活动,属于教研范畴.说课的环境必须是一种学术交流的气氛,鼓励教师发表不同的观点和看法,达到在讨论中,甚至在辩论、争论中共同促进、协同发展的目的.

（4）基本要求不同.

课堂教学一般不讲教学设计,只是针对学生特点,运用科学方法,把知识准确地传授给学生,培养学生的能力.而说课的最大特点是说理,对每一具体内容的教学,要说出怎样做,并且还要说出为什么这样做.要做到这一点,说课者不仅要深入研究课标、教材和学情,而且要具备教育学、心理学、教学法等教育基础理论.

3. 说课与讲课的联系

首先,说课是讲课的基础.说课可使教师彼此交流经验和看法,对于教师在讲课时传授知识,恰当地运用教学方法,以及提高学生的分析问题和解决问题的能力,都将起到重要作用.

其次,讲课是对说课的检验.说课把讲课的基本要求概括成比较全面、系统、科学、合理的模式,既有理论性又有指导性,为教师讲课提出了规范要求.但是这些理论和方法是否得当,还需要在讲课中加以检验,这样才会促进说课水平的提高,从而提高教师的讲课水平.

1.3.2 数学说课的内容

不同的说课目标可以有不同的说课内容.基本的说课的内容包括:说教学内容,说教学目标,说教学方法,说教学对象,说教学过程.

1. 说教学内容

教学内容的地位、作用,知识内容的选取与编排形式,要讲清课时教学内容在节、单元、年级乃至整个数学全套教材中的地位、作用和意义,而不是孤立地看待某课时教学内容,这是由数学教学环环相扣,具有严密的逻辑性和序列性所决定的.分析教材的编排思路、结构特点,说本课教学内容包含哪些知识点,教材是如何展示、表达教学内容的,教材叙述语言与例题怎么搭配,按什么顺序展开的,例题与习题的分布类型,其中的重点、难点内容是什么,重难点的程度、成因,突破难点或分散难点的关键、措施以及理由.

2. 说教学目标

教学目标是指教学活动的主体在具体教学活动中所要达到的预期结果、标准,是教学活动的出发点和归宿,是深化课堂教学的前提和保证.从宏观上看,教学目标包括社会主体目标和个人主体目标,是长远目标.从微观上看,教学目标包括在知识、技能、能力、思想教育、情感、态度、价值观等方面的多维目标,是当前目标.教学目标应是各种目标的统一体.教学目标是课时备课中所规划的课时结束时要实现的教学结果.课时目标越明确、越具体,反映教师的备课认识越充分,教法的设计安排越合理.说课中要注意避免千篇一律地提出"通过教学,使学生能正确计算××习题"一类的套话,要从识记、理解、掌握、应用四个层次上,在知识与技能、过程与方法、情感态度与价值观等三个维度上分析教学目标.课时目标制定中还要提出思维能力和非智力因素方面的培养目标.

3. 说教学方法

说教学方法是教学过程中最重要的组成部分之一,它直接关系到教学目标和任务的实现,关系到教学系统功能的实现.教学方法有其多样性、综合性、发展性的特点,各种方法都有其特殊的功能.选择教学方法既是理论问题,又是实践问题.说课中,述说教学方法的选取以及理论依据,重点是指出突出重点、突破难点、抓住关键所采用的手段和理由,以及如何做到:突出两重性,具有启发性,注重思维性.

4. 说教学对象

说教学对象的认知水平、结构,能力水平、结构,思维品质,情感,态度,价值观,心理,生理等,分析教学对象的原有基础、现实变化、未来发展,给予学法指导.

5. 说教学过程

教学过程由多个环节、多个步骤构成.各环节与步骤紧密联系,逐步推进,自然过渡.说教学过程应在理论与实践的结合面上突出:如何制定整个教学方案的设计思想、设计理念;如何创设问题情境,引导学生观察、探索、猜想、发现;如何对传统的知识,用现代的方法去处理;如何认识学科(特别是数学)的两重性:教学内容的形式性与教学发现的经验性;如何洞察学生的思维变化;如何捕捉教育现象背后的本质问题;如何体现对学生的高度责任感和为学生服务的意识;如何面对"冰冷的美丽",唤醒学生"火热的思考";如何教育学生、陶冶学生、启迪学生;如何表现教师的多重角色:课堂活动的设计者,学习进程的组织者,自主学习的指导者,认识结构构建的引导者,学习效果的评价者,研究与创新的践行者,教育情意、意志、风格的塑造者,思维世界的开拓者,学科思想的启迪者,教育教学理论的研究者,学科人文精神的传播者.

当然,数学说课也会说教学程序、练习作业的安排和板书设计等内容.说教学程序,即说在课堂教学中先做什么,后做什么的安排.说练习作业的安排和板书设计.练习作业是课堂教学中必不可少的活动.说如何从内容上围绕重点,巩固新知来安排练习作业,如何从层次上逐层深化,拾级而上地安排练习作业;说如何从形式上注意变换,方式交替来安排练习作业;如何从数量上,适度适量,紧凑而可以按时完成来安排练习作业,等等.板书是教学内容的浓缩和集中反映,板书要醒目突出,具有内在合理性,要让人体察到教者板书安排的"序",这就有必要在说课中予以陈述.

1.3.3 说课的意义

说课作为一项教学研究活动的方式和训练教师业务水平的一种活动,在全国得到了普遍推广,这是因为说课具有以下的重要作用和意义.

（1）说课是从根本上提高教师素质的有效措施之一.由于说课说的是教师怎样备课和上课,是解决为什么的问题,因而要说好课,教师就必定要深入地钻研教材,广泛地学习教育教学理论,不断探求科学的教学方法及其理论,研究说课的结构和表达方式,从而提高教师的教育思想水平、文化业务水平和教育科研水平.

（2）说课提供了教师相互交流教学经验的良好氛围,便于教师之间相互了解和取长补短,从而从整体上促进教师素质的提高.

（3）说课能整体优化教学,提高课堂教学效果.说课使教师更注意教育各要素之间的联系和结合,思路也会更加开阔,构思更精密,方法更灵活,新的思路和方法更加受到注意,也更加关注与实践的衔接,从而提高教学效率.

（4）说课可以是学校教研活动的主要内容,经常组织教师开展说课活动,可以活跃学校的教学研究气氛,促进学校教研水平的提高,从而促使教学效率的提高.

（5）说课为综合考核教师业务水平提供评价依据.说课可以考查教师对教材整体掌握水平——包括熟悉课标和教材的程度,对新旧知识关系的理解,所选教法和学法指导的运用依据,作业练习同教材内容的相互关系等.在具体操作过程中,还可以进一步将各项要求一目了然地以量化的形式表示出来,使教师考核工作有了科学数据.

1.3.4　说课的类型

从不同的角度,可以将说课划分为不同的类型.

从说课的时间安排划分,可分为课前说课与课后说课;

从说课的范围划分,可分为备课组说课、教研组说课、年级组说课、全校说课、公开说课等;

从说课的目的划分,可分为教研型、汇报型、示范型、观摩型、竞赛型;

从说课内容的范围划分,可分为单元说课和课时说课等.下面简单介绍一下单元说课和课时说课.

1. 单元说课

要说的内容一般可分为：（1）教学单元的划分及单元课题.（2）教材分析.主要应说出教学要求、编者意图、单元内容、单元在整册教材中的位置、重难点的确定、前置知识、体系结构等.这是对教材的静态分析.（3）前提分析.前提分析包括学生的认知前提、情感前提、技能前提分析.一个单元能否教好和学好,很大程度上取决于学生的基础、技能、兴趣、动机等.对此,教师必须了解学生,也就是平常所讲的备学生.这是对单元学习的动态分析.静态分析是基础,动态分析是调控.只注重静态分析而忽略动态分析,往往不能有的放矢,达不到最佳教学效果.（4）单元教学设计.其中包括：单元学习目标的确立、课型、课时的分配、教材处理的基本思路与做法、特殊情况的处理及特殊手段的应用、单元知识网络图的编制、单元训练和形成性测试题的编选、重难点突破化解的主要措施.

2. 课时说课

比较正式的课时说课活动,一般都有准备时间和说课时间的限制规定,通常准备时间不少于 30min,说课时间 15min 左右.说课开始前要作自我介绍,指明课题内容选自哪种版本教材的第几册、第几单元.具体说课内容一般应包括以下几个方面.

（1）说教材内容分析.

说明本课时内容在单元内容中的地位与作用,明确新旧知识的接合点及接合方式,分析知识间的内在联系.根据课程标准要求和学生的学情实际说明本课时内容教学的重点、难点、关键点以及归属何种课型.

（2）说教学目标认定.

教学目标是整个教学活动的指向和要求,教师为达成目标而教,学生为达成目标而学.一般来说,课程标准中对每一单元内容都提出比较明确的目标要求,但就每一课时内容来说,教师应在学情基础上,确定更具体、更符合学情实际、有操作性和可检测的课堂教学目标.说课中必须明确认定通过本课时内容教学应在知识、技能、能力、情感、思想教育等方面达成的具体教学目标,用目标统领整个教学设计安排.

（3）说教学方法选择.

教学方法选择是整个教学设计安排的关键,方法正确、合理,整个教学活动才能有效进行,教学目标才能落到实处,教学任务才能圆满完成.说课中,要在教材内容分析、学情分析和教学目标认定的基础上说明要选择使用的主要教学手段与方法,以及需要准备的教具等.说教学方法一定要说明选择的依据理由,不仅要说教的方法,还要说学法指导.

（4）说教学过程安排.

一次完整的教学课时教学过程一般应包括导入、讲授、练习、指导、小结、检测、作业布置等环节.说课中需要结合实际说出自己的教学环节设计安排以及每一环节的时间分配.对每一环节要说明拟开展的主要活动,采用的主要教学手段,要完成的具体教学目标,必要时应指明其依据和理由.教学过程安排是说课的重点和主体,要注意全面具体深入,要考虑周密.

（5）说板书板画设计.

板书板画是数学课堂教学呈现教学内容、传递教学信息、强化教学目标、提高教学效果的基本手段,是整个教学活动需要特别注意的方面.课堂上是先讲后板书,先板书后讲,还是边讲边板书;什么需要板书,板书在什么位置,用什么颜色板书,板书需要保留多少时间,整个板书划分几个幅面等,课前都需精心设计,体现教学目标要求,符合学生的认知特点.说课中,需要对板书板画设计作一简单说明,关键是说明理由.时间允许,应事先备好,当堂展示.

（6）补充说明.

在说课的最后阶段通常需要对整个教学设计中体现的教学思想,存在的缺憾之处,可能的其他选择设计,具体实施中需要注意的方面等作一补充说明,这样更能显示说课者思考的严密性,给听众以更多的思考指向.如果本人有教学技能方面的突出才艺,即兴作一展示,也能增添说课的效果.

总之,说课作为一种新型的集体备课教研活动,对于大面积、高效率提高教学质量,增强实训效果,其作用毋庸置疑.可以看出,要真正"说"好课,确实不是一件容易的事.教师必须学好用好教育教学理论,练好各种教学技能,对教学内容必须认真地规划、设计.

1.3.5 说课的原则

好的说课必须遵循以下四个原则:

（1）理论性原则．说课不是宣讲教案，不是浓缩课堂．说课的核心在于说理，在于说清为什么这样教；也只有说清为什么这样教，说课才能起到其应有的作用．这就需要教者自觉学习教育教学理论，自觉接受教育教学改革领域的最新信息、最新成果，并应用到课堂教学中．

（2）科学性原则．目标的确定，教法的选择，学法指导，教学过程的设计必须是合理的、科学的．必须符合课标的要求，符合学生实际，符合教育教学理论，有利于全体学生的全面发展．

（3）逻辑性原则．能抓住听者的心弦的说课，必须有一个经得起推敲的逻辑结构，将教学设计与理论分析有机地融合体现在整个说课过程中，用科学、严谨、简练而又流畅的文字撰写成讲稿，要做到说主不说次、说大不说小、说精不说粗．

（4）特色性原则．在整个说课过程中要突出教学过程设计的特色、教学风格特色．在教材处理、模式探索、实验改进诸方面要表现出鲜明的特色，体现出教者的教学专长和教改成果．

1.3.6 数学说课的评价

"说课"的评价是多元的，可以从多角度进行评价，评价指标的选择与"说课"的内容、要求密切相关，同一评价指标下的评价要点也可以有不同的选择．例如，可以从教材、教法、学法、教学过程设计、基本功等方面进行评价．例如，也可以从科学性、理论性、实践性、逻辑性、时间性、基本功等方面进行评价．评价过程中可以参照表 1.3 与表 1.4．

表 1.3　说课评价权重表（一）

评价指标与权重	评 价 要 点
教材分析 0.2	教材分析正确、透彻，知识的前后联系及所处地位．
	教学目标准确、具体，符合课标要求，符合学生实际．
	教学重点、难点、关键点确定准确．
	确定教学目标、重点难点的依据准确．
教法分析 0.1	选择恰当、多样、有启发性的教学方法．
	所选教法的理论依据准确，与教学目标，教材特点和学生年龄特征相符．
学法指导 0.1	教给学生合适的学习方法，恰当运用学习方法，培养数学能力．
	具体并有针对性地说出学法指导的理论依据．
教学过程设计 0.5	教学内容和所渗透的思想观点科学、正确．
	准确把握教材的深度、广度，难易适当．
	教学结构合理，目的明确，层次清晰．
	分清主次，突出重点；抓住关键，突破难点．
	教法运用恰当灵活，有创新，启发诱导得当．
	体现学法指导和逻辑思维等能力的培养．
	直观教学、信息技术教学手段运用恰当．
	练习紧扣教学目的，分量适当，具有针对性．
	各环节安排的理论根据正确、恰当、具体．
基本功 0.1	语言表达准确、精练，悦耳动听，富有艺术感染力．
	说课姿态自然、大方．
	板书字体工整，布局合理、重点突出．

表1.4 说课评价权重表（二）

评价指标与权重	评 价 要 点
科学性 0.3	教材分析正确、透彻.
	教学内容的确定,学习类型的确定正确.
	教学目标制定全面、准确、恰当,符合课标要求,符合学生实际.
理论性 0.3	整体设计构思新颖,有理论依据.
	典型环节设计符合教学原理,符合学生认知规律.
	教法选择、媒体选择合理,有理论依据.
实践性 0.1	设计方案具有可操作性和实践性.
	设计方案具有可重复的操作性和实践性.
逻辑性 0.1	"说课"者的语言表达条理清楚,层次分明,富有逻辑性.
时间性 0.1	"说课"时间与节奏把握恰当.
基本功 0.1	语言表达准确、精练、悦耳动听,富有艺术感染力.
	说课姿态自然、大方.
	板书字体工整、布局合理、重点突出.

1.3.7 说课应注意的几个问题

说课是比较有效的教研活动之一,它旨在使教师理解教材的结构、意图、地位、特点,确定教材的重点、难点,探索教法、学法,进一步提高教师的备课质量,使课堂教学效果得到最大限度的发挥,使年轻教师驾驭教材的能力在很短的周期里得到提升.但在具体的教学活动中,有的教师没有将说课的优势延伸到课堂中,生搬硬套说课所设计的模式,没有做到"说"以致用.因此,在说课中要注意以下几点:

(1) 以备课组为说课主体,形成一种"资源共享"的势态.

目前,说课并没有减轻教师的工作量,反而使教师的劳动投入加大.但现在的投入,就是为了减轻以后的工作量.由于教师的工作特点是知识的再创造的循环过程,所以,说课应以备课组为主体,每个教师在认真理解教材的基础上,可以由一位教师写出书面教案,全体教师共同研讨,确定"教法""学法",充分体现说课"议"的特点,集中集体的智慧与经验,形成一本质量较高的教案,使教案真正为课堂服务,而不是应付检查的一种形式.

(2) 不应为追求说课形式,而忽视"说、上、评"的有机结合.

说课是在备课基础上进行的,说课和备课的目的不同、语言环境不同、对象不同,因此说课与备课的重点也有所不同.从时间上讲,说课一般处于准备阶段,有时也可在上课后进行,但说课的质量必须在上课中得到体现,上课为说课提供最直接有效的检验.备课、说课和上课是相互联系、相互促进的,但在有些地方的教学评比中,常常把说课和上课以及评述割裂开来,片面追求说课花样翻新,其实这是本末倒置之举.

平时,我们应把"说、上、评"紧密结合起来.说课反映出来的是教师个人的教学基本素质.课"说"得好,说明教师对教材钻研得深,对学生研究得透,基本素质比较扎实.但这并不等于课一定上得成功.我们不能仅就说课一项的成绩来判断教师的教学水平的高低."说、上、评"系列活动既是一个提高教师素质的有效教研形式,又是一个考评教师教学能力的较好的途径.

（3）不应为追求篇幅整体完整，而忽视说课的具体环境.

常见一些地区把说课活动固定成条条框框，追求篇幅整体完整、面面俱到，把说课和写一篇完整的讲课稿完全等同起来，很少考虑说课内容、对象等具体情况.这样做背离了说课研究的初衷，既不能有效发挥"说"的功能，也不利于调动广大教师的积极性，不利于说课活动的健康发展.

其实，开展说课活动，也应视具体情况具体对待.如开学初的教师培训活动，应安排一些经验丰富的老教师、骨干教师，从教材编排体系方面作全面阐述，在系统化上下功夫.在小组集体备课时，则应首先安排一些中青年教师"说"单元教材重难点的处理，使老师们既能从宏观上、整体上把握住教学方向，同时在具体操作时又有据可依.在此基础上，再安排一些教师就怎么教和为什么这样教，进行分析研究.应该发动大家积极参与，集思广益，有的"说"教材，有的"说"教法，有的分析板书设计，使得微观运行有的放矢.通过活动，应让经验丰富的教师将他们准确把握教材、灵活运用教法、巧妙安排程序、深刻领会大纲意图和有效调动学生学习积极性的相关经验，毫无保留地传授给大家，促进整体素质的提高.而对一些年轻同志，要求则应低些，让他们一个阶段研究一个方面的问题，逐步进入角色，并在具体活动中不断提高要求.

（4）不应为追求教学程序环节完整，而忽视学生学习实际和教学理论分析.

有的教师在说教学程序时，过分追求环节完整，把说课等同于读教案，并且在叙述教学现象时，考虑单一现象较多，而不是全面把握、周密运筹，忽视学情分析，缺少理论阐述.

对于大多数的说课，当以"说"教学程序为主，但我们不能把这一步当作介绍教学步骤.在说课时，说课者应抓住每个典型的、独特的教学设计，既分析设计的目的（如铺垫复习中的知识生长点、新授课中知识的发生过程和形成过程等），又要进行学情分析.至于某一重点内容怎么教倒不一定作为重点，要紧的是"说"出可能会出现哪些现象及应怎么解决，并应上升到理论高度.应使听者不仅明白了怎么教，而且明白了为什么这样教，从而强化理论指导实践的意识.在"说"程序时应大胆压缩、删减那些无须罗列的过程和内容，留出宝贵的时间，用科学理论和成功经验来重点阐述自己为什么要"这样"突出重点、突破难点.如此，我们就抓住了说课的本质，为真正达到提高教师素质，提高教育教学质量的最终目的奠定了基础.当然，我们也必须防止理论牵强附会、脱离实际的现象发生.

（5）课后说课，总结反馈.

课堂45min的结束，并不是一节课的真正结束.课后练习、作业以及学生对本节内容的提问，对学生的个别谈话等，都是一节课的延续，也是判断一节课成败的第一手资料.课后说课能将这些资料归类、总结，弥补课前对课堂的估计不足.也可能出现一些更适合学生特点的思想和方法，使课前准备的教案更完整、更充实，对学生的拔高补差有很大的指导作用，更是教师经验积累的一个重要组成部分.

课后说课可以扬长避短，去伪存真，符合理论与实践的辩证关系，能使老教师的经验更丰富，年轻教师更成熟.随着课前、课后的说课的深入与延伸，可以使教师以后的备课量大大减轻，课堂质量将明显提高，充分体现说课的优势与特点.

除上述几个注意点外，在实际进行说课的过程中，还应注意以下几点：

（1）说课要体现教师的创造性劳动.由于各学科都有自己的特点，不同年龄阶段和不同地区的学生又有具体的特点和要求，说课者又有不同的个性和特长，说课不能千篇一律.说课者要创造出自己的有效、实用、有特色的说课方式、方法,不断丰富、充实说课活动.

（2）说课要有研究者的态度和风格.说课本质上讲是一种教学研究活动,说课者只有站在研究者的高度去审视说课活动,并以研究者的气度去述说有关的教育理论和教学设想,才能真正提高说课质量,实现说课的各种功能,为教学效果的真正提高服务.

（3）说课要注意顺序性和可操作性.说课顺序的排列,往往可以看出一个教师认真严谨的工作态度、缜密细致的思维风格和雄厚扎实的业务功底.说课要做到逻辑严密、层次清楚、顺理成章、思路明晰.另外,说课是为了提高课堂教学效率,优化课堂教学而"说",是对教学活动的思想、过程、手段的根本指导.如果说课与教学不联系,仅仅是为说而说,不能或者不好在教学过程中实际操作,就是纸上谈兵,是"花架子",因此一定要突出可操作性.

（4）说课要讲究艺术.当一个衣着整洁、落落大方的说课者站在大家面前,运用准确、纯熟、流畅且富有感情的语言侃侃而谈的时候,当他能把叙述性语言和描摹性语言、介绍性语言和伦理性语言以及课堂教学性语言,用控制自如的不同力度和不同体态、声情并茂地表达出来的时候,给人的不仅仅是说课的具体内容,更是一种艺术享受.

思考与练习 1

1. 什么是说数学?
2. 说数学说什么?
3. 如何评价说数学?
4. 什么是数学说题?
5. 数学说题说什么?
6. 如何评价数学说题.
7. 说课的特点有哪些?
8. 数学说课的内容有哪些?
9. 说课的意义有哪些?
10. 说课的原则是什么?

第 2 章

数学教学设计技能

2.1 数学教学设计技能概述

2.1.1 数学教学设计的含义

教学设计是教师根据教学目标和学生需求,制定和安排一系列教学活动和教学资源的过程.它涉及教学的各个方面,包括创设目标、内容组织、教学方法、评估方式、实施并修改教学过程等,旨在提供一个系统和有效的教学和学习环境,促进学生的学习和发展.

数学教学设计是教师根据学生的认知发展水平和课程培养目标,来制定具体教学目标,选择教学内容,设计教学过程各个环节的过程.核心问题是教什么? 怎样教? 达到什么效果? 因此,数学教学设计要体现以下 3 个内容:

(1)要达到什么目标

这个问题必须以课程培养目标为依据,结合学生的认知水平,制定出切实可行的具体目标,如知识与技能目标、过程与方法目标、情感态度与价值观目标.

(2)如何实现目标

这个问题要求结合具体的教学目标、教学内容,设计相应的教学环节.

(3)设计效果如何

这个问题要求通过教学实践,对所设计的教学目标、教学内容、教学环节的科学性、合理性、可行性进行评价反思.

因此,数学教学设计应当从以下方面展开:教学目标、教学内容、教学方法、评估和反馈.

教学目标:明确教学目标,描述学生应具备的知识、技能、态度和价值观.教学设计应明确清晰地阐述教学目标,即期望学生能够达到的目标和能力.目标可以包括知识、技能和态度等多个层面.

教学内容:组织课程内容,包括基本概念、原理、例题和拓展应用等.教学设计应根据数学知识结构和学生的学习特点,将课程内容有机地组织起来,建立有序的学习路径,并合理安排知识的深度和难度.

教学方法：选择合适的教学方法和策略，如讲授、讨论、实验、案例分析等，使学生能够积极参与、探索和建构知识.教学设计应针对不同的教学目标和学生需求，选择和运用适当的教学方法.这包括讲授、讨论、实验、探究等不同的教学策略和活动形式.设计学生的学习活动，如课堂讨论、小组合作、个人探究、实验研究等，鼓励他们积极参与并展示自己的学习成果.

评估和反馈：选择适合的评估方式和工具，评估学生的学习成果和能力，并及时提供评价和反馈.教学设计应考虑适当的评估方式，既可以检测学生的学习进展，又可以为教学调整提供依据.教师还应及时提供反馈，帮助学生理解自己的学习情况和改进方向.

教学设计是一个系统的过程，每个要素都需要细分为若干内容展示.

首先，教学设计需要考虑全面的要素.在进行教学设计时，教师需要综合考虑教学目标、学生的特点、教学内容、教学策略和评估方法等多个要素.这些要素相互作用、相互影响，共同构成了一个系统的整体.任何一个要素的调整都可能会对其他要素产生影响，因此需要综合考虑和平衡，使整个教学设计达到协调和一致.

其次，教学设计需要有明确的结构和层次.一个良好的教学设计应该具有清晰的结构和层次，各个教学环节相互衔接，形成有机的整体.比如，首先明确教学目标，然后选择合适的教学资源和教学活动，再考虑评估方式等.这些环节之间存在着因果关系和逻辑关系，形成了一个系统的结构.

再次，教学设计需要有明确的过程和步骤.在进行教学设计时，教师需要按照一定的步骤进行，例如需求分析、目标设定、内容选择、课堂组织、评估反馈等.这些步骤既有内在的逻辑关系，也需要各个环节之间的衔接和协调.只有经过系统的过程和步骤，教学设计才能更加科学和有效地实施.

最后，教学设计需要不断反馈和改进.教学设计并不是一次性的、静止的过程，它需要根据实际在教学中不断进行反馈和改进.通过观察学生的学习效果和反馈，教师可以及时调整和改进教学设计，使之更加符合学生的需求和实际情况.

教学设计是既复杂又积极有效的教学工具.它可以帮助教师实现教学目标，满足学生需求，激发学生思维能力，适应不同教学环境和学生群体，并且不断提高和发展.因此，教学设计被广泛看作促进教育改革和提高教学质量的重要手段和方法.

教案和教学设计是数学教学中两个相关但不同的概念.从定义上看：教案是教师为实施一节具体的数学课而编写的详细计划和指导材料.它包括课堂活动的安排、教学目标的设定、教学内容的组织、教学方法的选择以及评估和反馈的安排等.教学设计是一种系统性的过程，它涵盖了整个教学过程的规划和安排.

下面对教案和教学设计的定义、侧重点、范围、灵活性、细节程度和相互关系进行简明扼要的对比，列成表 2.1，以帮助更好地理解它们之间的异同.

表 2.1 教案与教学设计的比较

	教 案	教 学 设 计
定义	编写一节具体课的详细计划和指导材料	教学过程的规划和安排
侧重点	一节具体课的安排和准备	整个教学过程的规划和安排
范围	单节课	更广泛的范围，可以包括单元、主题或学期

续表

	教　案	教　学　设　计
灵活性	相对较低	相对较高
细节程度	具体和详细	概括和宏观
相互关系	教学设计提供框架和指导,教案执行具体活动	教学设计为教案提供整体框架和指导

侧重点不同:教学案侧重于一节具体课的规划和准备,包括教学内容、教学活动、课堂管理等方面的安排.而教学设计则更加广泛,涵盖了整个教学过程的规划和安排,旨在达到教学目标.

范围不同:教学教案只涉及单节课的具体设计,而教学设计包括了更大范围的内容,可以涉及一个单元、一个主题甚至一个学期的教学规划.

灵活性不同:教学教案通常是根据教学设计的指导性,按照计划进行教学活动的具体安排.而教学设计更具灵活性,它为教师提供了一个规划的框架,允许根据实际情况调整和适应教学过程.

细节程度不同:教学教案通常比较具体和详细,包含了每个教学步骤和细节的安排,为教师提供了执行教学活动的具体指导.而教学设计可能更加概括和宏观,强调整体教学流程和目标的设定.

尽管教案和教学设计在某些方面存在不同,但它们是相辅相成的.教学设计为教学教案提供了整体框架和指导,而教学教案则是教学设计的具体落实和执行.教师可以结合两者,通过良好的教学设计和具体教案的准备,提高数学教学的质量和效果.

2.1.2　教学设计的理论基础

教学设计是教育教学中非常重要的环节,它旨在指导教师合理安排教学活动,提高教学效果.教学设计的理论基础有很多,对现代数学教学影响较大的著名理论包括:行为主义理论、社会认知理论、认知发展理论、认知成长理论和社会文化理论.

1. 行为主义理论

20世纪初,当心理学还是一门新兴学科的时候,出现了结构主义(structuralism)和行为主义(behaviorism)两大学派.

结构主义是心理学最早的正式学派之一,由威廉·冯特(Wilhelm Wundt,1832—1920)创立,并由其学生爱德华·铁钦纳(Edward Titchener,1867—1927)系统化.内省法(introspection)是结构主义心理学的核心研究方法,内省法通过训练被试报告自身意识经验的即时反应,以研究感觉、知觉等基本心理过程.铁钦纳进一步发展结构主义,提出意识由感觉(sensory)、意象(images)和情感(affections)三种元素构成,强调通过实验分析这些元素的组合规律.结构主义首次将心理学从哲学思辨中独立出来,赋予其自然科学的研究方法,推动了实验心理学的发展,为行为主义理论提供了批判与超越的基础.

行为主义是心理学的重要流派之一,主张心理学应研究可观察的外显行为,而非内在意识或心理过程,强调环境刺激对行为的塑造作用.其核心观点认为,行为是个体对环境刺激的条件反射或学习的结果,通过"刺激-反应(S-R)"模式即可解释大部分行为.

最著名的行为主义理论当属斯金纳(Skinner,1904—1990)的操作条件反射理论.历史中为斯金纳理论的提出起到奠基作用的一些研究成果包括桑代克(Thorndike,1874—1949)的联结主义理论、巴甫洛夫(Pavlov,1849—1936)的经典条件反射理论、华生(Watson,1878—1958)的行为主义理论及格思里(Guthrie,1886—1959)的邻近条件反射理论.斯金纳把他的理论用于解决许多人的问题.他提到了教学、动机、训练和创造力之类的话题.斯金纳认为,人并非体验到意识或情绪,人体验的只是自己的身体,内部的反应就是对内部刺激的反应.对于内部过程,更深一层的问题就是如何把它们转换成语言,因为语言没有包括内部体验(例如,疼痛)的所有维度.许多我们称为"知道"的东西都涉及语言的使用(言语行为).思想是各种由其他刺激(环境的或内心的)引起的并作出反应(外显或内隐)的行为.当内心的事件表现出外在的行为时,行为主义者就可以通过函数分析来确定它们的作用.斯金纳(1953年)声称,他考察行为的方式为函数分析:把行为当成外部变量的函数提供了可以叫作因果或函数分析的东西.

20世纪上半叶,美国心理学家桑代克的学习理论(被称为联结主义理论)在美国一直占统治地位.桑代克通过一系列的动物实验开展研究.他对教育,尤其对学习、迁移、个别差异和智力非常感兴趣.他还用实验方法测量在校学生的成绩.桑代克的主要著作为《教育心理学》(*Educational Psychology*),他提出,最基本的学习模式就是尝试错误学习,强调刺激与反应之间的联结即为学习的基础.桑代克相信,学习常常通过尝试错误或借助选择和联结而产生.问题情境中的动物总试图达到一定的目的(如获得食物,到达目的地等).它们从能够作出的众多反应中选择一个反应,然后获得了某种后果.它们对刺激作出反应的次数越多,该反应与那个刺激的联结就变得越牢固.通过反复尝试,联结会自动地形成,这个过程不需要清醒的意识.人类的学习是比较复杂的,因为人还从事其他类型的学习,需要形成(联结)各种想法,进行分析和推理等.最终桑代克还是用基本的学习原理来解释各种复杂的学习.他认为,一个受过教育的成年人不过是拥有成千上万个刺激-反应的联结而已.桑代克有关学习的基本思想隐含在他提出的练习律和效果律之中.练习律由两部分组成,一个是使用率,另一个是失用率.使用律是说对刺激作出反应会增强它们之间的联结.失用律是说当对刺激不作出反应时,联结的强度就会减弱(或遗忘).在反应之前间隔的时间越长,联结的强度下降得越明显.效果律是桑代克理论的核心,当刺激与反应之间建立的可改变的联结发生并伴随或紧跟着一个满意的事情时,联结的强度就会提高;当伴随或紧跟着一个厌恶的事情时,联结的强度就会下降.

巴甫洛夫给学习理论留下了经典条件反射研究.经典条件反射是一个多步骤的过程.巴甫洛夫用神经学的过程来解释条件反射和消退现象,他所做的解释属于推测性的.他假设,条件刺激的出现通过神经冲动的传导激活了大脑皮质的某一个部位,于是与被无条件刺激激活的部位发生了联系.经过这种激活作用,神经中枢建立起了彼此的联系.当条件刺激受到外在因素的干扰时(例如,当条件刺激出现时用噪声使狗注意力不集中),条件反应的强度就会减弱或消失.刺激物一旦变成了条件刺激,就可以起到无条件刺激的作用,这个过程就叫作高级条件反射.高级条件反射是一个十分复杂、不太好理解的过程.这个概念从理论上探讨是很有意思的,有助于解释一些社会现象(如测验失败)为什么可以引起条件性的情绪反应,如紧张、焦虑等.学生在年纪比较小的时候,失败也许只是一个中性事件,然而会逐渐地和家长、老师的批评联系起来.批评是引起焦虑的无条件刺激,通过条件反射,失败就能引起焦虑.与情境有关的线索也可以成为条件刺激,这样,当学生走进即将举行测验的教室或当老师宣布不久就要进行考试时,学生会感到非常焦虑.引起条件反应的条件刺激叫作第一信号.和动物不同,人有言语能力,这样就极大地扩展了条件反射的潜能.语言构成了第二信号系统.话语或思想是表示事件或客体的标记,可以成为条件刺激.因此,当学生一想到测验或听老师说将要进行考试就会产生焦虑.不是测验使学生产生焦虑,而是有关测验的想法,它的语言表征或意义令学生感到焦虑.巴甫洛夫之后的研究表明,条件反射不太受条件刺激和无条件刺激是否同时出现的影响,而更多地取决于条件刺激传达无条件刺激可能出现的信息的程度.另外,条件刺激和无条件刺激若反复多次不同时出现,也不一定会引起消退.后来的研究表明,条件反射的推广度其实是比较有限的.任何物种的反应只能和一些刺激建立条件反射,而与另一些刺激不能建立条件反射.条件反射是否产生,取决于刺激与反应和物种与特定反应之间的吻合程度.

华生(Watson,1878—1958)一直被看作当代行为主义的奠基人和捍卫者.华生认为,当时的各种思想流派和研究心理的方法都是不科学的.心理学若想成为一门科学,必须沿着自然科学的路线来构造自己,即考察可以观察和可以测量的现象.行为是适于心理学工作者研究的材料.而意识不该用内省法来研究,因为这种方法是不可靠的.华生认为,巴甫洛夫的条件反射模式适于用来建立人类行为的科学.巴甫洛夫对可观察的行为所进行的精确测量给他留下了深刻的印象.华生相信把巴甫洛夫的模式加以扩展,可用来解释各种类型的学习和个性特征.

行为主义理论在学习领域中一直占主导地位,直到后来被认知理论所取代.认知理论极力反对行为主义的主张,认为如果忽视人们的内心想法,就不能对学习过程作出完整的解释.尽管行为主义理论有这样的局限性,行为主义的方法至今仍被广泛地应用于改善学生的学习.

2. 社会认知理论

对行为主义理论的一个挑战来自美国心理学家班杜拉(Bandura,1925—2021)及其同事有关观察学习的研究:人们可以观察他人的行为而习得新的行为,观察者没有必要在学习的过程中表现这些行为,强化也不是绝对必要的.这些发现对行为主义理论的中心假设提出了质疑.

社会认知理论强调多数人的学习都发生在社会环境中.通过对他人的观察,人们获得知识、规则、技能、策略、信念和态度.个体还从环境中的榜样那里了解到某个行为的功能和适宜程度,以及了解到榜样行为的结果.如果个体对自己的能力有自信,同时对某个榜样行为结果产生期待,他就会出现与榜样相同的行为.

在 20 世纪 50 年代,班杜拉开始做有关社会学习方面的研究,探究社会行为的各种影响因素.他认为当时流行的学习理论不能充分地解释亲社会行为和反社会行为的习得和表现.班杜拉阐述了全面的观察学习理论,在这一理论中,他逐渐把研究对象加以扩展,研究了各种不同技能、策略和行为的习得及表现.同时,班杜拉用社会认知原理来解释认知、动机、技能、社会化和自我控制技能的学习,还用于解释暴力(现场看到或电视中看到)、道德的发展和社会价值等话题.班杜拉还把他的理论加以扩展,阐述了人们控制其生活中重要事件的途径,这便是对思想和行动的自我调节.自我调节的基本过程包括设定目标,判断行动预期的结果,评价达到目标的程度以及调节自身的思想、情绪和行动.

社会认知理论另一个与众不同的特点是,这一理论把自我调节的功能放在中心位置.人们并不是仅仅按照他人的偏好来行动,人们的许多行为受到其自身内部的标准以及对自身行为评价的反作用的激发和调节.如果个人的标准被接纳,表现和标准之间的差异便刺激了评价性自我反作用的出现,而这又影响到接下来的行为.因而,行动包含在它的决定性因素——自我作用的影响之中.

在班杜拉的自我效能感理论中,行为、环境及个人因素三者互动模式是一个很重要的构想.个体感知到的自我效能感,也就是个体对自己能够在指定水平上组织并完成学习或行为所需采取的行动的信念.至于自我效能感(个人因素)与行为的相互作用,对学习障碍学生的研究表明,自我效能感与环境因素间是相互作用而建构的.

社会认知理论对新的学习和过去习得的行为的表现进行了区分,并不像行为主义理论所主张的那样,即认为学习是刺激与反应之间形成联结或反应之后紧跟着某种结果,社会认知理论主张学习和表现是两种不同的过程.尽管许多学习都是从做中来,我们仍然可以通过观察学到大量的东西.我们是否把从观察中习得的行为表现出来,这依赖于许多因素,如动机、兴趣、生理状况以及竞争性活动等.通过观察榜样,学生获得了在学习时不会即刻表现的知识.虽然一些学校活动(如复习课)要涉及以前所习得的技能,但是学生大部分时间还是花在新行为的学习上.学生通过事实、剧本获得陈述性知识.同时,学生可以获得程序性知识(如概念、规则等)以及条件性知识(何时如何使用),并知道这样做的重要性.

认知理论关注学习者的思维过程、认知结构和信息加工方式.它强调学习者如何接收、组织和理解信息,并将其应用于问题解决和知识构建的过程中.认知理论认为学习是通过主动建构知识的过程来实现的.在教学设计中,认知理论强调学生的思维活动,鼓励学生自主探究,提供适当的提示和指导.认知理论认为学习是学习者主动参与的过程,学习者通过思考、观察、提问和解决问题来积极构建知识结构,强调学习者通过将新知识与已有的知识和经验相连接,建构自己的知识网络和概念模型,关注学习者在接收和处理信息时的加工过程,学习者通过感知、注意、记忆、推理和解决问题的策略来加工和应用知识.

3. 认知发展理论

瑞士心理学家皮亚杰(Piaget,1896—1980)提出儿童的认知发展经由一个固定的顺序,可以将儿童能够实现的操作模式看作一种水平或阶段.每一水平或阶段的界定是根据儿童看待世界的方法而定的.皮亚杰对其阶段划分的描述:感觉运动阶段(出生至 1.5～2 岁);前运算阶段(2～7 岁);具体运算阶段(7～11 岁);形式运算阶段(11 岁至成年).皮亚杰的理论和其他发展阶段理论提出了一些假设:阶段是离散、不连续的,有质的区别,是相互分离的;认知结构的发展依赖于先前已有的发展,阶段不应该与年龄等同起来;虽然结构发展的顺序是固定不变的,但个体在特定阶段的年龄可能各不相同.

皮亚杰认为,通过与物理环境和社会环境的规律性互动,人的发展会自然向前行进.教师能够组织环境引起认知冲突,但是一个特定的儿童经历认知冲突时,他们采用同化或顺应的过程来建构或改变其内部结构,学习便因此发生了.

皮亚杰主张认知发展不是能够被教学的,虽然有研究证据表明它可以被加速.皮亚杰理论及其研究对教育提出了一些建议：理解认知发展；保持学生的主动性；制造认知矛盾；提供社会互动；理解认知发展．当教师理解学生的功能处于哪种水平时，教师会受益．不应期望一个班级中的所有学生的认知活动都在同一水平上．教师应该努力探知学生的水平，并相应地调整教学，使之与学生的水平相适应．处于阶段过渡期的学生似乎可以受益于更高一级水平上的教学内容，因为对他们来讲认知冲突不会太大．儿童需要丰富的环境，允许他们主动探索，亲身参加实际活动．这种安排能促进学生主动建构其知识．只有当新的内容与学生已掌握的内容不相匹配时，才会出现发展．理想的情况是学习材料不能被立即同化，但也不应太难，使学生无法顺应．允许学生自己解决问题，得到错误答案也能产生认知矛盾．教师的正面反馈对学生是一种鼓励，但学生也不必总是成功；教师对错误答案的反馈能够促成失衡的状态．

4. 认知成长理论

布鲁纳(Bruner,1915—2016)是美国的发展心理学家，他提出了认知成长理论．不同于皮亚杰将发展变化与认知结构联系起来，布鲁纳强调儿童表征知识的多种方式和途径．布鲁纳的观点代表了一种关于人类发展的功能主义观点，对教学和学习有重要的启发．布鲁纳说："人类智力功能的发展，从婴儿期到可能达到的完美状态，是通过一系列使用大脑的技术性逐步形成的."这些技术性进步依赖于不断增长的语言能力和受到系统的教学指导．

人们以三种方式来表征知识，这三种方式在发展中依次出现：表演性的、图像的和符号的．表演性表征包括动作反应，或是操作周围环境的方式．诸如骑自行车和打绳结之类的活动，主要是以肌肉性动作表征的．图像性表征是指没有动作的心像活动，儿童对物体进行心理上的图像转换，对物体的属性进行思考，图像性表征可以使一个人在物体改变较小时仍然能识别它们．符号性表征使用符号系统对知识进行编码．重要的符号系统是语言的和数学的符号，这样的系统使得一个人能够理解抽象的概念．符号性表征模式是最后发展起来的，并很快成为最常用的模式．

布鲁纳因其有争议的论点而广为人知，他的论点就是：任何知识都可以以适当的方式教给任何年龄阶段的学习者．布鲁纳提出教学内容应被"重新光顾"．概念在最初应该以一种简单的方式教授；当儿童长大一点时，可以以一种更为复杂的形式呈现出来．即当学生学习一个课程时，应该能够在增加了复杂性的水平上再次涉及一个主题，而不是一个题目仅仅涉及一次．

布鲁纳的理论是建构主义的，因为他假设任何年龄的学习者都可以在他们认知能力的基础上，并基于他们关于社会和物理环境的经验，来理解刺激和事件．尽管布鲁纳的理论并不是一个阶段理论，但布鲁纳的表征模式与皮亚杰理论中儿童发展阶段论的"操作"有一些相似之处．

5. 社会文化理论

维果茨基(Vygotsky,1896—1934)的理论是一种建构主义的学说，对于心理学思想的主要贡献之一，是强调有社会性意义的活动对人类意识的影响的重要性．维果茨基认为社会环境对学习有关键性的作用，认为社会因素与个人因素的整合促成了学习．社会环境通过它的"工具"影响到认知；工具是指它的文化物品(比如汽车、机器)及它的语言和社会机构(如教堂、学校等).中介是发展与学习中的关键机制.

维果茨基的最有争议的观点是所有的高级心理功能都来源于社会环境.维果茨基认为在心理发展中,最关键的因素就是掌握传播文化发展和思想的外部过程,即掌握语言、计数和写作之类的方法.一旦这个外部过程被掌握,下一步就是运用这些符号来影响思想和行为,以及对思想行为进行自我管理.尽管社会学习影响到知识的建构,但是那种宣称所有学习都是源于社会环境的论点似乎过于夸张.维果茨基理论的一个关键概念是最近发展区,定义为"实际的发展水平与潜在的发展水平之间的差距.前者由独立解决问题的能力而定;后者则是指在成人的指导下或是与更有能力的同伴合作时,能够解决问题的能力".在最近发展区的教学活动中,需要大量有人指导的参与活动,学习者对社会互动有自己的理解,并通过将这些理解与自己在具体情境中的经验整合起来,从而构建出自己的思想.根据格式塔心理学的学说,学习常常是偶然发生的,而不一定反映为一个知识逐渐增加的过程.

维果茨基的观点在教学活动有很多可以应用的地方.一种常见的应用涉及教学支架的概念,它是指对那些超出学生能力的任务元素加以控制,从而使学生将注意力集中到他们能力所及的任务内容上,并快速地掌握它们.以建筑工程中使用的脚手架做类比,教学支架有5个基本功能:提供支持、具有工具的性能、扩展学习者所能达到的范围、使学生能完成本来不可能完成的任务、只有在需要的时候才选择使用.在一个学习情境里,教师最初要承担大部分的工作;在这之后,学习者和教师分担责任.当学生逐渐变得更有能力时,教师逐步地撤走支架,从而使学生得以独立完成任务,其中的关键是,要保证支架一直使学生处于其最近发展区之内,在学生能力有所发展的时候,这个支架要做出调整.学生在最近发展区的范围内学习有挑战性的内容.尽管教学支架并不是维果茨基理论中正式的部分,但是与最近发展区理论十分吻合.

2.1.3 教学设计的原则

"只有清楚你在哪里,才有助于知道你从哪里来,又要到哪里."要提高数学教学设计的合理性和有效性,以下几个原则需要注意.

(1)理解学生的需求.了解学生的背景知识、学习风格和学习困难,根据学生的特点进行差异化教学.可以通过调查问卷、学习评估、个别访谈等方式获取学生的反馈和信息,以便更好地满足学生的学习需求.

(2)知道"将要去哪里".设定明确的教学目标:确立明确的教学目标,包括知识、技能和思维能力的发展.教学目标应具体、可衡量,并与学生的学习需求和未来的学习目标相适应.目标的设定可以参考教学大纲、课程标准和学科发展趋势等.

(3)整合教材和资源.结合教学目标和学生的学习需求,选择合适的教材和教学资源.教材应包含丰富的练习题和例题,能够引导学生深入理解和应用数学概念.此外,教师还可以利用多媒体、互联网和实物教具等丰富教学资源,提供多样化的学习体验.考虑课堂管理和时间安排:合理安排课堂时间,充分利用课堂时间进行知识讲解、学习活动和练习等,确保学生参与度高和学习效果好.同时,要建立积极的课堂环境和学习氛围,鼓励学生互相合作、交流和分享.

(4)采用多元化的教学方法.灵活运用多种教学方法,如讲授、讨论、探究、实验、小组合作等.根据教学目标和学生的学习需求,选择适当的教学方法,激发学生的学习兴趣和主动性.同时,要鼓励学生进行独立思考和解决问题,培养其批判性思维和创造性思维能力.提供个性化的学习支持:采用不同形式的个别辅导、小组指导和同伴互助等方式,为学生提供个性化的学习支持.通过定期的反馈和评估,及时发现学生的学习困难并提供帮助.这可以提高学生的学习动力和自信心,进而促进学习效果的提升.

(5) 不断反思和调整.教学设计是一个不断反思和调整的过程.教师应定期进行教学评估,收集学生的反馈和成绩数据,分析教学效果,并根据评估结果对教学设计进行调整和改进.

(6) 保持一致性.教学设计里最重要的是一致性问题,具体的目标要和总目标符合,而目标又应与教学活动、评测内容相一致.一致性意味着测评内容要在目标范围内,而不是个人认为的重要内容,意味着需要选择支持目标达成的教学活动和教学媒体而不是有趣却无关的活动.

(7) 坚持使用教学设计.教学设计是教师最基本也是最重要的教学工具,应该渗透于日常教学的每分每秒,并不断修改和调整,最好不要把教学设计作为一个独立的工作集中在一个时间段完成.

2.2 数学教学设计的技术

数学教学设计是一个系统设计,必须综合考虑数学教学系统中的各个要素,具体操作技术可以从目标分析、内容分析、学生分析、策略分析这 4 个方面来进行.

2.2.1 目标分析

1. 教学目标的意义

根据目标,提前测评.学生学习某一新数学知识时,之所以有时达不到预定目标,其原因往往在于学习前的数学基础知识有缺陷,出现恶性循环.因此,为了确保多数学生都能学好,必须有目标地复习有关旧知识,为学习新知识提供"最佳关系和固定点",很自然地导入新知识,让新旧数学知识在认知结构中建立某种联系,实现有意义的内化.

出示目标,唤起注意.教师前提测评后,有条件的学校可以利用电教手段,投影出示该课的学习目标,使学生明白本课要学些什么,做到心中有数.没有电教手段的学校,教师也可以将学习目标简明扼要地写在黑板上.教学目标在这里起了统率作用与导向作用,唤起学生们的注意力,从而将注意力集中到最重要的方面上去,有目的、有方向、有针对性地完成学习任务.

围绕目标,有效导学.在教学时,教师围绕课前制定好的教学目标,有序导学,合理安排教学程序,充分发挥教师的主导作用,引导学生沿着数学内容的内在逻辑关系或思路,由简到繁、由浅入深,逐步理解、掌握数学知识,使之顺序合理,衔接紧密,对重点、难点和疑点内容进行扎扎实实的训练,通过分析、体会,发现其妙处,达到完全理解的目的.同时,学生也依据目标,有序学习.这样,不管是教师的教,还是学生的学,都避免了盲目性,增强了实效性,达到了教与学的动态平衡.同时,在单位时间里使学生获得了最大的有效信息量,提高了教学效率.

对照目标,共同检验.应该说,在小学各学科中,数学学科最适宜采用目标教学法了.目标是教学的指南,也是评价的依据,还是控制和调节教学活动的依据.一堂课将结束时,师生可共同对照目标,评价检验本节课教学目标的达成情况,目标达成度是多少,尚未达成的目标通过矫正学习是否能完成,这样师生对教与学的质量都有了评估的标尺.这就要根据学生的实际学习情况,精心设计多层次的练习,让有余力的学生"上不封顶",对学习有困难的同学,通过多向反馈及时矫正补缺,使他们得到适当的个别辅导.这样既强化了学生应掌握的知识,培养了学生的能力,有效地实现了本课的教学目标,又促进了学生的全面发展.

2. 教学目标的原则

（1）基于课程标准

为了教学目标的准确定位,我们常常研读教材、翻阅教参,而忽略了课程标准.课程标准是教材编写、教学、评估和考试命题的依据,是国家管理和评价课程的基础.它规定了不同阶段学生在知识与技能、过程与方法、情感态度与价值观等方面所应达到的基本要求,规定课程的性质、目标、内容框架,提出教学建议和评价建议.因此,教师应认真研读数学课程标准,明确课标中的理念、课程目标、内容标准、实施建议等内容要求,依据课程标准对教学目标进行准确定位.当然也不能生搬硬套,如知识与技能、过程与方法、情感态度与价值观三个维度是建构课程总目标的宏观思维框架,三个维度是从不同角度对整体目标的描述,不能简单理解为三部分,三个维度的目标也并非每一节课教学目标都必须兼备的要件,更不能以具体的教学环节机械对应某一维度.

（2）落实于教学实际

教学目标对每位教师来说是非常熟悉的,但是每一节课的教学目标制定得是否恰当,关系到这一节课的教学实效,也就是学生是否真正有所收获.因此对教学目标准确定位之后,其制定就必须立足于教与学的实际,应建立在对学生情况全面了解（包括分析学生的学习准备、考虑学生的达标差距和逼近目标的阶梯）,对教学内容精确分析的基础上.有的放矢地制定有效的教学目标,就能最大限度地减少课堂教学的随意性、盲目性和模糊性,提高课堂教学的方向性、针对性和有效性.而在日常教学中,教学目标不明确,空而泛的现象时常发生,有的教师对教学目标没有进行深入系统的思考,有的为了应付检查而罗列几条在教案纸上,有的从教参中照搬几条.其所造成的结果是课堂教学"教师本位",教与学严重脱节,对教学效果好坏、教学目标是否实现的问题,授课教师自己也说不清楚.

（3）着力于可观测性

叙写目标时,要防止目标过大,不明确,没有可操作性.如"掌握一元二次方程根的判别式,理解函数单调性概念"等陈述,会让人产生这样的疑问:掌握到什么程度才算掌握,理解到什么程度才叫理解? 还要防止教学目标陈述"高大全",有的甚至是"假大空",形同虚设.例如,一堂课的教学目标中含有:培养学生的数学思维能力和科学的思维方式;培养学生勇于探索、创新的个性品质;体验数学的魅力,激发爱国主义热情等.教学目标必须是可观测的,也就是教学目标是否达到是可以观察和测量的.因此叙写目标时,应清楚陈述学习后有什么变化,如何观测这种变化? 让教学目标具有可操作性,从而有效引导课堂教学.

3. 如何制定数学教学目标

数学教学设计首先要进行目标设计.教学目标有不同的类型,也有不同的要求.以义务教育阶段的数学课程为例,总目标和学段目标主要参照《义务教育数学课程标准(2022 年版)》(以下简称《新课标 2022 版》).

(1)总目标

课程目标的确定,立足学生核心素养发展,集中体现数学课程育人价值.

数学课程要培养的学生核心素养,主要包括以下三个方面(简称"三会"):会用数学的眼光观察现实世界;会用数学的思维思考现实世界;会用数学的语言表达现实世界(具体内容参考《新课标 2022 版》).下面的三段内容为"三会"的具体表述.

"会用数学的眼光观察现实世界指数学为人们提供了一种认识与探究现实世界的观察方式.通过数学的眼光,可以从现实世界的客观现象中发现数量关系与空间形式,提出有意义的数学问题;能够抽象出数学的研究对象及其属性,形成概念、关系与结构;能够理解自然现象背后的数学原理,感悟数学的审美价值;形成对数学的好奇心与想象力,主动参与数学探究活动,发展创新意识.在义务教育阶段,数学眼光主要表现为:抽象能力(包括数感、量感、符号意识)、几何直观、空间观念与创新意识."

"会用数学的思维思考现实世界指数学为人们提供了一种理解与解释现实世界的思考方式.通过数学的思维,可以揭示客观事物的本质属性,建立数学对象之间、数学与现实世界之间的逻辑联系;能够根据已知事实或原理,合乎逻辑地推出结论,构建数学的逻辑体系;能够运用符号运算、形式推理等数学方法,分析、解决数学问题和实际问题;能够通过计算思维将各种信息约简和形式化,进行问题求解与系统设计;形成重论据、有条理、合乎逻辑的思维品质,培养科学态度与理性精神.在义务教育阶段,数学思维主要表现为:运算能力、推理意识或推理能力."

"会用数学的语言表达现实世界指数学为人们提供了一种描述与交流现实世界的表达方式.通过数学的语言,可以简约、精确地描述自然现象、科学情境和日常生活中的数量关系与空间形式;能够在现实生活与其他学科中构建普适的数学模型,表达和解决问题;能够理解数据的意义与价值,会用数据的分析结果解释和预测不确定现象,形成合理的判断或决策;形成数学的表达与交流能力,发展应用意识与实践能力.在义务教育阶段,数学语言主要表现为:数据意识或数据观念、模型意识或模型观念、应用意识."

从学习者的角度进行描述,可表述为学生能:

① 获得适应未来生活和进一步发展所必需的数学基础知识、基本技能、基本思想、基本活动经验.

② 体会数学知识之间、数学与其他学科之间、数学与生活之间的联系,在探索真实情境所蕴含的关系中,发现问题和提出问题,运用数学和其他学科的知识与方法分析问题和解决问题.

③ 对数学具有好奇心和求知欲,了解数学的价值,欣赏数学美,提高学习数学的兴趣,建立学好数学的信心,养成良好的学习习惯,形成质疑问难、自我反思和勇于探索的科学精神.

从上述内容可见,总目标的表述还是分三部分表达.目前有专家指出应按四个维度表述,也就是所说的四维目标,即知识技能、数学思考、问题解决和情感态度.从三维目标到核心素养是课程发展的方向,两者并不是对立的.书写目标时,重点关注的是目标指引性和可达成性,至于分三部分还是四部分仅仅是文字表达的方式而已.

（2）学段目标

为体现义务教育数学课程的整体性与发展性,根据学生数学学习的心理特征和认知规律,将九年的学习时间划分为四个学段.其中,"六三"学制 1～2 年级为第一学段,3～4 年级为第二学段,5～6 年级为第三学段,7～9 年级为第四学段.

对于各学段各领域主题,确定教学目标要依据《义务教育数学新课标 2022 版》,把目标进一步细化.

（3）课堂教学目标设计

课堂教学目标不仅局限于一个课时的目标设计,也可以是单元的或者是某个专题的目标.

很多数学教师对教学目标的设计重视不够,存在以下几个问题:没有认识到教学目标的重要性,认为教学目标是形式,可有可无;不知道如何确定教学目标,在编写教案时,照抄课程标准或教学参考书;将教材中的知识点作为教学目标来表述,没有学生学习之后行为有什么改变的陈述;用"教师做什么"的词句陈述教学目标,以教学要求代替教学目标.

教学目标的表述措辞要准确,所采用的行为动词不能有多义性,也就是说要将学生的学习结果以一种特定的行为方式来陈述,使教学目标变得清晰、明确,具有可操作性.

关于目标设计使用的主要行为动词如表 2.2 所示.

表 2.2　目标设计使用的主要动词

水　平	行　为　动　词
知道/了解/模仿	了解,体会,知道,识别,感知,认识,初步了解,初步体会,初步学会,初步理解,求.
理解/独立操作	描述,说明,表达,表述,表示,刻画,解释,推测,想象,理解,归纳,总结,抽象,提取,比较,对比,判定,判断,会求,能,运用,初步应用,初步讨论.
掌握/应用/迁移	掌握,导出,分析,推导,证明,研究,讨论,选择,决策,解决问题.
经历/模仿	经历,观察,感知,体验,操作,查阅,借助,模仿,收集,回顾,复习,参与,尝试.
发现/探索	设计,梳理,整理,分析,发现,交流,研究,探索,探究,探求,解决,寻求.
反应/认同	感受,认识,了解,初步会,体会.
领悟/内化	获得,提高,增强,形成,养成,树立,发挥发展.

在教学目标中使用行为动词时,应注意以下几个问题:一是行为的主体应是学生;二是行为的结果必须表达,而且应是学生经过努力可以实现的;三是应给出实现行为的限制性条件;四是应附有评价行为的标准,标准的确定应主要根据学生的实际情况.

制定合理教学目标的要求:反映数学的学科特点,反映当前学习内容的本质;要有计划性,可评价性;格式要规范,用词要考究.

数学课程的总目标是从知识和技能、数学思考、解决问题、情感态度价值观等方面来阐述的.作为一节课的课时目标,虽不强求这些方面都必须达成,但其中的一个或几个方面的目标是要达成的.在表述对象上应该统一,不能以教师角度来描述的"使学生…"这种表述显然是不正确的,另一条又是以学生角度来描述的"经历…过程".通常情况下,以学生为主体来表述比较恰当,也能够充分体现学生的主体地位.

在用词上要慎重,既要有刻画知识技能的目标动词"了解、理解、掌握、灵活运用",又要有刻画数学活动水平的过程性目标"经历(感受)、体验(体会)和探索"等,只有明确了每一个词的含义,才能结合自己的教学预设制定教学目标.否则容易"词不达意",想的和写的不统一.

案例 2.1 "正弦定理"教学目标分析.

1. 知识与技能

(1)理解并掌握正弦定理,探索与证明正弦定理在任意三角形成立;

(2)了解解三角形的概念,初步学会用正弦定理解三角形.

2. 过程与方法

(1)经历观察发现、猜想并证明正弦定理的过程,领悟定理发现的探索思路,学习由特殊到一般的思维方式;

(2)通过尝试定理的证明,提高运用所学知识解决实际问题的能力.

3. 情感态度与价值观

感受正弦定理的统一美、对称美、简洁美.

案例 2.2 "直线与平面垂直"教学目标分析.

理解直线与平面垂直的概念,通过探索掌握直线与平面垂直的判定定理,能应用判定定理证明直线和平面垂直的简单问题,尝试用数学思维进行思考,用数学语言进行表达,提高合情推理能力,培养数学抽象和逻辑推理的核心素养.

2.2.2 内容分析

1. 基本分析

学习教材的配套教参,了解教材的编写意图和编写特点,理解课程学习目标,熟悉教学要求.教材分析的主要依据是课程标准、教材,同时还需要参阅必要的教学参考书.课程标准是学科教学最权威的指导性文件,是指导教学和编写教材的依据,也是评价教学和考试命题的依据.教师必须认真学习和钻研课程标准,按照课程标准的规定和精神进行教学才能做好教学工作.特别是在一个课程标准有多种版本教材的情况下,准确理解和掌握课程标准更显重要.这样才能对不同教材进行分析比较,以便在使用中做到删选取舍,达到教学目标的要求.

分析和处理教材是教学设计的基本环节和核心任务,此环节教师一定要有"不是教教材,而是用教材"的教材观,但关键是怎样用好教材.

(1)教材分析的意义.

数学教材的分析是数学教师进行教学设计的基础,数学教师只有在深刻理解数学教材的基础上,才能灵活地运用数学教材、组织教材和处理教材,深入浅出地上好每一堂数学课,取得良好的教学效果.数学教材分析是数学教师教学工作的重要内容,也是数学教师进行教学研究的主要方法之一. 数学教材分析能充分体现教师的教学能力和创造性的劳动. 通过数学教材分析能不断提高教师的业务素质和加深对数学教育理论的理解. 因此,数学教材分析对于提高数学教学质量和提高数学教师的自身素质都有极其重要的意义.

（2）教材分析的要求.

① 深入钻研数学教学大纲,深刻领会数学教材的编写意图和目的要求,掌握数学教材的深度和广度.

② 从整体和全局的高度把握数学教材. 了解数学教材的结构、地位作用和前后联系.

③ 从更深和更高的层次理解数学教材. 了解有关数学知识的背景,发生和发展过程,与其他知识的联系,以及在生产和生活实际中的应用.

④ 分析数学教材的重点、难点和关键,了解学生容易混淆,可能产生错误的地方和应该注意的问题.

⑤ 了解例题和习题的编排、功能和难易程度.

⑥ 了解新知识和原有认知结构之间的关系,起点能力和应该注意的问题.

（3）深入地分析教材和全面地掌握教材是课堂教学设计的基础,是取得较好教学效果的前提条件. 大量事实证明,只有对教材进行深入细致的分析,真正领会教材的实质,对教材的处理符合学生的认识规律,才能促进学生的学习,取得良好的教学效果.

分析组织教材的基本要求是,钻研教学大纲,明确教学目的,领会教材编写意图;分析教材的系统体系,明确各部分在整个教材中的地位与前后联系:分析教材的重点、难点及其内容的组织结构,根据学生的认知特点及教学条件等灵活地处理教材.

① 钻研教学大纲　教学大纲是各科教学的指导性文件,是编写教材和进行教学的依据. 大纲中的说明部分详细规定了课程的性质、任务、教学目的要求、确定教学内容的原则、教学内容的安排及教学中应该注意的问题等,还部分列出了教学内容的知识点,并规定了各个知识点教学要求的层次. 为此,在分析教材和组织教材的时候也应以教学大纲为依据,以大纲的要求为目的.

② 全面掌握教材　教材是一个整体,要进行教学设计不仅要掌握一章一节的教材,还要深入、全面地熟悉全学年以至本学科各年级的教材. 全面熟悉、掌握教材,有以下三个方面的意义.

只有全面熟悉教材、吃透教材,才能掌握教材的逻辑系统、重点和难点,做到前后照应,反复渗透. 许多重点、难点内容联系到许多旧知识,如果先学知识不巩固,就会直接影响到新知识的学习. 只有全面地熟悉、掌握教材,才能做到新旧知识密切联系.

只有全面地掌握教材,才能对教材做整体分析,全面地贯彻教学大纲的精神和要求,深刻地理解教学的目的和任务. 也只有这样,才能把知识、技能、思想品德等的培养目标具体化,并把它们合理地分配到全学期各单元以至每节课的教学中去.

只有全面、深入地掌握教材,在教学中才能基于教材又不拘于教材. 只有对教材的结构顺序、教学内容的特点非常熟悉,才能安排必要的补充材料,恰当地选择教学媒体,促进学生的学习.

案例 2.3　"数系扩充与复数概念"教材分析.

本节课是选自新人教版 A 版（2019）高中数学必修第二册第七章第一节"复数的概念"的第一课时. 本课时的主要内容是体会数系扩充的基本过程,探究并理解复数的相关概念.

教材按照复数的概念、复数的四则运算、复数的三角表示形式的顺序安排,本课时是整个单元的基础.复数概念的建立过程蕴含了类比思想,即类比有理数、实数等数系的扩充过程,来探索推理复数的模型,这有助于培养学生的数学抽象素养.

比较人教 A 版的新旧教材,新版补充了复数的三角表示形式等内容,在原有基础上丰富了复数的表现形式,构建更完整的复数理论.此前学生也已学习了平面向量、三角函数等知识,通过建立复数与向量、三角函数的概念及运算等知识间的联系,把新旧知识融会贯通,这也是进一步学好数学的基础.

基于上述分析,本节课的教学关键在于"理解".因此对本课时进行了再设计,力求找准复数概念产生的逻辑起点,揭示复数概念发展的逻辑主线,把数系的扩充作为复数概念建立的重要线索来处理,让学生感受数系扩充过程,经历数学知识的假设论证过程来引入新数 i,并从数系扩充的原因来说明引入新数 i 的必要性,从而建立复数的概念.

案例 2.4 "数系扩充与复数概念"教学方法分析.

教法以引导启发为主,采用问题驱动法,引导学生独立思考,通过讲解数的发展史、演示过程来进行教学,可以提高学生的学习兴趣,激发学生的思维创新,丰富学生的数学文化,培养学生的数学核心素养和实践应用能力.

学法以学生主动探究学习为目标,引导学生运用探究式学习法进行学习.学生可以从问题中学会思考与质疑、从实践运用中锻炼解决问题的逻辑思维、从练习中获得知识的巩固.

2. 背景分析

了解相关数学知识产生的背景和发展历程以及与其他知识、学科、实际的联系,挖掘其教学价值.学科知识体系即学科体系,就是某一学科按其自身发展所形成的知识内容和逻辑程序.掌握了学科知识体系,在分析教材时,才能看清教材的知识结构和体系,才能把各部分教材内容放在学科知识体系中来理解.教材中所讲的知识,要放在知识整体中去认识.

例如,有理数加法运算的符号法则中的"异号两数相加,符号取绝对值较大的那个数的符号."这一法则是如何产生的,有哪些实际背景? 它除作加法运算之外,还有什么作用?

3. 数学思想方法分析

研究数学概念、数学原理以及例题和习题的解法,把握其数学本质.尤其是其中所含有的数学思想方法.例如,数形结合思想、分类讨论思想、化归思想,函数与方程思想、统计思想;配方法、换元法、待定系数法、坐标法、归纳法、演绎法、分析法、综合法、反证法.

4. 重点难点分析

先分析知识内容的重点、难点,预估学生易混淆和易出错之处,再根据课堂教学目标要求,可以确定本堂课的教学重点和难点.

重点的确定主要是由教材本身的性质和功能决定的.一般来说,教材的重点都是学科的基本概念、基本规律和基本研究方法.教材重点的处理方法一般如下:教学过程要以重点知识为中心来展开;要突出重点知识的应用;重点内容更应注意教学方法的选择.

难点是指学生学习困难所在.教学难点主要是由于学生相关知识准备不足;概念、方法相似而引起思维混乱;教学要求和教学方法不当或学生的心理障碍等原因造成的.突破难点主要有以下途径:①总结学生的认知规律,在教学中做到既能适合学生的认知结构,又能改造他们不合理的认知结构;②分散知识难点,分解教学要求,不能企图一次就达到要求,而要有一个逐步掌握、逐步深入的过程;③创设情景,启发学生思维.

例如,在"一元二次方程的解法——因式分解法"这一课教学目标可以表述为:"理解因式分解法的概念,会灵活运用因式分解法解简单的一元二次方程,掌握含有字母的因式的分解;通过实际情境,类比、思考得出因式分解法解一元二次方程的步骤,培养逻辑推理能力和运算能力,体会'降次'化归的思想;激发学习数学的兴趣,培养分析问题、解决问题的能力,以及对数学的亲近感."一元二次方程的概念不再是本节课的重点,本节课的重点应是用因式分解法解一元二次方程.学生可以在已有基础上经历探究—感受—获得—运用等一系列过程来掌握新解法,因此将这一目标分解为几个小的目标,并对应把学习的过程分解为层次分明的几部分.这样有层次感的目标不但规定了教学活动应达到的最终结果,而且提出了达到这一最终结果的一般教学活动的程序,即通过对简单行为的逐个实现达到对复杂行为的最终实现,因而对教学活动的深度和广度有明确的具体的指导作用,确保教学目标落到实处,从而提高教学效率.

2.2.3 学生分析

1. 学生分析的重要性

学情涉及的内容非常宽广,学生各方面情况都有可能影响学生的学习.学生现有的知识结构、学生的兴趣点、学生的思维情况、学生的认知状态和发展规律,学生生理心理状况、学生个性及其发展状态和发展前景,学生的学习动机、学习兴趣、学习内容、学习方式、学习时间、学习效果,学生的生活环境,学生的"思维最近发展区"、学生感受、学生成功感等都是进行学情分析的切入点.

因材施教:学生分析可以帮助教师全面掌握学生的学习现状,从而更好地满足不同学生的个性化需求.通过深入了解和分析学生的学习情况和能力水平,教师可以有针对性地进行教学设计和教学策略的选择,使得教学更加符合学生的实际情况,提高教学的有效性和效率.

激发学习动机:学生分析有助于激发学生的学习动机,促进学生从"要我学"向"我要学"的转变.通过对学生心理需求的理解和挖掘,教师可以采取有效的措施,如适当的教学内容和教学方法的调整,来调动学生的学习积极性和主动性.

提升教学效果:学生分析还包括对学生认知倾向的研究,帮助教师了解学生的认知方式和偏好,并根据这些信息不断改进教学方法和策略,确保教学内容的组织和呈现能够最大限度地吸引学生的注意力,提高学生的学习效果.

构建良好师生关系:通过学生分析,教师可以对学生的性格特点、学习能力和生活习惯等进行全面的了解,从而在与学生的日常交流和教学活动中建立起更为和谐、融洽的关系,营造出有利于学生学习和成长的良好环境.

增强教学设计的科学性:学生分析作为教学设计中的一个重要组成部分,可以为整个教学过程提供科学的指导和支持.它不仅能够帮助教师确定教学目标和内容,而且还能帮助教师预测和应对可能出现的问题,从而使教学设计更加合理和完整.

2. 学生分析的主要内容

"影响学习的最重要的因素,就是学习者已经知道了什么."为了确定一个合适的教学起点,必须分析学生学习某一内容时的已有基础,包括分析学生已有的知识技能及认知发展水平.学生分析的基础是了解学生,这是一项长期的任务,尤其是对学生一般特点和学习风格的认识,主要依靠平时的积累.因此,教学设计中的学生分析不必面面俱到.教师可以根据教学的实际情况、自身的经验,针对教学任务、教学内容的主要特点,在单元备课时进行具体分析.

分析已有知识技能:首先是了解学生课内已经获得了哪些相关的知识技能.教师可以通过对教学目标、教学内容的分析,了解学生学习某一新知识需要以哪些知识、技能作为基础,哪些所需术语已经出现过,等等.例如,八年级"二次根式的乘除"时,平方根知识可能已经忘记,需要设计一些铺垫帮助学生回忆.此外,学生可能出现新旧学习之间的正迁移和负迁移现象,即对于新的学习任务,已有知识技能可能产生积极的促进作用,也可能发生消极的干扰作用.如在学习角度的计算时,十进制的知识与计算技能可能产生直接的正迁移,但在一部分学生身上发生负迁移现象.其次教师要了解学生在日常生活中观察、体验和学习到的相关知识,部分可能已形成了不完全科学的"前概念".显而易见,教师在确定教学起点,乃至重难点时,应该充分考虑学生已知什么、会做什么、能回忆起什么,预测已有知识是积极的还是干扰的,掌握这些学情不仅是确定教学起点的重要依据,而且对教师预见学习过程中,哪些地方学生容易出现障碍,可能出现哪些误解,也会有一定的帮助.

了解现有认知发展水平:学生的学习准备,既包括知识准备,也包括认知发展准备.认知发展准备主要是指学生进入新内容的学习时所具有的思维水平,一般是指与学习相关的认知心理发展,是否达到了适当的水平.了解学生现阶段的认知心理发展水平,可以指导教师有序地设计教学过程,正确估计学生的接受能力和实际思维水平,把握好教学的"序"与"度".例如,仍有个别小学一年级的学生依赖数手指计算,对此,禁止扳手指的做法往往使学生更为紧张,效果适得其反.可取的策略是帮助其逐步进入表象思维,如诱导其手指不动或手放身后,尝试用眼"数"、在头脑里数,等等,从而逐渐摆脱这个动作.

学生的学习方法和学习态度也是重要的因素.

学生的学习方法与学习习惯,在不同的学科之间既有共性,又有个性.但主要还是取决于学生相关的学习经历与体验.这些内容,教师有必要在进行教学设计前加以深入了解.学习风格源于学生的个性特点,是学生个性在学习活动中的定型化、习惯化,具有独特性和稳定性的特点.教学只能是学生学习风格形成和完善的催化剂,却难改变它的本质特性.

学习态度受学习动机的制约,是学习者对待学习的选择性反应倾向.学生对学习内容、教学方式的兴趣与态度,将影响教师对教学方法的选择.例如,对于学生有偏见的学习内容,教学设计时需要采取针对性措施,消除偏见;对于学生不感兴趣的学习内容,一方面应尽量变换情境,以增添外加的趣味性;另一方面可以考虑唤起激发间接兴趣的可能性.

3. 学生分析的常用方法

观察法：研究者在自然条件下对个体的言谈、举止行动和表情等进行有目的、有计划的观察，以了解其心理活动的方法，是教师在日常教学活动中，有目的、有计划地对教育对象、教育现象或教育过程进行考察的一种方法.

资料分析法：教师基于已有的文字记载资料间接了解、分析学生的基本情况的一种研究方法. 材料包括档案袋、笔记本、作业和试卷等.

谈话法：通过教师和学生相互交谈的活动来了解学生情况的方法. 通过研究者与被研究者口头谈话的方式从被研究者那里收集第一手资料的一种研究方法.

问卷调查研究法：是深入了解学生的重要方法. 调查前要根据调查的内容和问题列出调查提纲，考虑好调查的具体步骤和方法，确定调查的重点对象.

经验分析法：教师在教学过程中基于已有的教学经验对学情进行一定的分析与研究. 教师自身的教学经验越丰富，对自身教学经验的反思就越深入，基于已有教学经验的学生分析就越易于进行，其分析成果也更有教学价值. 经验分析法是进行学生分析的常用方法之一.

案例 2.5 "直线、圆的位置关系"课前学生分析.

已学习"d-r 法"判定直线与圆的位置关系；掌握点的坐标、直线的方程、点到直线的距离公式以及圆的方程；懂得利用方程可以求解直线的交点坐标；具有利用消元法求解多元一次方程组的经验.

学生的学习认知水平不断发展，思维能力更加成熟，具有一定的抽象逻辑思维. 学生对直线、圆的位置关系的判定方法仍建立在借助图形几何特征的基础上. 因此，完全用代数的方法，通过代数语言把几何问题转化为代数问题，运算求解得到位置关系（即"Δ 法"）是学生思维转化的难点.

案例 2.6 "数系的扩充与复数概念"课前学生分析.

认知基础：

（1）学生对数系的扩充过程具有一定的相关知识储备，学生已学习了自然数、整数、有理数、实数的概念，能够理解数集之间的包含关系，并掌握了实数范围内的一些运算法则和运算律，为本课学习奠定基础.

（2）学生已掌握了一元二次方程等的求解方法以及方程的解的概念，我们可以用方程来反映数系扩充的过程.

（3）按新教材的课程顺序展开教学，该阶段学生已掌握向量、三角函数的概念及运算的相关知识，也为后面复数的几何意义和四则运算的教学做了铺垫.

认知障碍：

（1）学生缺乏对数系扩充过程的了解，对数的生成和发展的历史规律没有深刻认识，不知道数系为什么会被扩充，不明白数系扩充与生产生活及求解数学方程之间的关系.

（2）生活中缺乏复数的现实物理背景，学生难有直观感受，进而较难理解复数.

（3）在学生的认知图式中复数是一个陌生的概念，要建立复数与旧知（集合，方程，向量，三角函数等）的联系存在一定困难.

（4）近几年高考对复数的考察范围基本围绕复数代数形式的四则运算，学生普遍只关注如何用公式进行简单计算，对数系扩充这一知识点持不需要的态度，认为考试又不考其发展史，也对复数的几何意义的认识较为模糊.

2.2.4 过程分析

1. 常用的教学方法

中外对教学方法的不同界定由于研究者研究问题的角度和侧面的差异，不同时期的教学理论研究者对"教学方法"概念的解说自然不尽相同. 各种教学方法的共性：教学方法要服务于教学目的和教学任务的要求；教学方法是师生双方共同完成教学活动内容的手段；教学方法是教学活动中师生双方行为的体现.

一般认为，教学方法是教学过程中教师与学生为实现教学目的和教学任务要求，在教学活动中所采取的行为方式的总称. 教学方法的内在本质特点：教学方法体现了特定的教育和教学的价值观念，它指向实现特定的教学目标要求；教学方法受到特定的教学内容的制约；教学方法要受到具体的教学组织形式的影响和制约.

常用的教学方法有五种：讲练结合法、引导探究法、讨论交流法、参观演示法、自主学习法.

（1）讲练结合法

讲练结合的数学教学模式就是教师通过典型的数学范例进行讲授，传授系统的数学知识、技能、方法，并让学生利用典型的数学练习题进行系统的训练，达到掌握基础知识、基本技能和数学能力的教学结构、程式. 讲练结合的教学模式以美国认知教育心理学家奥苏贝尔（Ausubel，1918—2008）的有意义地接受学习教学理论为基础，以掌握扎实的数学基本功为主题、以习得基础知识和基本技能为教学目标，以讲练结合为教学策略的教学思路. 讲授是中小学的主要教学方式，教师讲授系统的数学基础知识、基本方法，帮助学生通过同化、顺应的方式构建数学认知结构，并实现数学教学目标.

最重要的部分是根据教学目标，选取典例. 典例是指教师讲的数学范例和学生所练的典型的数学习题. 数学典例具有典型性、代表性，能充分体现数学的本质规律，能反映数学的基本原理、基本思想、基本方法. 在有限教学时间内，通过选择出来的、典型的数学范例让学生去理解数学基本规律，把握基本方法，体验数学的意义，并借助于数学的一般原理和方法学会学习，达到"教是为了不教"的目的，并实现数学教学目标. 简言之，讲练结合教学模式的基本程序是：讲讲（典型范例）→练练（典型习题）→评评（学习效果）.

典型性是讲练结合教学模式的重要特征，这些数学范例本质特征是明显的，具有强烈的启发性，能导引学生的数学思维趋于深刻，发展学生的数学能力，使学生充分把握数学的逻辑结构，在方法上能起到触类旁通的作用.

（2）引导探究法

引导探究法是在教师的指导下，学生在探究情境采用观察、分析、类比、归纳等方法，进行探究学习活动，发展探究能力，培养科学态度，建构自己的数学认知结构框架. 运用发现教学法与探究教学法时,应注意以下几方面的要求:提供有利于学生进行探究发现的良好的教学情境;选择和确定探究发现的问题;有序组织教学,积极引导学生的探究发现活动.

引导探究法由问题情境、提出猜想、共同验证、总结概括、拓展练习等 5 个阶段组成. 引导探究法是由探究学习的理论、探究教学的主题、以培养学生探究意识和能力为教学目标、"疑惑、猜想、验证、总结"的教学程序、"学生探究、教师指导"的教学策略和"以探究意识和创新能力为目标"的教学评价组成. 在引导探究的教学模式运用过程中,教师创设探究情境,引导学生运用探究方法,让学生主动探究、发现问题,提出问题、验证猜想,理解数学知识,并激发学习兴趣,萌发创造的意识,提高创新能力,培养数学的科学精神,实现数学教学目标.

（3）讨论交流法

讨论交流法是在教师的指导下,学生以全班或小组为单位,围绕教材的中心问题,各抒己见,通过讨论或辩论活动,获得知识或巩固知识的一种教学方法. 优点在于,由于全体学生都参加活动,可以培养合作精神,激发学生的学习兴趣,提高学生学习的独立性.

运用讨论法的基本要求是:讨论的问题要具有吸引力. 讨论前教师应提出讨论题和讨论的具体要求,指导学生收集阅读有关资料或进行调查研究,认真写好发言提纲;讨论时,要善于启发引导学生自由发表意见. 讨论要围绕中心,联系实际,让每个学生都有发言机会;讨论结束时,教师应进行小结,概括讨论的情况,使学生获得正确的观点和系统的知识.

（4）参观演示法

教师在课堂上通过展示各种实物、直观教具或进行示范性实验,或组织到课外学习基地进行实地观察、调查、研究和学习,从而获得新知识或巩固已学知识的教学方法. 是一种辅助性教学方法,要和讲授法等教学方法结合使用. 运用的基本要求是:目的要明确;现象要明显且容易观察;尽量排除次要因素或减小次要因素的影响;要求学生围绕参观内容收集有关资料,质疑问难,做好记录,结束后写出书面总结,将感性认识升华为理性知识.

（5）自主学习法

自主学习法又称为自我调节的学习,一般是指学习者自觉确定学习目标、选择学习方法、监控学习过程、评价学习结果的过程. 事实上是教师指导下的自主学习,还不是真正的自主学习,通过教师指导下的自主学习,逐步向完全的自主学习过渡,实现真正意义上的自主学习.

为了充分拓展学生的视野,培养学生的学习习惯和自主学习能力,锻炼学生的综合素质,通常给学生留思考题或对于遇到的一些生产问题,让学生利用网络资源自主学习的方式寻找答案,提出解决问题的措施,然后提出讨论评价. 自主学习法主要应用于课程拓展内容的教学,如项目教学未涉及的小作物具体的育种方法和特点,组织学生自主学习,按照论文的形式并撰写学习小论文,交由老师评价. 锻炼学生提出问题、解决问题和科技写作能力.

2. 教学媒体的设计

数学教学媒体一般分为常规教学媒体和现代教学媒体两大类,常规教学媒体主要有教科书、黑板、纸张、墙挂、实物模型等.现代教学媒体一般有智能白板、图像媒体、网络媒体等.

教学媒体最突出的特点是提高课堂教学信息的传递效率.节省了教师在课堂上板书的时间,拓展了课堂信息的传递渠道,提高了单位时间内教学信息的传递容量,大幅提高了课堂教学信息的传递效率.多媒体课件具有生动、直观、形象,图文、声像并茂的特点,并运用大量视听信息来扩大学生的视野,调动学生的思维兴趣点,激发学生的求知欲和学习兴趣.运用多媒体技术来制作数学教学课件时,不是一味考虑文字、图形处理得多漂亮,关键是如何优化教学思想.教学思想不更新,制作出来的课件可能会变成"填鸭式",学生陷进教师设计好的"圈套"中,被教师牵着鼻子走,扼杀了学生的想象力和创造力.

合理的选择和有效地运用教学策略,要求教师能够在现代教学理论的指导下,熟练地把握各类教学方法的特性,能够综合地考虑各种教学方法的各种要素,合理地选择适宜的教学方法并能进行优化组合.教师可根据教学目标、教学内容特点、学生实际特点、自身能力特点综合考虑选择科学合理的教学方法完成教学过程.

合理的选择和有效地运用教学方法,要求教师能够在现代教学理论的指导下,熟练地把握各类教学方法的特性,能够综合地考虑各种教学方法的各种要素,合理地选择适宜的教学方法并能进行优化组合.教师可根据教学目标、教学内容特点、学生实际特点、自身能力特点综合考虑选择科学合理的教学方法完成教学过程.

案例 2.7 "等差数列的前 n 项和公式"[①]的教案(表 2.3).

表 2.3 "等差数列的前 n 项和公式"教案

课题名称	等差数列的前 n 项和公式		
教材版本	人教 A 版(2019)	内容	选择性必修第二册
教学对象	高二学生	课时	4.2.2 第一课时

一、教学内容分析

等差数列在现实生活中比较常见,等差数列前 n 项和也是实际生活中经常遇到的一类问题,而等差数列求和是对前面所学等差数列相关知识的巩固与进一步深入学习,同时等差数列的前 n 项和公式也是研究数列的基本问题,为学习后续等比数列、一般数列求和奠定基础.

数列作为特殊的函数,等差数列求和与其一次函数或二次函数有着联系.本节课将从等差数列的前 n 项和公式的探究、推导、证明等方面讲述.

二、课程标准分析《普通高中数学课程标准(2017 年版)》

1. 内容要求(38 页)

本单元的学习,可以帮助学生探索并掌握等差数列的变化规律,建立等差数列的通项公式和前 n 项和公式;能运用等差数列解决简单的实际问题和数学问题,感受数学模型的现实意义与应用;感受数列与函数的共性与差异,体会数学的整体性.

---

① 韶关学院数学与统计学院 19 级学生徐紫辉提供.

续表

（1）探索并掌握等差数列的前 n 项和公式,理解等差数列的通项公式与前 n 项和公式的关系.

（2）能在具体的问题情境中,发现数列的等差关系,并解决相应的问题.

2. 教学提示(40页)

（1）应特别强调数列作为一类特殊的函数在解决实际问题中的作用,突出等差数列的本质,引导学生通过类比方法探索数列与函数的联系.

（2）在教学过程中可以组织学生收集、阅读数列方面的研究成果,特别是我国古代的优秀研究成果,感悟我国古代数学的辉煌成就.

三、知识点梳理思维导图

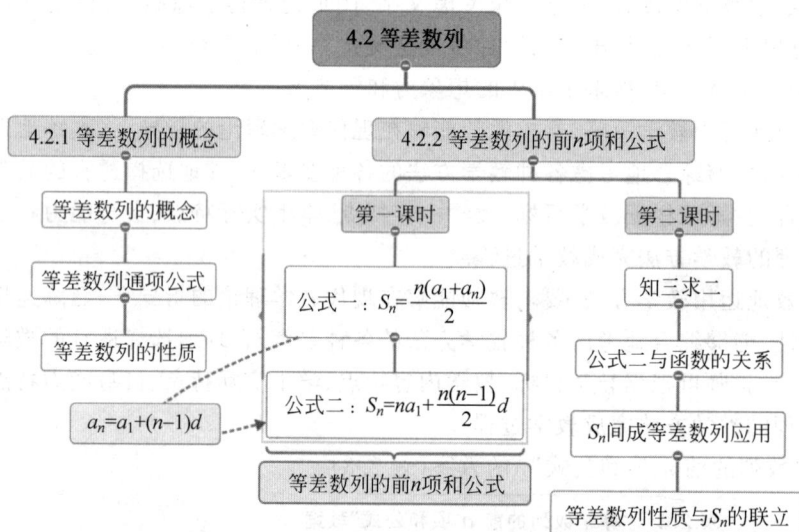

四、学生特征分析

认知基础	认知障碍
学生已经知道 $1+2+\cdots+100$ 求和结果,学习了等差数列概念与性质,能够从具体的例子归纳出简单具体化规律.	学生从证明 $1+2+\cdots+n$ 这个公式的方法类比得到等差数列的前 n 项公式以及在公式推导过程中 $(a_1+a_n)+(a_2+a_{n-2})+\cdots$ 转化为 a_1+a_n 的形式.

五、教学目标

知识与技能目标	1. 掌握等差数列的前 n 项和公式的推导方法; 2. 能够利用公式求和; 3. 能把握求和公式的本质属性; 4. 能够运用求和公式解决相关问题.
过程与方法目标	1. 探究求和公式的推导方法,培养学生发现问题和提出问题的能力; 2. 体会特殊到一般的推理方法,培养数学抽象能力.

续表

情感态度价值观目标	1. 感受等差数列的前 n 项和对人类文明的贡献,感悟我国古代数学的辉煌成就,激发学生爱国情怀、文化认同感与自豪感; 2. 创设情境,调动学生学习的学习动机,激发学习的好奇心与求知欲,体会数学的美以及数学与生活的密切联系.

六、教学重难点

项目	内容	解决措施
教学重点	发现和证明等差数列的前 n 项和公式.	通过观察从前 100 项自然数求和到前 n 项自然数求和最后发现其等差数列求和的方法,选择更有优势的"倒序相加法"推导等差数列的前 n 项和公式.
教学难点	寻找等差数列的前 n 项和公式的推导思路.	引导学生通过类比,一步步从特殊到一般,推理出等差数列的前 n 项和公式.

七、教学方法

教法分析	学法分析
采用引导探究法.本节课通过让学生从前 100 项自然数求和到前 n 项自然数求和,最后发现其等差数列求和规律特点展开教学,意在通过特殊等差数列求和问题引导学生类比推导一般等差数列的求和,从而得出等差数列求和公式,培养学生发现和探究问题的习惯与能力,激发学生对学习数学的兴趣.	处于高二阶段的学生已有一定的自主探究以及从特殊到一般的归纳推理能力,结合学生这一特点,根据"以学生为主体,教师为主导"的课程标准理念,在本节课的教学中,主要引导学生通过分析、推理、归纳,得出等差数列的前 n 项和公式,激发学生的学习动机,从而把学生传授知识和培养能力进行有机的结合.

八、教学设计的重点及基本思路

数学课程需体现社会发展的需求,数学学科的特点和学生的认知规律,凸显数学的内在逻辑和思想方法,强调数学与生活的联系,提升学生应用数学解决实际问题的能力,让学生能够运用数列解决简单的实际问题,同时注重数学文化的渗透,等差数列的前项 n 和公式正是符合这一基本理念.

本节课在探究环节中引导学生从特殊到一般的等差数列求和公式的推导,让学生独立思考、合作交流等多种学习方法去分析、归纳等数学活动,得出等差数列前 n 项和公式.本节课的重点在于引导学生对等差数列的前 n 项和公式的推导,且在推导过程中学习与掌握倒序相加法.

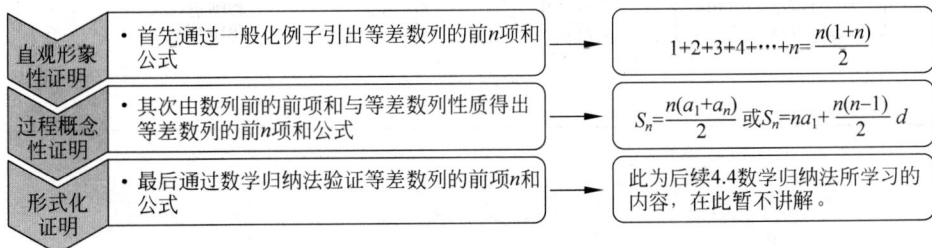

直观形象性证明	· 首先通过一般化例子引出等差数列的前 n 项和公式	→	$1+2+3+4+\cdots+n=\dfrac{n(1+n)}{2}$
过程概念性证明	· 其次由数列前的前项和与等差数列性质得出等差数列的前 n 项和公式	→	$S_n=\dfrac{n(a_1+a_n)}{2}$ 或 $S_n=na_1+\dfrac{n(n-1)}{2}d$
形式化证明	· 最后通过数学归纳法验证等差数列的前项 n 和公式	→	此为后续 4.4 数学归纳法所学习的内容,在此暂不讲解.

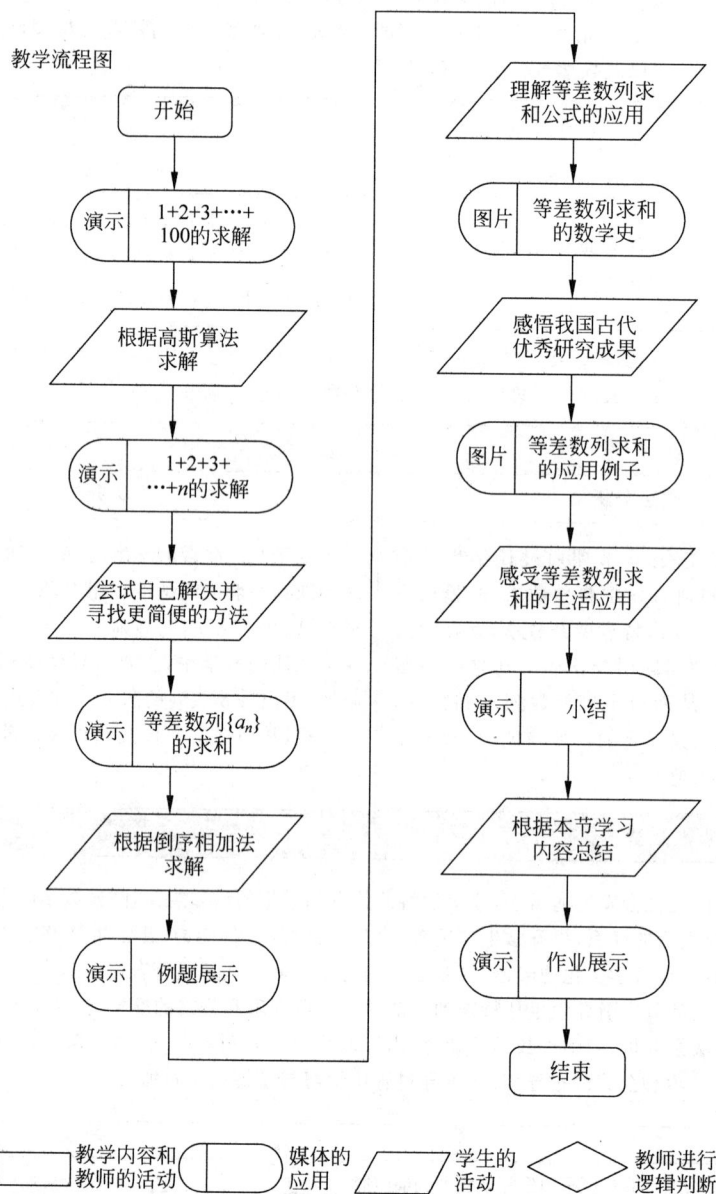

教学流程图

续表

九、教学过程设计			
教学环节与时间	教师活动	学生活动	设计意图
复习巩固(2min)	等差数列的相关知识点: 1. 等差数列的概念 $a_{n+1}-a_n=d$ $(n=1,2,3,\cdots)$; 2. 等差数列的通项公式 $a_n=a_1+(n-1)d$ 或 $a_n=a_m+(n-m)d$, $(a_1$ 为首项,d 为公差); 3. 等差数列的性质 (1) 等差中项:若 $A=\dfrac{a+b}{2}$,则称 A 为 a,b 的等差中项. (2) 若 $m+n=p+q$ 则 $a_m+a_n=a_p+a_q$.	学生思考与共同回答.	检验学生上节课知识点掌握情况的同时,建立新旧知识的联系,以利于为接下来学习等差数列求和公式奠定基础.
引入(2min)	求解 $1+2+3+\cdots+100=$ _____.	学生思考与回答.	引入高斯算法,为接下来求 $1+2+3+4+\cdots+n$ 奠定基础.
问题探究(7min)	问题一: 求 $1+2+3+4+\cdots+n=$? 解法一:高斯算法 解法二:倒序相加法 动画几何直观: $1+n$ ⟵⟶ n	学生思考、小组讨论,回答问题.	对问题进行层层深入,从特殊到一般,引出"倒序相加法",让学生体会其优势之处,为等差数列求和公式的推导求解做好铺垫.
深入探究(9min)	问题二: 求等差数列 $\{a_n\}$ 的前 n 项和 S_n.	学生讨论与动笔作答推导结果.	引导学生运用类比思想,学会运用"倒序相加法"求和,得出结论.

续表

学练结合(10min)	得出等差数列$\{a_n\}$前n项和的公式S_n： 公式一：$S_n=\dfrac{n(a_1+a_n)}{2}$ 例： 已知数列$\{a_n\}$是等差数列. (1) 若$a_1=7$，$a_{50}=101$，求S_{50}； (2) 若$a_1=\dfrac{1}{2}$，$d=-\dfrac{1}{6}$，求S_{12}. 利用$a_n=a_1+(n-1)d$将公式一变形得出公式二. 公式二：$S_n=na_1+\dfrac{n(n-1)}{2}d$ 例： (2) 若$a_1=\dfrac{1}{2}$，$d=-\dfrac{1}{6}$，求S_{12}. 化简公式二得： $S_n=\dfrac{d}{2}n^2+\left(a_1-\dfrac{d}{2}\right)n$，并令其整体为$S_n=An^2+Bn$与函数构建联系.	学生推导得出公式并思考例题.	得出本节课所学习的重要公式并及时巩固新知，使学生思维能力得到有效提升的同时理解公式一、公式二的联系与异同.
了解数学史(3min)	PPT展示： 人物一： 北宋·沈括 著作：《梦溪笔谈》 人物二： 南宋·杨辉 著作：《详解九章算术》 人物三： 元代·朱世杰 著作：《四元玉鉴》	学生聆听、感悟我国古代数学的辉煌成就.	注重数学文化的渗透，激发学生爱国情怀、文化认同感与自豪感，激发学生学习兴趣.

续表

知识扩展（6min）	《九章算术》：今有竹九节，下三节容量四升，上四节容量三升，问中间两节欲均容各多少？ 《张丘建算经》：今有女善织，日益功疾，初日织五尺，今一月日织九匹三丈，问一月按30天计算，该女子第30天尺数为多少？ **物理领域** 一支车队有15辆车，某天下午依次出发执行运输任务，第一辆车于14时出发，以后每间隔10min发出一辆车，假设所有的司机都连续开车，并都在18时停下来休息，如果每辆车行驶的速度都是60km/h，这个车队当天一共行驶了多少千米？ **建筑领域** 青铜峡108塔自上而下按1 3 3 5 5 7 9 11 13 15 17 19奇数错落排列成12层，每层塔前用砖砌护墙一道、地面用砖铺墁，构成一个等边三角形塔群，共108座。	学生听讲、思考实例，作答其中一道题目。	让学生感受古代与现代知识的碰撞，感受数学的影响力，明白数学源于生活并服务于生活，同时，也让学生感受等差数列及前 n 项和在生活中的作用、价值。
课堂小结（3min）	公式一：$S_n=\dfrac{n(a_1+a_n)}{2}$（知 n,a_1,a_n 可求 S_n） 公式二： $S_n=na_1+\dfrac{n(n-1)}{2}d$ （知 n,a_1,d 可求 S_n） 通项公式： $S_n=a_1+a_2+\cdots+a_n$	学生回顾与思考。	检验学生对本节课内容的掌握情况，加深记忆。
课后作业（3min）	1. 观察并举例生活中能运用等差数列及其前 n 项和的事例。 2. 完成下表： 等差数列 $\{a_n\}$ 首项为 a_1，公差为 d，项数为 n，第 n 项为 a_n，前 n 项和为 S_n。 <table><tr><td>a_1</td><td>d</td><td>n</td><td>a_n</td><td>S_n</td></tr><tr><td>2</td><td>4</td><td>10</td><td>38</td><td>200</td></tr><tr><td>5</td><td>10</td><td>10</td><td>95</td><td>500</td></tr><tr><td>-38</td><td>2</td><td>15</td><td>-10</td><td>-360</td></tr><tr><td>20</td><td>-2</td><td>8</td><td>6</td><td>104</td></tr></table>	学生完成课后作业。	让学生观察、发现等差数列的前 n 项和在生活中的实际应用，使学生能学以致用。 让学生在做题巩固中理解 $a_n=a_1+(n-1)d$，$S_n=\dfrac{n(a_1+a_n)}{2}$ 以及 $S_n=na_1+\dfrac{n(n-1)}{2}d$ 三者之间的联系，为下节课讲解知三求二奠定基础。

续表

课后作业（3min）	（选做）3. 已知等差数列 a_n 的前 n 项和 S_n，若 $a_1=10$，公差 $d=-2$，则 S_n 是否存在最大值？ 若存在，求 S_n 的最大值及取得最大值时 n 的值；若不存在，请说明理由.	学生完成课后作业.	让学生先对等差数列的前 n 项和公式与函数之间的关系、函数的特点进行思考，为下节课知识的讲解奠定基础.
	（选做）4. 试用 $S_n=a_1+a_2+\cdots+a_n$ 推导出 $$S_n=na_1+\frac{n(n-1)}{2}d.$$		拓宽学生思维.

十、板书设计

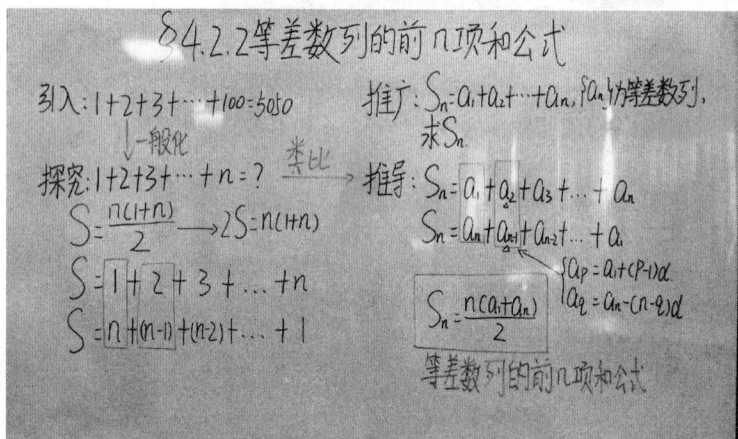

十一、作业评价量表

班级：＿＿＿＿＿＿

评价内容	表现情况	选项	备注
课堂练习	1. 能积极思考做题	1. 是（　） 2. 否（姓名：　　　　）	
	2. 习题掌握程度	1. 100%（　）　　2. 85%（　） 3. 60%（　）　　4. 其他：＿＿＿＿	
	3. 错误点解决情况	1. 解决（　）2. 待巩固（　）3. 未解决（　）	
课后作业	1. 作业完成情况	1. 全完成（　） 2. 未完成（姓名：　　　　　　）	
	2. 作业解答情况	1. 好（姓名：　　　　　　） 2. 粗心（姓名：　　　　　　） 3. 不懂（姓名：　　　　　　）	
	3. 抄袭情况	1. 无（　）2. 有（姓名：　　　　　　）	

教学评价

本节课目的在于突出掌握重点、突破难点，在教学过程中学生能主动参与到每个环节，跟随老师的引导从前100项自然数求和到前 n 个自然数求和再到等差数列前 n 项求和，学习效果好. 并且在学习过程中讲解我国古代优秀研究成果，感悟我国古代数学辉煌成就的同时培养学生的爱国情怀和文化认同感、自豪感.

续表

十二、教学总结、反思

通过板书与多媒体课件相互结合讲解,引导学生从特殊到一般的类比推理,归纳总结得出等差数列的前 n 项和公式,锻炼了学生的逻辑推理能力;同时利用古今事例让学生感受数列是可以用来刻画现实世界中一类具有递推规律事物的数学模型.但因课程时间原因,对等差数列前 n 项和应用情况讲解不够细致,对课程时间安排紧凑性还需不断提高.

2.3　数学教学设计技能的应用

关于数学课型,研究者们从不同的层面和角度进行了探讨.我们基于数学课程特点,采取以教学内容的不同性质作为数学课型的分类基点,将数学课型分为下面五类基本课型:概念课、原理课、习题课、复习课、评讲课.

2.3.1　概念课的设计

数学概念是反映客观事物在数量关系和空间形式方面的本质属性的思维形式,是人们通过实践,从数学所研究的事物对象的许多属性中,抽象出其本质属性概括而成的.概念的形成,标志着人的认识已经从感性认识上升为理性认识.数学概念是进行数学推理和证明的基础和依据,数学中的推理和证明实质上由一连串的概念、判断和原理组成,而数学中的原理又都是由一些概念构成的.因此数学概念学习是数学学习的基础,数学概念的教学是数学教学最重要的组成部分.数学概念学习的本质就是概括出数学中一类事物对象的共同本质属性,正确区分同类事物的本质属性与非本质属性,正确形成数学概念的内涵和外延.

概念教学的本质不是低水平的概念言语连锁学习,而是要帮助学生获得概念的心理意义,即形成概念内涵的心理表象,或者说建构起良好的概念图式.概念图式由一些反映概念属性的观念组成,概念图式中观念的多少、观念的准确与否、观念的深刻程度是反映概念理解水平的重要因素.会解题、考试成绩好的学生,并不保证他有好的概念图式.

人类获取概念的主要方式是概念的形成和概念的同化.

概念的形成是指从大量的具体例子出发,归纳概括出一类事物的共同本质属性的过程.这是一种发现学习的过程.概念同化就是利用学习者认知结构中原有的概念,以定义的方式直接给学习者提示概念的关键特征,从而使学习者获得概念的方式.它的基本形式包括上位学习、下位学习和并列结合学习.无论是通过概念的形成方式还是通过概念的同化方式来获得概念,其最终目标都是掌握同类事物的关键属性,使学生在头脑里建构起良好的概念认知图式.

1. 概念的形成

概念的形成的方式主要有三种:直接经验、间接经验和抽象思维.

以概念的形成获得精确概念的心理过程如图 2.1 所示.

概念形成的教学模式一般包括六部分:提供足够的具体例证,引导学生辨别;确定共有的特征;抽象出本质数学;形成初步概念;概念的深化;概念的运用.

图 2.1　概念的形成过程

根据人教版教材中"6.1平方根"（七年级下册 P40）内容如图 2.2 所示，算术平方根的概念教学可按概念形成设计教学.

问题　学校要举行美术作品比赛，小鸥想裁出一块面积为 25 dm² 的正方形画布，画上自己的得意之作参加比赛，这块正方形画布的边长应取多少？

你一定会算出边长应取 5 dm. 说一说，你是怎样算出来的？

因为 $5^2=25$，所以这个正方形画布的边长应取 5 dm.

填表：

正方形的面积/dm²	1	9	16	36	$\frac{4}{25}$
正方形的边长/dm					

上面的问题，实际上是已知一个正数的平方，求这个正数的问题.

一般地，如果一个正数 x 的平方等于 a，即 $x^2=a$，那么这个正数 x 叫做 a 的算术平方根（arithmetic square root）. a 的算术平方根记为 $\sqrt{a}$，读作"根号 a"，a 叫做被开方数（radicand）.

规定：0 的算术平方根是 0.

图 2.2　教材片段

教学过程中，首先引导学生填写表格，得到每个面积对应的边长（把负数排除），让学生观察表格内容并说出自己的认识，学生可能提出"知道面积可以求正方形边长""都是正数""都要求找到平方等于已知数的数"等. 接着，把表格从情境中抽离出来，描述一下两行数值之间的关系，"1的平方是 1，4 的平方是 16……"，引导学生用字母表示数后，就完成了抽象出共同属性这一步，进一步总结出概念. 后续通过例题巩固算平方根的概念，因为学生第一次接触这个概念，在完成计算后，需要让学生用数学语言表述题目以达到理解概念本质的作用. 教材后续内容是如图 2.3、图 2.4 的探究活动，属于概念应用. 在实际教学中，是否马上进入探究活动的环境，需根据学生掌握的情况决定. 至此，就完成了基于教材内容的一次概

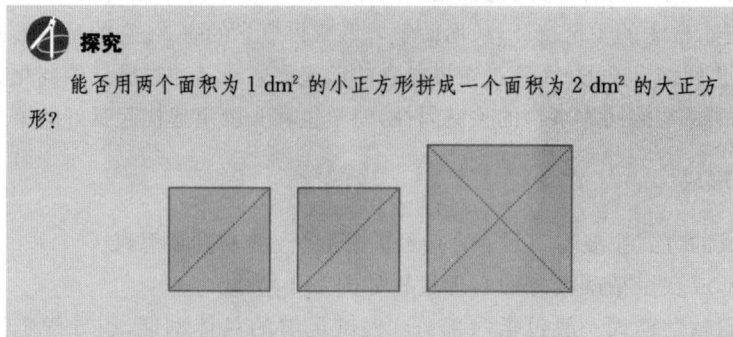

探究

能否用两个面积为 1 dm² 的小正方形拼成一个面积为 2 dm² 的大正方形？

图 2.3　教材片段

念形成模式的教学片段.

图 2.4　教材片段

2. 概念的同化

奥苏贝尔把概念同化分为上位学习、下位学习和并列结合学习三种基本形式.

以概念的同化获得精确概念的心理过程如图 2.5 所示.

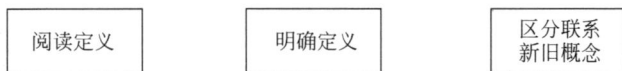

阅读定义	明确定义	区分联系 新旧概念

图 2.5　概念的同化过程

上位学习也叫总括学习,即通过综合归纳获得意义的学习.当认知结构中已经形成某些概括程度较低的观念,在这些原有观念的基础上学习一个概括和包容程度较高的概念或命题时,便产生上位学习.例如,在学过正方体、长方体等形体的体积计算公式后,学习一般柱体的体积计算公式就属于上位学习.教师在上位学习教学中,要充分发挥概括的作用,认真组织好概括活动,否则难以产生良好的教学效果.

下位学习又称归属学习,是一种把新的观念归属于认知结构中原有观念的某一部分,并使之相互联系的过程.认知心理学假定,认知结构本身在观念的抽象、概括和包容的水平方面,倾向于按照层次组织.新的命题或概念的意义的出现,最典型的反映是新旧知识之间构成一种归属关系.这种归属过程多次进行,就导致知识不断产生新的层次,因而也就不断分化与精确化.如先学习长方形,再学习平行四边形、菱形等.

并列组合学习是在新知识与认知结构中的原有观念既非类属关系又非总括关系时产生的.学生在各门学科中对于许多新概念的学习都属于并列结合学习,如学习长度、面积和体积,幂函数、三角函数、指数函数,都属于并列结合学习.

从三角形到等腰三角形、等边三角形的学习属于下位教学.结合教材内容和概念同化模式,教学可按照以下思路进行.关键是要通过足够多的例子帮助学生强化关键属性.因此,在教学中所呈现的例子应当在非本质属性上各不相同,但同时,又具有共同的相关属性,从而,这种共同的属性得以凸显,这是十分有益的.即等腰(正)三角形的大小和所指向的方向都是无关的,教师呈现的正三角形应该大小各异,并且其所指向的方向也不尽相同.学生不仅仅要学会概括"等腰(正)三角形"的性质,还要能够把它和其他三角形区分开.为了培养学生的概念辨别力,教师必须呈现一些与正面实例明显不同的反例.随着学生技能的发展,教师就能够教他们怎样作出更好的辨别.

3. 概念教学设计需要注意的几个问题:

(1) 关注概念产生的背景.

为帮助学生透彻理解概念,关键的问题是不仅是一节课学习的内容,更要让学生知道为什么要学这个内容,由"知其然"发展到"知其所以然",即使是概念同化的方式开展教学,也要作出一定的铺垫,使得学生明白概念出现是有一定的原因和必要性,有利于学生从现实世界过渡到数学世界,从而感受到如何用数学的眼光、数学的思维、数学的言语表达规律. 如表 2.4 所示,用"当德兰"双球模型引入椭圆定义.

表 2.4　用当德兰双球模型引入椭圆定义

19 世纪初,比利时数学家当德兰(Dandelin,1794—1847)利用与圆锥面和截面均相切的两个球,结合过球外一点切线的定理和圆台母线的性质,探究截口曲线上点的运动轨迹,论证了椭圆定义的正确性.　　过球外一点所作球的切线长相等⇒$\lvert MF_1 \rvert = \lvert MP \rvert$,$\lvert MF_2 \rvert = \lvert MQ \rvert$ 等式两边相加⇒$\lvert MF_1 \rvert + \lvert MF_2 \rvert = \lvert MP \rvert + \lvert MQ \rvert = \lvert PQ \rvert$　$\lvert PQ \rvert$ 是圆台 O_1O_2 的母线⇒$\lvert PQ \rvert$ 是常数.	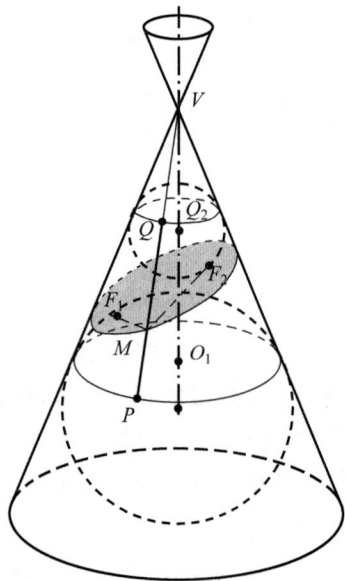

(2) 利用变式,强化概念的本质属性.

变式是指概念例证在非本质属性方面的变化. 利用变式的目的是通过非本质属性的变化来突出本质属性,使学生获得的概念更精确、更稳定. 以"同位角、内错角、同旁内角"(人教版七年级下册 P6)教学为例. 通过设计不同角度的图形,帮助学生辨析概念,如图 2.6 所示.

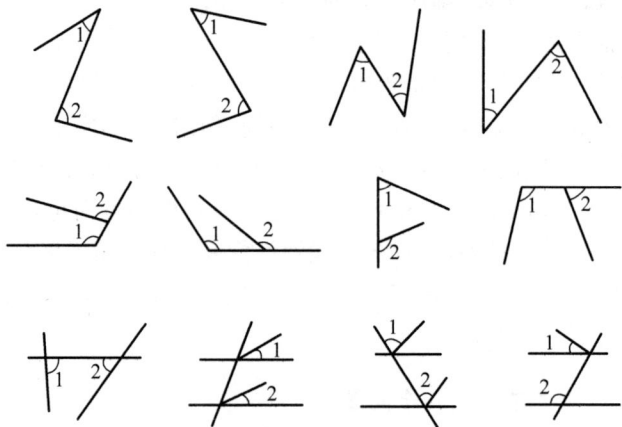

图 2.6　同位角、内错角及同旁内角

（3）加强对数学符号的理解.

数学概念本身是高度抽象的,数学符号是特定的,因此在教学中务必使学生掌握概念文字和符号的特殊对应关系.如绝对值的写法是不能用小括号替代的,又"$-a$"和"$a-b$"两个式子中的"$-$"有不一样的含义.

在得出概念前,通过引导总结,加强对概念共同属性的认识,梳理出对应的数学表达形式,最后总结出概念.如"指数函数的概念"(人教 A 版(2019)新课标高一数学必修一第四章第 2 节第一课时)的理解如表 2.5 所列.

表 2.5 "指数函数的概念"教案

提炼总结引出定义	1. 让学生讨论分析思考、想一想,然后请同学类比于幂函数概念,说出 $y=1.11^x$ 与 $y=\left(\dfrac{1}{2}\right)^x$ 有什么共同的特征?能否用一个式子反映这些特征? （1）特征: ① 等号左右两端:左端是因变量 y,右端是幂的形式,且幂的整体系数为 1. ② 自变量位置:自变量 x 在指数部分. ③ 底数情况:底数是正实数. （2）可以用 $y=a^x$ 来表示上述的表达式. 这类函数重点介绍的原因,它是实际生活中的一种需要. 教师从特征中引出课题——指数函数. 2. 引出指数函数的概念: 一般地,函数 $f(x)=a^x(a>0,$ 且 $a\neq1)$ 叫作指数函数,其中 x 是自变量,函数的定义域为 R.

2.3.2 原理课教学设计

数学中的原理主要包括公式、法则、定理和性质.数学原理的学习主要就是公式和法则的学习、定理和性质的学习.原理学习的本质源于对原理的两种理解:作为客观的原理指的是原理的客观陈述,用言语符号信息描述概念之间的关系;作为主观的原理指的是人的心理操作反应系统,即主体在特定的情境中根据各种关系作出相应的反应.它以产生式"若……,则……"的形式储存在大脑中.关于原理学习,有以下结论:原理学习实际上是学习一些概念之间的关系;原理学习不是习得描述原理的言语信息,而是习得原理的心理意义,它是一种有意义的学习;原理学习实质上是习得产生式.只要条件信息一满足,相应的行为反应就自然出现.学习者据此指导自己的行为并解决遇到的新问题;习得原理不是孤立地掌握一个原理,而是要在原理之间建立联系,形成原理网络.

1. 数学原理学习的形式

数学原理的学习一般有两种形式,即由例子到原理的学习和由原理到例子的学习.

（1）由例子到原理的学习.

由例子到原理的学习是指从若干例证中归纳出一般结论的学习.它是一种发现学习.这种学习方法简称为"例子-原理法".

例如,教师采用例子-原理法来教授数学原理"1.3 有理数的加法"(人教版七年级上P16)教材提供了 6 个例子,逐一完成 6 种情况的计算,最后,概括出"有理数加法法则:①同号两数相加,取相同的符号,并把绝对值相加.②绝对值不相等的异号两数相加,取绝对值较大的加数的符号,并用较大的绝对值减去较小的绝对值.互为相反数的两个数相加得 0.③一个数同 0 相加,仍得这个数."在实际教学中,可以根据学生能力对 6 种情况探讨强度进行设计和调节,但必须保证学生能明白其中的算理.

(2) 由原理到例子的学习.

由原理到例子的学习是指先向学生呈现要学习的原理,然后再用实例说明原理(有时要予以逻辑证明),从而使学生掌握原理的学习.这是一种接受学习,简称为"原理-例子法".

例如,要用原理-例子法来讲授"2.2 整式的加减"(人教版七年级上 P62)时,教师先呈现整式的加减法则"整式的加减运算就是先去括号,然后再合并同类项."然后通过具体的例子来说明这个法则的运用.最后通过巩固练习使学生掌握这个法则.

用原理-例子法讲授原理的前提条件是,学生必须事先掌握构成原理的各个概念和原理.例如,在上一个例子中,学生要习得整式的加减法则这一原理,就必须先习得同类项的概念、合并同类项的法则、去括号法则,否则就不可能掌握由这些概念、原理构成的整式的加减法则.

案例 2.8 "直线与圆的位置关系"(新人教 A 版数学选择性必修第一册第二章5.1节)教学过程(原理-例子法)[①](表 2.6).

表 2.6 "直线与圆的位置关系"教案

环　节	教　学　过　程
复习引入	**设置三道题目,让学生利用"d-r 法"进行求解:** (1) 已知圆心到直线的距离 $d=2$ 和圆 O 的半径 $r=3$. (2) 已知直线 $l:x-y+3=0$ 和圆心为 O 的圆:$(x+1)^2+(y-3)^2=1$. (3) 已知直线 $l:\dfrac{\sqrt{3}}{6}x+\dfrac{\sqrt{2}}{7}y+2=0$ 和圆心为 O 的圆:$x^2+y^2-x+\dfrac{2}{3}y-\dfrac{23}{36}=0$.
类比探究(13min)	利用方程可以求出直线间的交点,进而得出直线的位置关系是平行或相交,借助方程是否也可以探究直线与圆的位置关系? **设置题目(已知直线与圆的方程与位置关系,求解方程组的解)** 试求出直线 l 与圆 O 的方程联立所得方程组的解. (1) 已知直线 $l:2x+y-6=0$ 和圆心为 O 的圆: $x^2+(y-2)^2=1$ 相交. (2) 已知直线 $l:x-y+3=0$ 和圆心为 O 的圆: $x^2+y^2=1$ 相离.

---

① 韶关学院数学与统计学院 19 级学生杨清提供.

续表

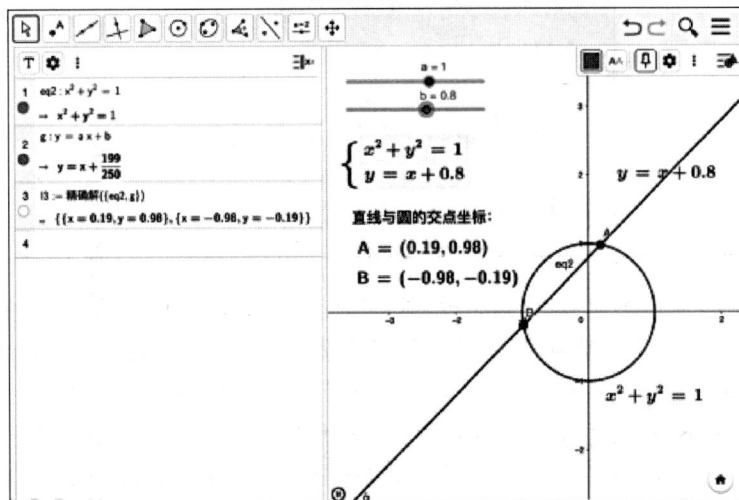

环　节	教学过程
类比探究（13min）	使用 **GroGebra 演算**，让学生直观得到直线与圆相交、相切和相离时直线与圆的交点个数以及（联立直线与圆的方程所得）方程组解的个数情况. **根据观察情况填写表格.** （方程组解的个数与交点个数为什么相等？且交点的坐标值为什么恰好等于方程组的解.）
方法新授	利用方程组解的个数等于直线与圆的交点个数，**得出**利用方程判定直线、圆的位置关系的**方法"雏形"**（由方程组解的个数判断）： **设置例题**，让学生利用联立方程的方法解决判断直线与圆的位置关系问题. 已知直线 l：$x+2y-3=0$ 和圆心为 O 的圆 $x^2+y^2=1$，判断直线 l 与圆的位置关系.

续表

环　节	教学过程
方法新授	根据学生的解题体会,引导学生总结得出"Δ法".

和例子-原理法学习相比,原理-例子法学习所花的时间较少,但容易导致机械学习.因此,在用原理-例子法学习时,教师必须了解学生对构成新原理的相关观念的掌握程度,需要的时候,事先进行复习补漏,以便学生顺利同化新原理.例子-原理法学习在旧观念和认知水平上的要求不高,它适合于认知水平处于较低层次的学生.而原理-例子法学习则要求学生具备足够多的观念和一定的认知水平,它适合于认知水平较高的学生,在中学数学教学中,大多数原理的学习采用例子-原理的学习方式.

2.3.3　习题课的设计

习题课是学生在教师面对面的指导下,对指定的题目进行解题作业的教学形式.旨在培养学生运用所学知识、理论解决实际问题的能力,并通过解题帮助学生正确理解和消化、巩固所学的有关知识和理论.教师常根据学生作业的实际情况,引导学生分析存在的问题和原因,学习解决实际问题的正确方法和技巧.在要求进行大量习题演算作业的理、工科课程中常设有习题课.广义有时亦包括语言、人文、社会科学等类课程的课堂练习(实践)课.

习题课是初中数学教学中的一种重要课型.习题课能帮助学生及时巩固所学知识,提高学生的数学思想和数学思维能力,有较充足的时间去解决综合题.教师结合适当的教学方法组织引导学生进行练与学,增强学生学习数学的自信心和兴趣,真正实现数学教学的减负增效.数学习题课的教学方法根据教学内容的不同而灵活选择.

习题课教学内容必须在研究课程标准总要求与教材内容的基础上,结合学生学习的实际情况来进行.内容的承载主体是习题,习题的选择应具备多样性.数学习题课的教学内容分析应该包括课上呈现习题所蕴含的知识背景与结构、功能价值、学习任务等方面的分析,契合相应课时的教学内容.其中,功能价值主要指习题解决中蕴含的数学思想方法的育人价值和知识的应用价值.知识结构是习题承载的知识内容的"核心主线",注意知识点之间的相互联系,加强不同知识模块之间的整合,帮助学生在习题解决中形成良好的认知结构.

数学习题设计的原则如下:

(1)目标明确.习题课的主要目的在于让学生巩固和消化新知识、建构知识体系、及时诊断教学中存在的问题和评估学生的学习效果.通过习题课,学生提升技能、发展能力,教师了解学情、调适教学. 在习题课上, 教师更应该把眼光放长远, 以学生的发展为出发点设计习题, 把提升学生能力始终放在首位, 避免把习题课变成作业讲评课.

（2）内容恰当. 习题的筛选和设计要有针对性且难度适中性. 要在掌控教学目标、考查知识点和了解学生学情的基础上进行选编. 维果茨基的最近发展区理论指出, 学生学习任务的难度, 应该稍高于学生的现有水平, 同时是学生跳一跳能达到的水平. 难度过高的习题不能够起到练习的作用, 甚至会打击到学生的自信心, 使其产生挫败感, 降低学习积极性甚至放弃努力. 难度过低的习题会使学生提不起兴趣, 也不利于培养学生的合作思维和解决问题的能力. 同时, 同一情境条件下设置不同层次的相互关联和递进的问题, 形成相互衔接、由易到难、循序渐进的结构层次, 以适应不同学习水平的学生的发展需求, 如表 2.7 所列.

表 2.7　一道习题的设计

| 题目: 如右图所示矩形 $ABCD$ 沿 EF 折叠, 此时 $\angle 1 = 60°$, 则 $\angle BFE =$ _____.
变式 1: 如右图所示矩形 $ABCD$ 沿 EF 折叠, 此时 $\angle 1 = 48°$, 则 $\angle AEF =$ _____.
变式 2: 如右图所示矩形 $ABCD$ 沿 EF 折叠, 此时 $\angle 1$ 与 $\angle AEF$ 数量关系是 _____. | |

设计意图: 三题设置的都是一道关于平行线间同旁内角、内错角与折叠的相关计算问题, 难易明显不同. 原题数形结合计算量较小可以很快算出结果, 变式 1 增加计算量并且变化了所求问题需要结合折叠角等和平行同位角综合解答, 变式 2 直接上升探索两角之间的数量关系. 题目设置由易到难、由浅到深.

（3）数量适中. 数学习题课上呈现的习题在精而不在多, 习题的数量由学习内容和学生的水平来决定. 比如对于几何证明, 一课一题地讲清学透一种解题技巧和思维方法就是成功的课堂, 而对于解方程或方程组, 可以设置多题一解, 帮助学生看清问题本质, 明确解题方法. 尽量避免毫无关联的习题堆砌, "一题多问" "一题多变" "一题多解" 尽管呈现的题目少, 但习题教学效果更好, 更有助于学生的认知获得实质性的发展.

此外, 调查中发现, 一线的数学教师在习题课上比较注重习题的典型性, 能因地制宜地选编一题多问、一题多变、一题多解、多题一解等题型的习题. 其中一题多问的习题从同一题材背景出发, 引出环环相扣的递进式的多个问题, 可以减少学生读题审题的时间, 更利于学生思维的连贯性和知识建构, 利于凸显问题背后的本质或解题的一般规律, 一题多解则能很有效地锻炼学生思维的灵活性和开放性, 提高了习题课的艺术性和趣味性.

2.3.4　复习课的设计

数学复习课是结束某一阶段学习后, 巩固、梳理已学知识、技能、数学思想方法, 以帮助学生提高运用所学知识解决各类问题的能力, 促进知识系统化, 完善自我学习能力的一种课型, 它是数学教学中的重要课型之一, 在数学教学中占有重要的地位. 复习是教学的重要组成部分, 是温故而知新的教学过程. 通过复习, 使学生对所学知识加深理解, 系统掌握, 全面提高, 综合运用.

习题课具有较强的针对性,从课堂表现和作业反馈的情况,可以及时安排具有针对性的习题课,主要体现了及时补缺和加强训练的作用.复习课一般是统领性的知识整理,注重纵横沟通和拓展,进而完善认知结构.

1. 复习课的特点

(1) 知识的归纳整理.无论是哪一类型的复习课,都要将所学的有关知识进行归纳、整理,进行纵、横向的归类,进而作知识的系统的整体综合,形成结构化的知识.

(2) 知识的迁移训练.复习不是简单的重复,它最终目的在于培养和提高学生运用知识、解决问题的能力.在复习过程中,要加强知识的迁移训练,培养学生举一反三、触类旁通、运用所学知识解决问题的能力.

2. 复习课的主要环节

(1) 理:首先是教师对旧知识的梳理,可以按一定的标准将知识划分.分类可以减少需要记忆的知识量,同时也厘清知识的脉络和关系.回忆是复习课不可缺少的环节,让学生回忆所学的主要内容,是将知识不断提取而再现的过程.引导学生对所学的知识进行梳理、总结、归纳,帮助学生厘清知识线,分清解题思路,弄清各种解题方法联系的过程.特别是要注意知识间纵横向联系和比较,构建知识网络.要教会学生归纳、总结的方法.在帮助学生厘清知识脉络时,可以根据复习内容教学信息容量的多少,分项、分步进行整理.

(2) 辨:对本学期的重点内容和学生中的疑难作进一步的辨析,帮助学生解决重点、难点和疑点,从而使学生全面、准确地掌握教材内容,加深理解.这一环节重在设疑、答疑和析疑上.如内容较多时,可以分类、分专项进行分析、对比.

(3) 练:选择有针对性、典型性、启发性和系统性问题,引导学生进行练习.习题的选择要针对课程标准、教材和学生的实际情况,尤其要针对学生学习的薄弱环节,同时在内容和方法上要与学生的基础知识相联系.精选典型问题,在内容或方法上都具有代表性,能反映重点概念和规律的本质及其特征,学生在练习过程中能够明确感受到解题的一般思路与方法.内容要注意知识规律或知识技能、知识的纵横联系,抓一题多答或一题多变,做到举一反三,使学生通过练习不断受到启发,在练习中进一步形成知识结构.

(4) 思:让学生对复习的结果进行评价与反馈.教育心理学十分重视教学评价与反馈,认为通过教学评价给予学生一种成功的体验或紧迫感,从而强化或激励学生好好学习,并进行及时的反馈和调控,改进学习方法.复习完成时,可适当选取数量适当的题目进行当堂检测.

3. 复习课需要注意的几点

(1) 依据课程标准.即"有典可依,忌盲目拔高"复习要从教材整体性出发,按知识体系或按章节单元,抓住重点与难点,考虑复习目标,使学生对知识的整体性把握,进一步对重点与难点知识进行加深与拓宽,从多层次、多角度认识重点与难点知识.

(2) 依据学生实际.要"研究学情,忌面面俱到"要对基础好的和基础差的学生要有不同的目标要求,要因材施教,使他们各有所得.实际教学活动中,就某一节课的目标而言应有所侧重,不要平均使用时间和精力,要有计划地将课堂复习目标重点定位在认知、能力、情感的某一方面,从而保证学生整体素质的协调发展.

(3) 以教材为主.要"吃透教材,忌崇尚技巧",复习时既要牢固掌握基础知识,又要会灵活运用基础知识去解决问题,既要全面掌握,又要突出重点.因此,我们扎扎实实地抓好教材知识点,把教材与资料有机地结合起来,使之互为补充,相得益彰.

(4) 以练为辅.即"精选习题,忌题海战术"按单元编制一些有针对性的,由单项到综合,由基本到变式、较复杂的,层次不一的典型练习题,让学生边复习边练习.以能力为主,知识和能力二者是密切相连的.知识的存在和增长,的确是能力产生和发展的必要条件.对某种能力的培养和考核,必须以相应的知识为载体.

案例 2.9 "整式及其加减"复习课(1 课时)的教案(表 2.8).

表 2.8 "整式及其加减"复习题教案

一、内容分析	本章的主要内容是单项式、多项式、整式的概念,合并同类项、去括号以及整式加减运算等,是以后学习分式和根式运算、方程以及函数等知识的基础.由数到式的学习过程,也是学生改进认识方式.教学中要再现单项式、多项式等概念以及整式加减运算法则等,梳理本章基础知识,引导学生对本章内容有更全面、更系统化的认识,使碎片化的知识系统化.整式的加减运算是本章主要内容,合并同类项和去括号是进行整式加减的基础,它们是本章的最重要的基本技能.考虑到所教学生的数学基础较好,在本节课中本着数学教育"要面向全体学生,适应学生个性发展的需要,使得不同的人在数学上得到不同的发展"的课程理念,在完成基础知识和技能训练的基础上,重视分类思想和整体思想及其变式训练,拓宽思考的范围和解决问题的能力.
二、教学目标	进一步理解整式及其有关概念,理解同类项概念,掌握合并同类项法则和去括号法则,熟练地进行整式加减运算等知识与技能;通过复习,梳理本章内容,提高运算能力及综合应用数学知识的能力;训练严谨的思维习惯,通过具体的例子,体会数学知识与实际问题的联系.
三、重难点	重点:回顾归纳本章内容,形成知识体系;进一步加深对本章基础知识的理解以及基本技能的掌握. 教学难点:拓展延伸,运用分类思想、整体思想解决问题.
四、教学过程	1. 知识梳理(可以课前完成,课内分享和点评)

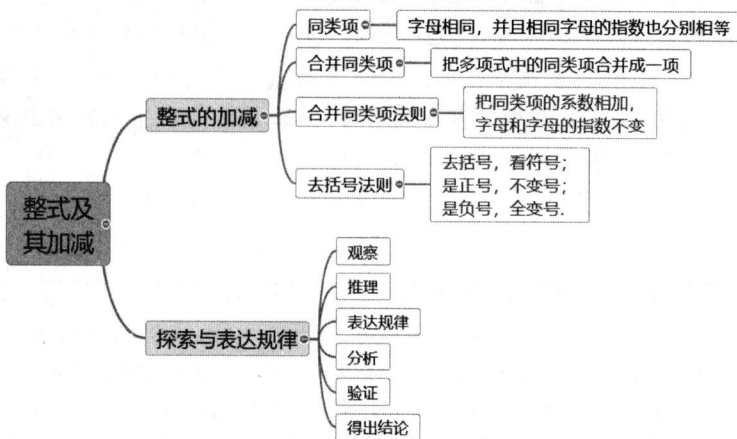

整式及其加减

整式的加减

- 同类项 —— 字母相同，并且相同字母的指数也分别相等
- 合并同类项 —— 把多项式中的同类项合并成一项
- 合并同类项法则 —— 把同类项的系数相加，字母和字母的指数不变
- 去括号法则 —— 去括号，看符号；是正号，不变号；是负号，全变号.

探索与表达规律

- 观察
- 推理
- 表达规律
- 分析
- 验证
- 得出结论

四、教学过程

2. 例题选讲

知识点一：字母表示数

1. 用字母表示下列各数

(1) 比 x 的 50% 大 3 的数；

(2) 比 a 的倒数小 b 的数；

(3) 三个连续偶数，中间一个是 $2n$，分别写出另外两个偶数.

知识点二：代数式

2. 写出下列代数式表示的实际意义：

(1) 一个等边三角形的边长为 a，一个正方形的边长为 b，则 $3a+4b$ 表示＿＿＿＿＿＿＿＿；

(2) 若中性笔每支 p 元，作业本每本 q 元，则代数式 $100-(7p+3q)$ 表示＿＿＿＿＿＿＿＿.

知识点三：整式

3. 说出下列整式的次数和常数项：

$\dfrac{2}{3}xy^2$；$\dfrac{1}{3}\pi r^2 h$；x^2-3y-1；$2x^2+3xy^3+4y^4-1$.

知识点四：整式的加减

4. 计算

(1) $5x-\left(2+\dfrac{1}{2}x\right)+1$；　(2) $1-2x+\left(-\dfrac{3}{2}x\right)-\left(1-\dfrac{x}{4}\right)$；

(3) $x^2 y-(2xy^2-5x^2 y)+3xy^2-y^3$.

知识点五：拓展

5. 已知：$1+3=4=2^2$；

$1+3+5=9=3^2$；

$1+3+5+7=16=4^2$；

$1+3+5+7+9=25=5^2$；

…

根据前面的规律，可猜想：

$1+3+5+7+\cdots+(2n+1)=$＿＿＿＿＿＿＿（n 为整数）.

续表

教学过程	6. 有一组单项式以此为 $-x^2, \dfrac{x^3}{2}, -\dfrac{x^4}{3}, \dfrac{x^5}{4}, -\dfrac{x^6}{5}, \cdots,$ 根据它们的规律,请写出第 20 个单项式和第 n 个单项式. 7. 燕尾槽的截面如图所示. (1) 用代数式表示图中灰色部分的面积; (2) 若 $x=6, y=2$,求灰色部分的面积.
	3. 总结与反思

2.3.5 讲评课的设计

《当代汉语词典》中"讲评"的解释是"讲述和评论",顾名思义,讲评课就是指由讲述和评论组成的一种课型,其关键在于确立课堂教学目标和教学内容,选择适当的教学方法和教学手段,也就是要解决课堂教学中"怎样讲、怎样评"的问题.

依据讲评的内容不同,主要分为试卷讲评课和作业习题讲评课.

试卷讲评课是指在期中、期末等大规模测试后,教师基于数据分析,在精准把握学情的前提下,确定讲评目标、取舍讲评内容,选择讲评策略,着眼学生主体,剖析试题错因,进行反思性教学活动,以帮助学生掌握数学知识、理解数学思想方法、提高数学核心素养的一种课型.

作业习题讲评课,即教师对于学生已完成的作业习题进行讲评,这类讲评课中更注重评讲的及时性和效率性,注重对于学生所学内容的检测、复习和校正.

目前讲评课主要存在以下问题:学生认识到讲评课的重要性,但学习效果不太理想;讲评课无法获得解题能力的提升,教师对"四基"的落实重视度不足;学生缺乏独立思考,课堂上跟不上老师的进度;教师讲得太多,给学生的思考和反思的时间太少;师生交流互动欠缺,大部分是教师讲解.

1. 前期设计

讲评课区别于其他课型,其生成性、针对性强,且是非重复的课型.讲评课的设计,可以分为做好课前准备、选择合适讲评方式,以及课后反思回顾三个阶段.

(1) 课前准备

讲评练习也是教师的一项基本功,无论是新授课还是讲评课,都需要教师在课前做好充分准备.课前,教师可以设置前置练习并且进行及时批改,然后将批改后的内容进行数据统计.讲评课效果的好坏取决于反馈信息的准确与否.课前,老师批改学生完成的习题,并根据学生答题情况进行数据统计、分析诊断.了解哪些题学生错误率比较高,明确讲解重点,计划好哪些题目少讲,哪些内容精讲,哪些内容可以展开讲;对典型错误题型要特别关注,把错误内容或过程以及学生好的解题方法都记录下来方便讲解.要对重点讲解的题目进行归类和总结,确定讲评的顺序,切忌从头到尾按顺序讲评.教师的讲评顺序也很重要,同一类型一起讲,有利于学生形成知识网络,加深对知识的理解和应用.因此,教师在讲评课前将题目进行归类,可以帮助学生理解解题思路.

(2)选择合适讲评方式

确定讲评的形式,通常分为诊断性讲评、发散性讲评和探索性讲评.

① 诊断性讲评

针对测试中出现的典型错误,通过讲评诊断"病情"可以提高学生的辨析能力.根据讲评前教师收集整理的典型错误解答,用实物投影打出或用讲义编录,让学生纠错,也可让部分学生说明思维过程.通过对解题思路的分析、质疑和评价,引导学生进行合理的扬弃,实现知识的升华.诊断性评价可帮助学生弄明错解的原因,从而疏通思路.

② 发散性讲评

发散性讲评是针对具有较大思维灵活性的典型试题作进一步的拓展.这类题型由于出题灵活、解题方法较多,可促使学生对问题进行多角度思考,优化解题过程,形成发散的思维习惯.教师应整理收集学生的解法,尽可能地提供多种解题方法.在课堂中,适当进行变式训练(一题多变、一题多解、多题归一),从多角度归纳总结解决问题的思路、方法、规律,起到激活他们思维的作用.讲评不仅就题论题,更要借题发挥,讲这个题的规范解答,可能的变形,讲这个题与同类型题目的联系等,加固学生形成知识网络,使讲评取得事半功倍的效果.

③ 探索性讲评

对某些题型的背景学生比较陌生,普遍感到难以下手的问题.这类题型的讲评应充分注意到学生的认知基础,可适当组织类似背景的问题,讲必要的思考方法,进行适当的点拨,要舍得花时间并鼓励学生再思考,适当地拓展他们的探索活动,从而丰富学生的知识面,形成实践—认识—再实践—再认识的循环.

(3)课后反思回顾

讲评后,应利用学生的思维惯性,让学生反思、总结错误的原因.教师可布置针对性的练习或探究型的小课题,培养学生的探索精神,加深学生对数学原理和规律的认识,让数学知识、思想和方法更好地内化到学生自己的知识结构中去,提高其思维水平,增强其学习能力.讲评课能帮助学生总结、提高、发展,也能充分体现出一个教师的综合素质,它不应该被师生忽视,值得师生共同探索.

2. 讲评课设计的策略

如何优化讲评课设计,应注意以下四个方面:时效性、求同存异、补偿激励和师生互动.

(1)时效性

学生考完试后,不管是什么层次的学生,都迫切希望知道自己的成绩和错题情况,此时学生的思维和心理都异常兴奋,根据德国心理学家艾宾浩斯(Ebbinghaus,1850—1909)的"记忆遗忘曲线",学生对试题内容保留的记忆较多,及时反馈学生成绩并评讲试卷,不仅能最大限度地满足学生对自己考试成绩和未知解答的强烈心理渴望,加深学生对试题的记忆,而且能取得最佳讲评效果.

(2)求同存异

典型错例变式拓展.讲评不在全,而在于精.上好讲评课,教师不仅在课堂上能做到精心备课设计、潜心钻研挖掘,还要适度"借题发挥",就是教每个学生的错题不一样,教师要准确分析试卷中暴露出的个性问题与共性问题.在讲评过程中,教师要避免面面俱到.

对共性错题分类化归集中讲评.要学会课前把握学情,了解学生知识薄弱点,进行"大单元备课",练习里面的易错易混选项和错误率比较高的共性错题,重点讲评,教师还要对错因进行精准分析,及时引导学生总结方法.对错题的精准分析不仅是针对本节课的,它也会迁移到本单元其他课的知识点,才能真正地做到归类讲评.教会孩子解题的思路和方法,学生一旦掌握解题的方法和思路,就能做到讲一题会一类.大可不必按序号顺序进行讲评,相同知识点的习题、形异质同的习题、形似质异的习题,都可集中讲评.教师除了通过汇总同类题型外,还要发展学生的求异思维,培养其探究能力,发展应变能力.

(3)补偿激励

心理学研究发现,学生学习的成就动机在学习中起到至关重要的作用.学生是有差异的个体,教师不能仅"以分数论英雄",应多角度对学生的答卷进行评价,对不同层次的学生都要及时表扬,特别是对后进生,哪怕是微小的闪光点,都要给予及时的表扬.在讲评课中,教师可从答题的解题思路、解题步骤、书写格式上细心寻找合理成分,及时激发各层次学生的成就感.

(4)师生互动

提高学生的参与度.基于金字塔学习理论,学生仅仅通过听讲是无法掌握课堂所学知识的,试卷讲评课容量大时间紧,但应避免出现教师"独角戏"的现象.在进行练习讲评课时,教师可以改变对习题的讲解方式,鼓励学生主动担任小老师讲解,让学生当讲评的主人.把更多展示的机会留给学生,在合作交流、积极展示活动中,培养数学表达能力.如课后学生录制讲题视频,加强学生之间的交流,提高对共性问题的理解程度,培养学生用数学语言表达的能力,布置学生录制易错知识点和共性错题的讲解视频在班群分享.

以上四点紧密联系、相互补充,教师可根据试卷难易程度、学生的实际情况和使用场景进行选择,让数学试卷讲评课更加充满温度和人情味,切实满足学生的真实需要.

总之,一节高质量的讲评课,需要教师精心准备,精析精练,归结技巧,延伸发散,充分体现"教师为主导,学生为主体"这一教学理念,引导学生就题悟法.只有这样才能达到真正提高评讲课教学效率的目的.

思考与练习 2

1. 教学设计是一个系统的过程,其包括的主要内容有哪些?

2. 请列举两个对现代数学教学影响较大的著名理论,并简述其代表人物及基本观点.

3. 在义务教育各个学段中,《义务教育数学课程标准(2022年版)》安排了"数与代数""图形与几何""统计与概率""综合与实践"四部分的课程内容,请你结合新课程与新理念,谈谈在初中阶段加强"综合与实践"教学的意义.

4. 学生的数学学习应当是一个生动活泼,积极主动和富有个性的过程,认真听讲,积极思考,动手实践,自主探索,合作交流等都是学习数学的主要方式,请谈谈教师如何在教学中帮助学生养成良好的数学学习习惯.

5. 人教版八年级下册"平行四边形"第一课时,设计的"教学目标"如下:

① 理解平行四边形的概念.

② 探索并掌握平行四边形对边相等、对角相等的性质.

③ 初步体会几何研究的一般思路与方法,体会几何直观素养.

完成教学设计,并且回答下列问题:

(1) 根据教学目标①,给出具体情境,并说明设计意图;

(2) 根据教学目标②③,给出引导学生探究平行四边形对边相等、对角相等的性质的方法,并说明设计意图;

(3) 结合对于本节课的认识,谈一谈几何研究的一般思路与方法.

6. 下面是"勾股定理"一课的教学片段:

【新课引入】相传 2500 多年前,古希腊著名数学家毕达哥拉斯(Pythagoras,约公元前 570 年—约公元前 495 年)去朋友家做客.宴席上,其他宾客在尽情欢乐,毕达哥拉斯却盯着朋友家的地砖发呆.原来,地砖铺成了由许多个直角三角形组成的图案,黑白相间非常美观.主人正纳闷时,毕达哥拉斯恍然大悟,原来,他发现了图案中三个正方形的面积存在某种数量关系,从而通过此关系还发现了等腰三角形三边的某种数量关系.同学们,地砖图案中蕴含着怎样的数量关系呢,让我们一起探索吧.

【教学环节】在老师的引导下,在小组合作中,同学们发现了以等腰直角三角形两直角边为边长的小正方形的面积和,等于以斜边为边长的大正方形的面积,及等腰直角三角形三边之间有特殊关系:斜边的平方等于两直角边的平方和.接下来,在网格中探究得到其他的直角三角形也有上述性质,由此猜想出勾股定理.

根据以上材料,请你回答下列问题:

(1) 从教学方法角度分析该课的新课引入的教学方法及合理性;

(2) 从教材把握的角度分析"勾股定理"该课在初中数学教学的地位和作用.

7. 材料:图 2.7 是人教版教材八年级上册"分式方程"一节的教材片段.

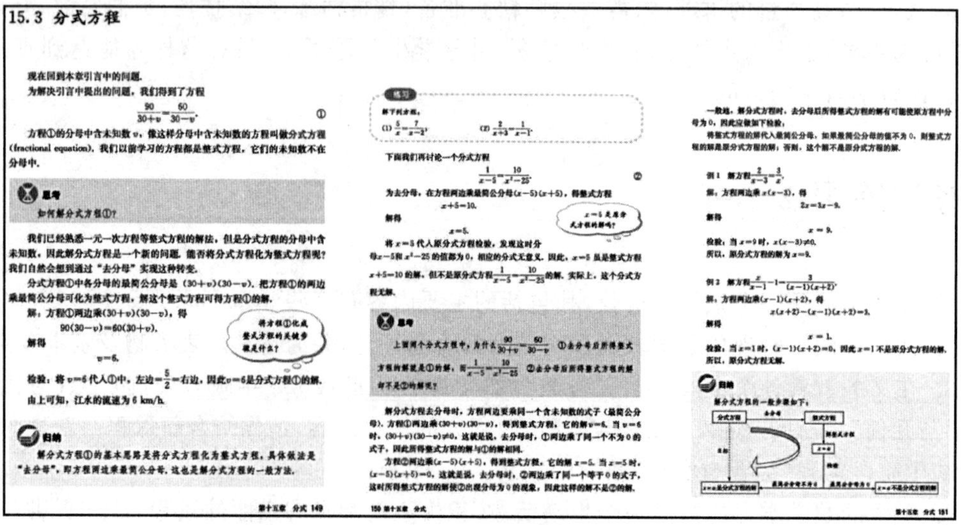

图 2.7 教材片段

（1）简要说明解分式方程的一般步骤；

（2）根据所给的素材撰写一篇教学设计，并说明各部分的设计意图.

8．材料：下面是某版八年级下册教材"分式与分式方程"单元的一道例题.

例3 某市从今年1月1日起调整居民用水价格，每立方米水费上涨 $\frac{1}{3}$ ，小丽家去年12月的水费是15元，而今年7月的水费则是30元. 已知小丽家今年7月的用水量比去年12月的用水量多 $5\mathrm{m}^3$ ，求该市今年居民用水的价格.

根据上面的内容完成下列问题：

（1）给出该例题的解答；

（2）基于该例题的教学，设计两个引导性的问题和解题的小结，并分别给出设计意图.

9．针对"角平分线的性质"的内容，请你完成下列任务：

（1）叙述角平分线的性质；

（2）设计"角平分线的性质"的教学过程，并说明设计意图；

（3）借助"角平分线的性质"，简述如何帮助学生积累认识几何图形的数学活动经验.

第 3 章
信息技术应用技能

3.1　多媒体课件概述

多媒体课件是指运用文字、图像、动画、音频、视频等多媒体元素来辅助教学或演示的软件或文档.

良好的多媒体课件可以聚合数据信息、呈现直观化知识,通过交互达成教学目标或演示目的.

从数学教学的角度,多媒体课件制作软件可分为普适软件与专用软件.普适软件包括:PowerPoint,Word,Excel,Flash,Authorware 等,专用软件包括几何画板,GeoGebra,超级画板,网络画板等.

3.2　PowerPoint 课件制作

3.2.1　PowerPoint 概述

PowerPoint 全称 Microsoft Office PowerPoint,是美国微软公司出品的演示文稿软件,以 ppt,pptx,pdf,图片等文件格式保存,2010 及以上版本可保存为视频格式.

3.2.2　PowerPoint 课件中的图像处理技术

文字语言的优点是明确严谨,缺点是线性排列,从头至尾搜寻才能获取完整的信息. 而图像能呈现整体信息,一图胜千言.

PowerPoint 提供基本图形的绘制和编辑功能. 单击鼠标左键"插入"菜单,执行"形状"(图 3.1),再选择"矩形"或"基本形状",在幻灯片空白处拖动,就可以绘制基本图形.

把基本图形排列组合,可以绘制比较复杂的数学图像.

例 3.1　制作"直线与圆的位置关系"的课件.

解 如图 3.2 所示,步骤如下:

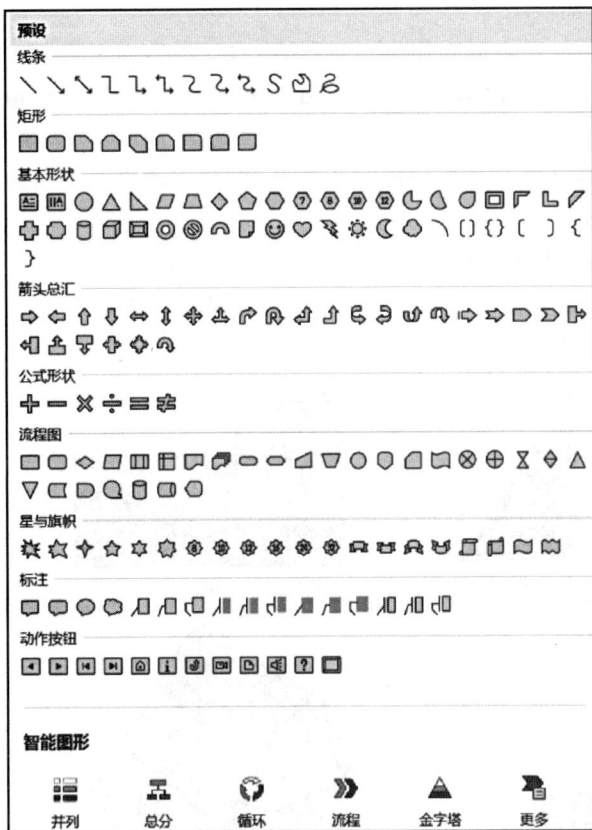

图 3.1 截屏图

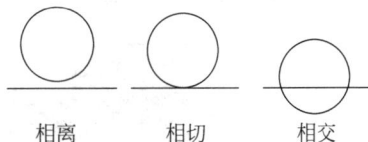

相离 相切 相交

图 3.2 直线与圆的位置关系

(1) 执行【插入】-形状-基本图形-椭圆操作,按住 Shift 键,在幻灯片的空白处拖出一个正圆,选择圆,单击右键,在弹出的对话框中选【形状填充】-白色;

(2) 按住 Ctrl 键,拖动圆,复制出另外两个圆;

(3) 执行【插入】-形状-线条-直线操作,按住 Shift 键,在幻灯片的空白处拖出一条水平直线;

(4) 按住 Ctrl 键,拖动直线,复制出另外两条直线;

(5) 把三个圆与三条直线一一匹配,分别得到"相离""相切""相交"三种位置关系.

3.2.3 PowerPoint 课件中的动画设计技巧

动画是基于视觉暂留原理制作的,"动画不是会动的画的艺术,而是画出来的运动的艺术".在课件中恰当地运用动画,可以直观形象地呈现教学内容.

PowerPoint 动画有两种形式:一种是画面与画面之间的切换关系,如淡入淡出、实进虚出等;另一种是画面内的形象元素根据需要进行移动,如多行文字的逐行显示等.

在 PowerPoint 动画设计中,通过"自定义动画窗格"调整动画顺序,通过"动画高级日程"调整动画运行时间,通过"动作路径"或"自定义动画路径"设置动画运行路径.

例 3.2 制作"赵爽弦图"课件.

设计思路：利用"路径动画"设计动画.

解　如图 3.3 所示,设计步骤如下:

(1) 执行【插入】-形状-基本图形-直角三角形操作,在幻灯片空白处画出一个直角三角形,按住 Ctrl 键不放,用鼠标拖出三个直角三角形,一共得到四个全等的直角三角形,填充颜色(两红两蓝)(图 3.3(a));

(2) 通过旋转、平移,把四个全等的直角三角形拼成两个矩形,以两直角边之差为边长作正方形(填充黄色),按图 3.3(b)摆放;

(3) 选择两个直角三角形,执行【动画】-动画窗格-添加效果-绘制自定义路径-直线操作,给蓝色的两个直角三角形设置直线型路径动画,并设置好画面之间的切换关系(图 3.3(c));

(4) 幻灯片放映后,得到如图 3.3(d)所示的效果.

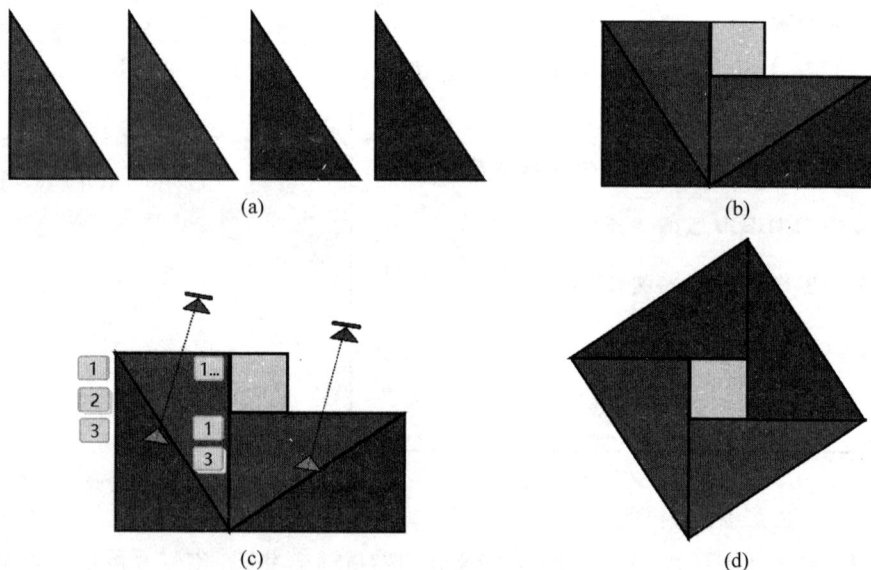

图 3.3　赵爽弦图制作过程

3.3　几何画板课件制作

3.3.1　几何画板概述

几何画板(The Geometer's Sketchpad)是美国 Key Press Curriculum 公司出品的一款动态的、可视化的数学教学软件,旨在帮助学生增进数学理解、数学记忆和数学成绩.

几何画板官网(www.keycurriculum.com)提供了购买、下载、安装几何画板的链接,当前最新版本是 5.06.官网提供了部分在线教学资源,但寻找更丰富的资源就需要访问"几何画板资源中心"网站.

几何画板软件启动后,出现如图 3.4 所示的界面,其窗口与其他 Windows 应用程序窗口相似.几何画板界面包括菜单栏、工具栏、作图工作区、状态栏.

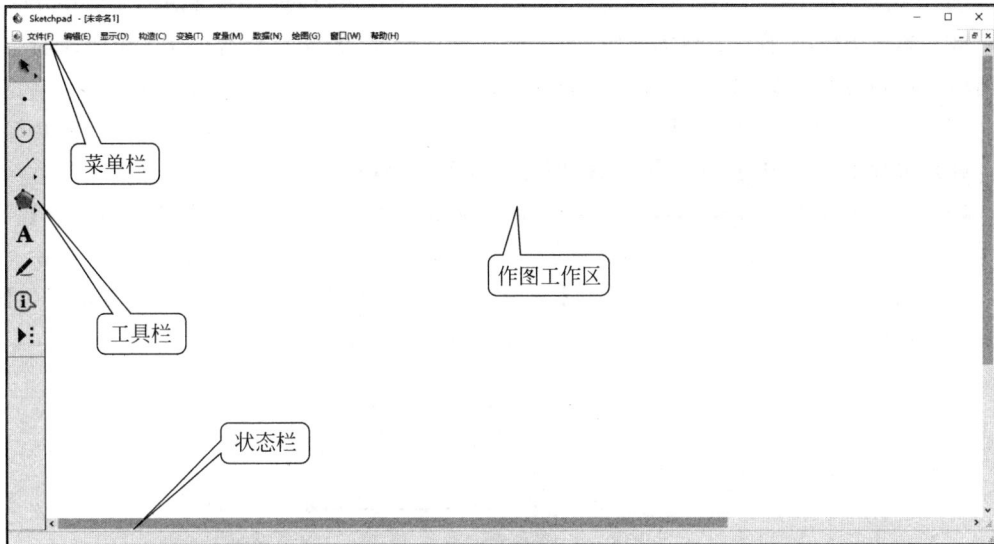

图 3.4　几何画板界面

在快捷键方面,几何画板与 Windows 应用程序也有相同之处:Ctrl+A(全选),Ctrl+C(复制),Ctrl+X(剪切),Ctrl+V(粘贴),Ctrl+Z(撤销),Ctrl+R(重做),Del(删除),…….

几何画板三个最常用的快捷键是:Ctrl+L(连接两点作线段),Ctrl+M(作线段中点),Ctrl+H(隐藏).另外几个次常用的快捷键是:Ctrl+P(填充图形内部,包括多边形、圆、扇形、弓形等图形内部),Shift+Ctrl+I(作交点),Ctrl+K(显示标签),Alt+/(标签),Alt+>(文本增大尺寸),Alt+<(文本减小尺寸),Alt+=(计算).熟记快捷键,可以提升作图效率和课件开发速度.

单击鼠标左键选择作出的图形,单击鼠标右键后选【属性】-帮助,可以获得作图的相关主题的帮助.

3.3.2　用几何画板制作平面几何课件

利用几何画板绘制平面几何图形,遵循欧几里得公理化思想,由基本图形——点、直线(线段或射线)、圆等出发,既可以通过激活"工具栏"中的图标绘制,还可以通过菜单栏的"构造(C)""变换(T)"绘制.

例 3.3　将平行四边形面积等分的直线有几条?

设计思路:经过平行四边形中心的任意一条直线都可以把平行四边形面积二等分.

设计步骤:

(1) 激活工具栏中"直线直尺工具"图标 ⟋,作线段 AB,AD;

(2) 激活工具栏中"移动箭头工具"图标 ▰,选择点 D、线段 AB,执行【构造(C)】-平行线操作,得到直线 j;

(3) 选择点 B、线段 AD,执行【构造(C)】-平行线操作,得到直线 k;

(4) 选择直线 j,k,执行【构造(C)】-交点操作,得到点 C;

（5）激活工具栏中"直线直尺工具"图标 ✎，连接 CB，CD，得到平行四边形 $ABCD$；

（6）连接 BD，选择线段 BD，快捷键 Ctrl+M，得到线段 BD 的中点 O，选择线段 BD，执行【显示（D）】-隐藏线段操作，隐藏线段 BD；

（7）作直线 OK 与 AB，CD 的交点 E，F；

（8）激活工具栏中"直线直尺工具"图标 ✎，作直线 OK；

（9）顺次选择点 A，D，F，E，执行【构造（C）】-四边形的内部操作，执行【度量（M）】-面积操作，得到四边形 $ADFE$ 的面积的度量值；

（10）顺次选择点 B，C，F，E，执行【构造（C）】-四边形的内部操作，执行【度量（M）】-面积操作，得到四边形 $BCFE$ 的面积的度量值（如图 3.5 所示）.

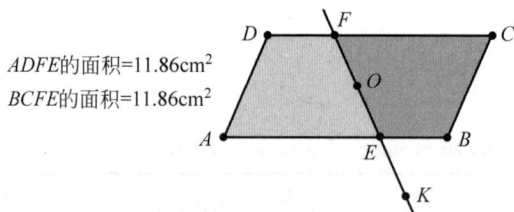

$ADFE$的面积=11.86cm^2
$BCFE$的面积=11.86cm^2

图 3.5 平行四边形面积等分

选择并拖动点 K，可以发现，平行四边形 $ABCD$ 被直线 OK 分割成的两个图形的形状改变了，但这两个图形（梯形、平行四边形或三角形）面积不变并彼此相等. 可见，将平行四边形面积等分的直线有无数条.

例 3.4 勾股树.

设计效果：如图 3.6 所示.

设计步骤：

（1）作两个独立的点 A，B，选择点 A，执行【变换（T）】-标记中心操作，选择点 B，执行【变换（T）】-旋转：固定角度 90° 操作，得到点 B'，同样点 A 绕点 B' 旋转 90° 得到点 A'；

（2）顺次选择 A，B，A'，B' 四点，执行【构造（C）】-四边形的内部（快捷键 Ctrl+P）操作；

（3）作线段 $A'B'$，选择 $A'B'$，快捷键 Ctrl+P 得到 $A'B'$ 的中点 D，顺次选择点 C，A'，B'，执行【构造（C）】-圆上的弧操作，得到半圆，在半圆上取点 C，选择半圆，快捷键 Ctrl+P，隐藏半圆，同样隐藏线段 $A'B'$ 和点 D；

选择参数 n，按键盘"＋"或"－"，则改变迭代次数，图形的颜色也随之改变. $n=3$ 时，如图 3.6（a）所示；$n=12$ 时，如图 3.6（b）所示.

若深度迭代次数为 n，则正方形个数为 $2^{n+1}-1$，呈指数增长. 在几何画板中，深度迭代次数 n 不宜过大，否则计算机容易因存储耗尽而死机.

拖动点 C，勾股树会发生什么变化？读者不妨试一试.

（4）执行【数据（N）】-新建参数 $n=3$ 操作，选择 n、四边形的内部，执行【显示（D）】-颜色-参数操作，参数范围：1～13；

（5）顺次选择 A，B，参数 n，按住 Shift 键，执行【变换（T）】-深度迭代：$A→B'$，$B→C$ 操作，添加新的映射：$A→C$，$B→A'$. 参见图 3.6（b）.

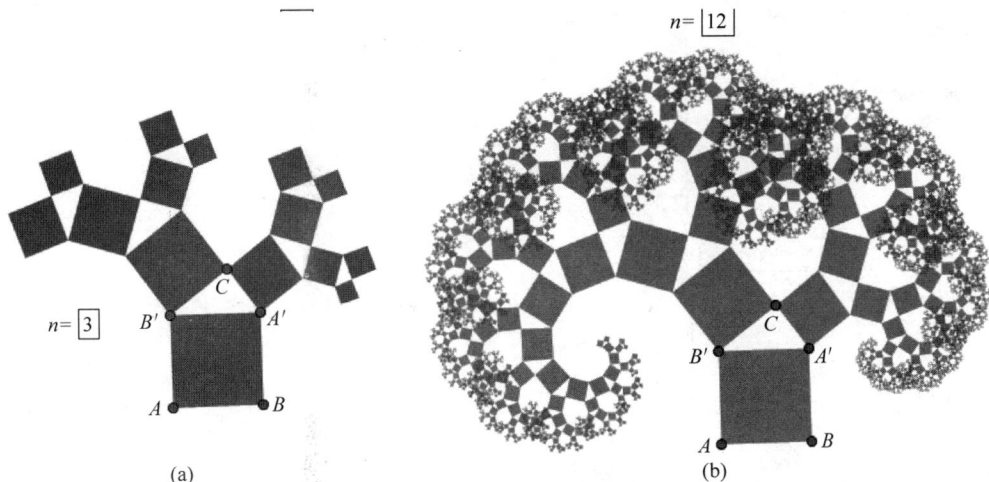

图 3.6 勾股树

3.3.3 用几何画板制作代数课件

例 3.5 整数加法口算出题器.

设计效果：如图 3.7 所示.

设计步骤：

(1) 执行【数据】-新建参数操作,新建参数 a,b；

(2) 执行【数据(N)】-计算操作,弹出"新建计算"对话框,选择"函数-trunc()",如图 3.7(a) 所示,鼠标单击参数 a,得到 trunc(a) 的计算值。鼠标右键单击 trunc(a),执行"属性-数值-精确度-单位"操作。类似地,得到 trunc(b),trunc(a)+trunc(b) 的计算值,并设置精确度为"单位"；

(3) 激活工具栏中"文本工具"图标 **A**,按住鼠标左键不放,在绘图区画出一个矩形区域,鼠标单击"trunc(a)",键盘输入"+",鼠标单击"trunc(b)",键盘输入"=",就建立了含变量的文本①,选择文本①,执行"显示-颜色-蓝色"操作；类似地,鼠标单击"trunc(a)+trunc(b)",建立含变量的文本②,选择文本②,执行"显示-颜色-红色"操作；

(4) 选择参数 a,b,执行【编辑(E)】-操作类型按钮-动画操作：方向随机操作,只播放一次,范围 0~100.得到动画参数,标签：出题；

(5) 选择文本②,执行"编辑-隐藏/显示"操作,得到操作类按钮"隐藏文本",选择该按钮,执行"编辑-属性-标签：结果"操作,得到操作类按钮"结果",如图 3.7(b)所示.

例 3.6 分数的初步认识.

设计效果：如图 3.8 所示.

设计思路：把圆等分成分母数目的小扇形,再涂色分子数目的小扇形.

设计步骤：

(1) 新建参数：分母,分子；

图 3.7 上方图形部分（新建计算对话框与口算出题器）

对话框内容：

新建计算

使用键盘和弹出菜单创建一个表达式或者通过点击画板中已存在的值或函数来插入.

数值(Y)

函数(F)
sin
cos
tan
Arcsin
Arccos
Arctan

abs
sqrt
ln
log
sgn
round
trunc

出题
结果

整数加法口算出题器

$43+53= 96$

(a)   (b)

图 3.7   整数加法口算出题器

(2) 执行【数据(N)】-计算操作：鼠标顺次单击"分子""−1""确定"按钮，得到"分子−1"的计算值；类似地，得到"360°÷分母"的计算值，选择所得的商，执行【变换(T)】-标记角度操作；

图 3.8 右侧图形：

分母=7

$\dfrac{360}{分母}$=51.4°

分子=3

分子−1=2

$\dfrac{3}{7}$

图 3.8   分数与对应的扇形分割

(3) 激活工具栏"圆工具" ⊕，在绘图区作出圆 OA，即以 O 为圆心，过点 A 的圆，选择点 O,A，快捷键 Ctrl＋L，得到线段 OA；

(4) 双击 O，选择 A，执行【变换(T)】-旋转操作，得到点 B；

(5) 顺次选择 A，分母，按住 Shift 键，执行【变换(T)】-深度迭代操作：$A{\to}B$；

(6) 顺次选择 O,A,B，执行【构造(C)】圆上的弧操作，执行【构造(C)】-弧内部-扇形内部操作；

(7) 顺次选择 A，分子−1，按住 Shift 键，执行【变换(T)】-深度迭代操作：$A{\to}B$；

(8) 激活"文本工具"图标 A，按住鼠标左键在绘图区拖出一个矩形，激活"符号面板"图标 ✍，选择"分数"图标 ℱ，在分数线上、下方分别单击"分子""分母"，得到含变量的分数文本.

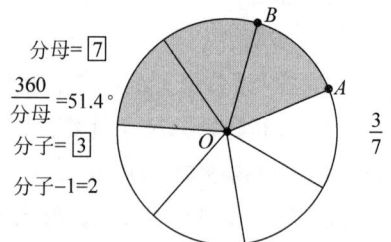

3.3.4   用几何画板制作解析几何课件

平面几何构图主要利用工具栏和【构造(C)】【变换(T)】菜单栏，而解析几何构图主要利用轨迹和【绘图(G)】菜单栏.【绘图(G)】菜单栏下有"定义坐标系""绘制点""绘制新函数"等诸多命令.

例 3.7 一次函数图像.

设计效果：如图 3.9 所示.

设计思路：一次函数有两个参数——斜率 k 和 y 轴上的截距 b，通过输入函数解析式绘制函数图像.

设计步骤：

(1) 执行【绘图(G)】-定义坐标系操作，在 x 轴上取两个点，过这两个点分别作 x 轴的垂线；

(2) 垂线上各取两点 k,b；

(3) 选择点 k,b，执行【度量(M)】纵坐标操作，得 y_k,y_b，度量值的标签改为 k,b；

(4) 执行【绘图(G)】-绘制新函数操作，输入 k*x+b；

(5) 展示动态文本：激活工具栏"文本工具"图标 **A**，在空白处拖动鼠标拖出一个矩形框，输入"y＝"，单击参数 k，输入"x"，按住 Shift 键，单击参数 b，选择"符号与数值".

数学思考：分别拖动 k,b，你发现了什么？

拖动 k，直线绕点 $(0,b)$ 旋转；拖动 b，直线平行移动.

注 函数解析式文本中参数前面不要输入"＋"号，因为按住 Shift 键，参数会自带正负号.

例 3.8 抛物线的生成.

设计效果：如图 3.10 所示.

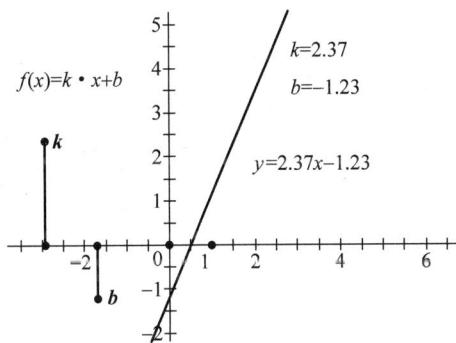

图 3.9 一次函数的图像

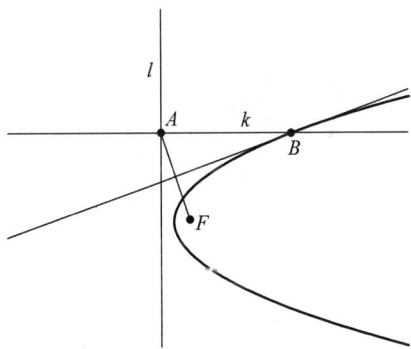

图 3.10 抛物线的生成

设计思路：

根据抛物线定义"平面内到定点与到定直线距离相等的点的轨迹是抛物线."把动点 B 到定直线 l 的距离化为点 B 到点 A（垂足）的距离.设定点为 F，则点 B 既在 AF 的中垂线上，又在过点 A 与 l 垂直的直线 k 上.

设计步骤：

(1) 作点 F 和直线 l，F 是定点，l 是定直线；

(2) 在 l 上任取点 A，过 A 作 l 的垂线 k；

(3) 连 AF，作 AF 的中垂线与 k 交于点 B；

(4) 选择 A,B，执行【构造(C)】-轨迹操作.

如何在 PPT 中嵌入几何画板课件呢？操作步骤如下：

在 PPT 中单击【插入】→【对象】→【由文件创建】→【浏览】，选择已保存的几何画板文件（*.gsp 格式），勾选【显示为图标】，可自定义图标名称（如"几何画板动态演示"），方便演示时识别.需确保播放 PPT 的设备已安装几何画板软件，否则无法打开文件；若文件路径变更（如复制到其他设备），需重新链接文件路径.

3.4 GeoGebra 课件制作

3.4.1 GeoGebra 概述

GeoGebra 软件是由美国佛罗里达州亚特兰大学的数学教授 Markus Hohenwarter 设计的，其初心是使几何（geometry）与代数（algebra）珠联璧合，现在已发展为集几何、代数、微积分、概率、统计为一体的数学教学软件.GeoGebra 由于免费、开源、共享而风靡全世界，从小学、中学到大学等各个阶段的数学教学中都得到广泛应用.GeoGebra 基于 Java 语言设计，可以兼容 Windows、Mac 和 Linux 等系统，还可以在手机、平板等手持终端运行，从而大大拓展了 GeoGebra 的应用空间.

GeoGebra 界面友好，与一般的 Windows 系统软件类似，包含菜单栏、工具栏.当然 GeoGebra 的代数区、绘图区、CAS 区、3D 绘图区、表格区、指令栏等更能显示其数学专业软件的特性（如图 3.11 所示）.

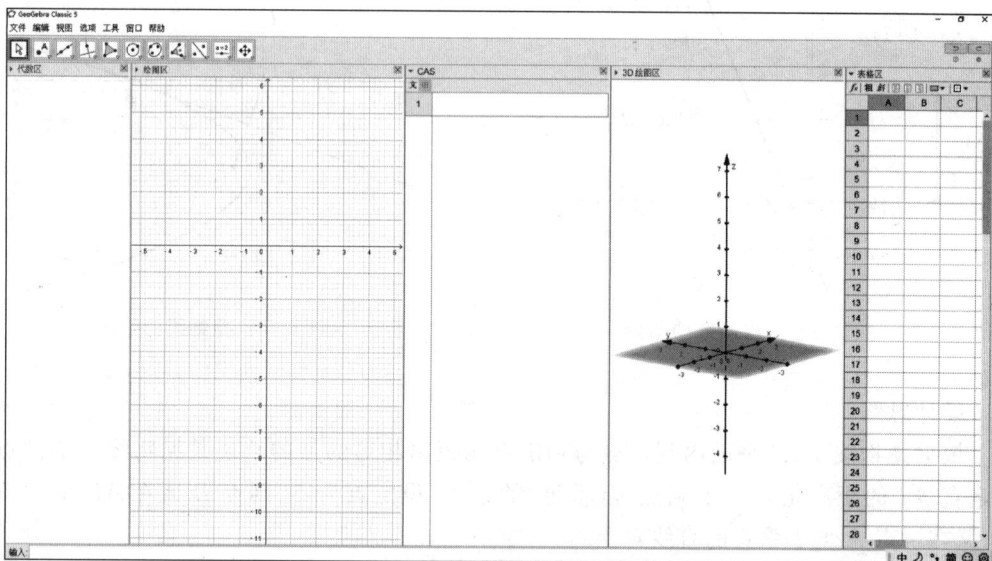

图 3.11 GeoGebra 界面

菜单栏包括：文件、编辑、视图、选项、工具、窗口、帮助.

指令栏默认位于页码的最下方，如图 3.12 所示.所输入的数值、字母、公式和标点符号等，要在英文状态下输入.

图 3.12　指令栏截图

例如,在指令栏中输入:"y ＝ a x^2 ＋ b x ＋ c",按 Enter 键,代数区、绘图区就同时呈现相应的代数式、几何图形,把代数区的函数 f 的表达式拖到绘图区,如图 3.13 所示,一元二次函数的多媒体课件就迅速构建好了. 调节滑动条 a,b,c,则函数表达式动态文本实时更新,同时函数图像相应调整(抛物线的开口方向、对称轴、坐标轴交点等).

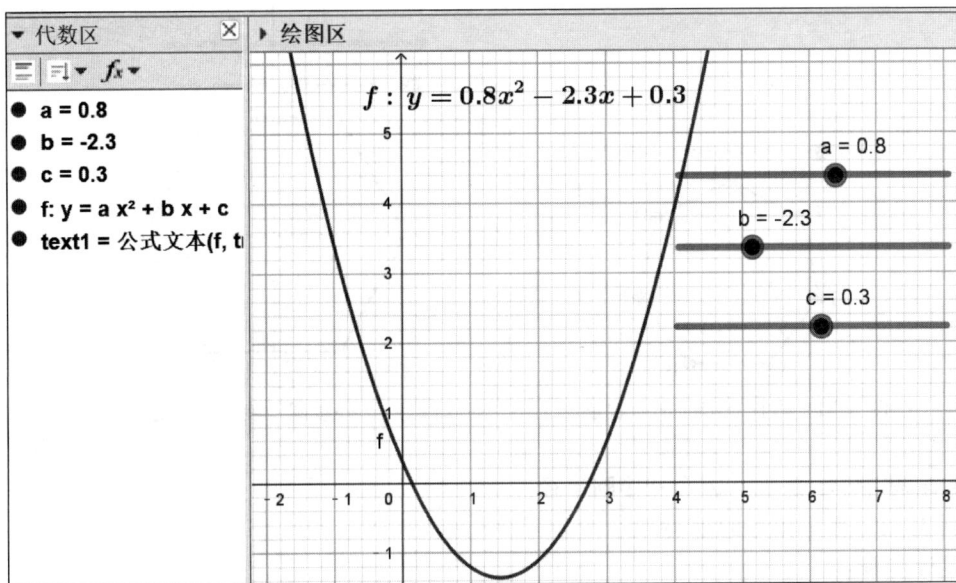

图 3.13　抛物线

与几何画板等数学教学软件形成鲜明对比,GeoGebra 指令栏的使用可以快捷地作出数学对象,所以记住常见的 GeoGebra 指令非常重要. 以下为 35 个常见的指令名:

描点(point),中点(midpoint),交点(intersect),直线(line),线段(segment),射线(ray),切线(tangent),向量(vetor),圆周(circle),半圆(semicirlce),圆弧(circulararc),曲线(curve),轨迹(locus),多边形(polygon),对称(reflect),平移(translate),旋转(rotate),位似(dilate),平面(plane),球面(sphere),曲面(surface),正方体(cube),相交路径(intersectpath),扇形(sector),椭圆(ellipse),双曲线(hyperbola),抛物线(parabola),角度(angle),距离(distance),长度(length),周长(perimeter),序列(sequence),元素(element),迭代(iteration),迭代列表(iterationlist).

3.4.2　用 GeoGebra 制作平面几何课件

例 3.9　绘制正 n 边形(边长不变).

设计步骤:

(1) 在激活工具栏中"描点"图标 ⚫A,在绘图区任作两点 A,B;

(2) 激活工具栏中的滑动条图标 ▦,作整数的滑动条 n,范围 3~30;

(3) 在指令栏中输入：多边形(A,B,n).

拖动滑动条 n,就得到动态的正 n 边形(如图 3.14 所示).

例 3.10   绘制正 n 边形(外接圆半径不变).

设计步骤：

(1) 激活工具栏中的滑动条图标 ▦,作整数 n 的滑动条;

(2) 在指令栏中输入：序列(线段((a；t(360°)/n),(a；(t+1)(360°)/n)),t,1,n),按 Enter 键,得到数字 a 的滑动条及如图 3.15 所示的图形.

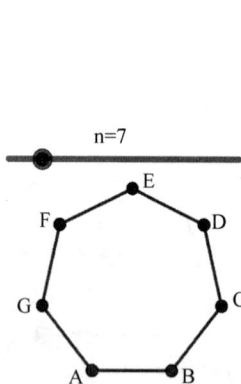

图 3.14   边长一定的正 n 边形   图 3.15   外接圆不变的正 n 边形

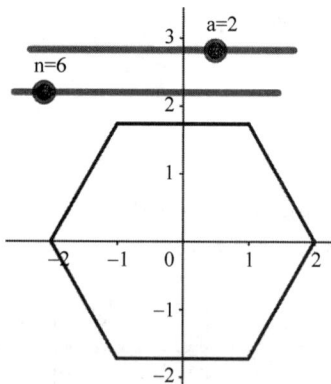

数学思考 a 是正 n 边形外接圆半径.

例 3.11   作三角形的垂心.

设计步骤：

(1) 单击鼠标左键激活工具栏多边形图标 ▷,在绘图区空白处单击三次,出现 A,B,C 三个点,最后鼠标回到第一个点,就作出了△ABC;

(2) 激活工具栏中垂线图标 ▦,用鼠标左键分别选择点 A,线段 BC(即 a),得到过 A 与 BC 垂直的直线 f,同样得到过 B 垂直于 AC 的垂线 g;

(3) 激活工具栏中交点图标 ▨,用鼠标左键分别选择 f,g,得到交点 D;

(4) 按步骤(2)的方法作出过 C 垂直于 AB 的直线 h,如图 3.16 所示.

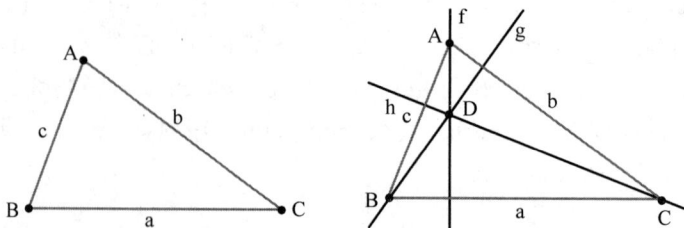

图 3.16   三角形的垂心

数学思考：可以发现垂线 h 过 f、g 的交点 D,进一步可以发现无论怎样改变△ABC 的形状,三条高线均交于一点 D,点 D 就是△ABC 的垂心.

例 3.12   三角形的外心.

作出△EFG.激活工具栏中垂线图标 ▨,再分别单击已有△EFG 的三边,得到三边的中垂线,中垂线的交点 H 就是△EFG 的外心(外接圆的圆心),如图 3.17 所示.

例 3.13 三角形的内心.

作出△IJK.激活工具栏中角平分线图标▨,再顺次单击已有△IJK 的三个顶点 K,I,J,得到∠KIJ 的平分线所在的直线,同样作出∠IJK 的平分线所在的直线、∠JKI 的平分线所在的直线,三条直线的交点 L 就是△IJK 的内心(内切圆的圆心),如图 3.18 所示.

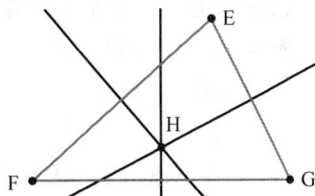

例 3.14 三角形的重心.

作出△MNO.激活工具栏中点/中心图标▣,再分别单击已有△MNO 的三边,得到三边的中点 P,Q,R,分别连接 MP,NQ,OR,得到三角形的三条中线,三条中线的交点 S 就是△EFG 的重心,如图 3.19 所示.

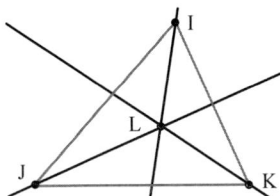

图 3.17 三角形的外心

图 3.18 三角形的内心

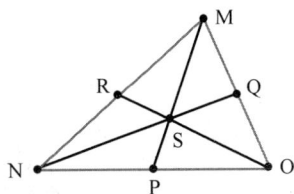

图 3.19 三角形的重心

例 3.15 平行四边形面积推导.

设计步骤:

(1) 作平行四边形 ABCD;

(2) 作 AE⊥BC 于 E,在 BC 上取一点 F,在指令栏中输入:向量(B,F),得到向量 u;

(3) 在指令栏中输入:多边形(A,B,E),得到多边形 t1;

(4) 在指令栏中输入:平移(t1,u),拖动点 F;

(5) 隐藏相关线段,作线段 EC,拖动点 F 与 C 重合(如图 3.20 所示).

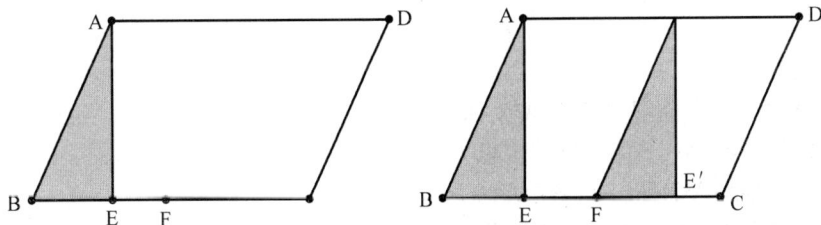

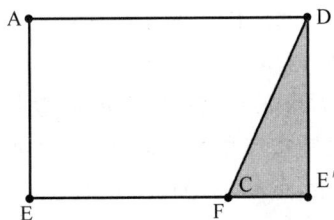

图 3.20 平行四边形的面积

数学思考 一个平移就是一个向量,所以平移变换的关键是设置向量.

例 3.16 三角形的内角和定理.

设计步骤:

(1) 作△ABC;

(2) 在△ABC 内任取一点 D,三边 AB,BC,CA 上各取一点 E,F,G;

(3) 作多边形 DEAG(即 q1)、多边形 DFBE(即 q2)、多边形 DGCF(即 q3),内部设置不同颜色;

(4) 在 BC 上取点 H,作向量 u=BH;

(5) 在指令栏中输入:"平移(q2,u)",按 Enter 键;

(6) 激活工具栏中滑动条图标▣,作角度滑动条 α,范围 0°~180°;

(7) 在 CA 上取点 I,在指令栏中输入:"旋转(q1,α,I)".

数学思考 拖动点 H,使点 H 与 C 重合,拖动点 I、滑动条 α,当 I 为 CA 中点、α=180° 时,△ABC 的三个内角就拼成了一个平角(如图 3.21 所示).

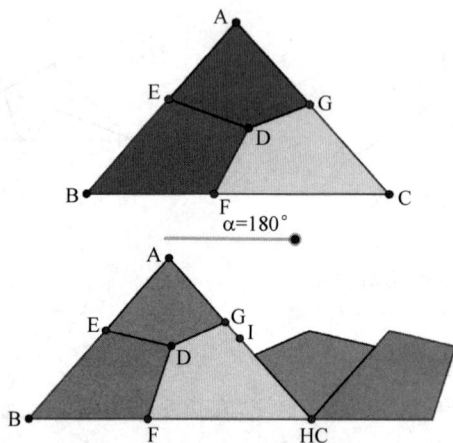

图 3.21 三角形的内角和

例 3.17 三角形面积的推导.

设计步骤:

(1) 作△ABC;

(2) 过 A 作 BC 所在的直线的垂线,垂足为 D;

(3) 分别作线段 AB,AC,AD 的中点 E,F,G;

(4) 作多边形 GAE(即 t2)、多边形 GAF(即 t3);

(5) 激活工具栏中滑动条图标▣,作角度滑动条 α;

(6) 在指令栏中输入:"旋转(t2,α,E)",按 Enter 键;

(7) 在指令栏中输入:"旋转(t3,α,F)",按 Enter 键(如图 3.22(a),(b)所示).

数学思考 (1)拖动滑动条 α,当 α=180°时,△ABC 就切割、拼接成长方形 BCG′₁G′,所以 $S_{\triangle ABC}=a(h/2)$;(2)△ABC 是钝角三角形时同样适用(如图 3.22(c)所示),值得注意的是,点 D 是点 A 到直线 BC 的垂足,点 G 是 AD 中点而不是 AD 与中位线 EF 的交点.

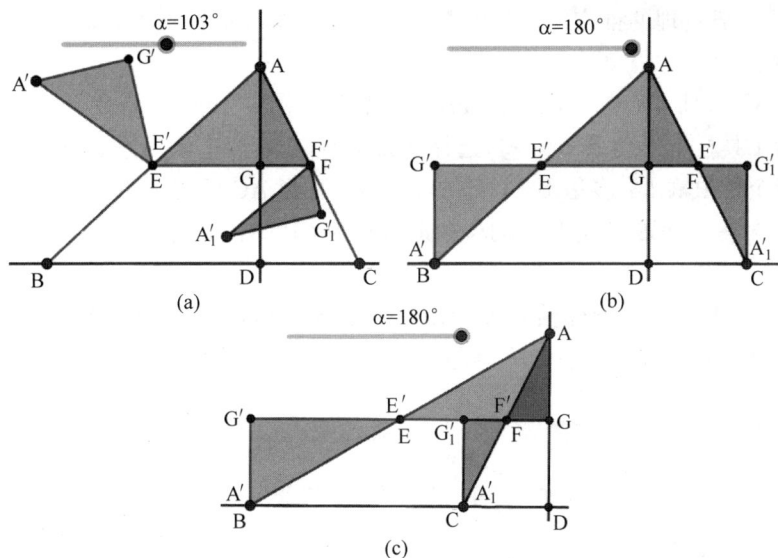

图 3.22 三角形的面积

例 3.18 勾股定理的表征.

设计步骤：

（1）作直角△ABC，∠C＝90°，按 Ctrl 键，鼠标依次单击△ABC 的三边，单击右键，弹出"属性"对话框，勾选"显示标签"，在下拉列表中选择"数值"；

（2）在指令栏中输入"面积 1＝多边形(A，C，4)"，按 Enter 键，执行"视图-布局-属性-常规"操作，勾选"显示标签"，在下拉列表中，选择"名称与数值"，同样构造"面积 2""面积 3"；

（3）激活工具栏中文本图标 ，在绘图区单击鼠标左键，弹出文本对话框，在编辑栏中输入：面积 1＋面积 2＝面积 3，其中"面积 1""面积 2""面积 3"是从"对象"选择的.

数学思考 拖动直角△ABC 的三个顶点，可以发现，两个小正方形面积之和等于大正方形面积（如图 3.23 所示）.

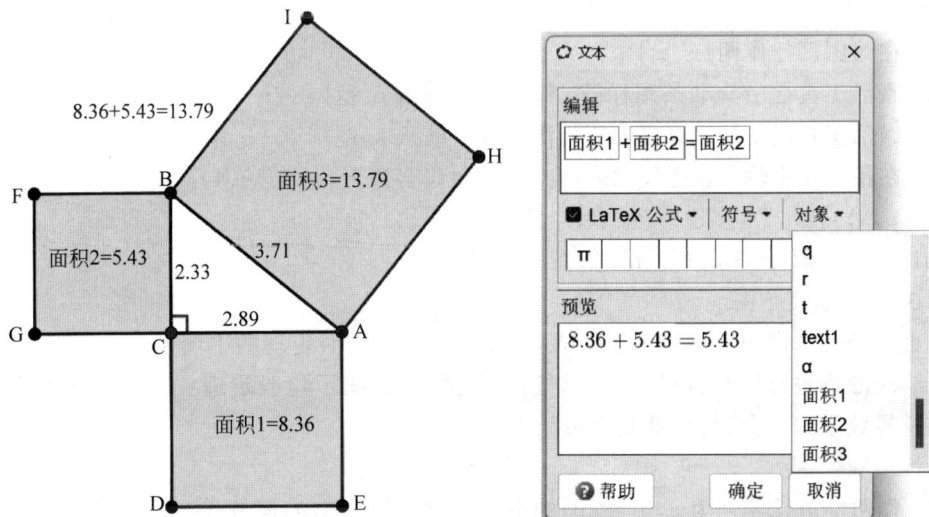

图 3.23 勾股定理

例 3. 19   勾股定理的推广.

设计步骤：

(1) 作△ABC，且∠C＝90°，设置三边【属性】"显示标签：数值"；

(2) 激活工具栏中滑动条图标▦，选择整数类型，新建两个滑动条 n，范围 3～30；

(3) 在指令栏中输入：多边形(A,C,n)，得到边长为 AC 的正 n 边形 poly1，设置"标题：面积 1"，"显示标签：标题与数值". 同样构造边长为 CB 的正 n 边形 poly2、边长为 BA 的正 n 边形 poly3；

(4) 激活工具栏中文本图标▦，在绘图区单击鼠标左键，弹出文本对话框，在编辑栏中输入：poly1＋poly2＝poly3，其中"poly1""poly2""poly3"是从"对象"选择的(如图 3.24 所示).

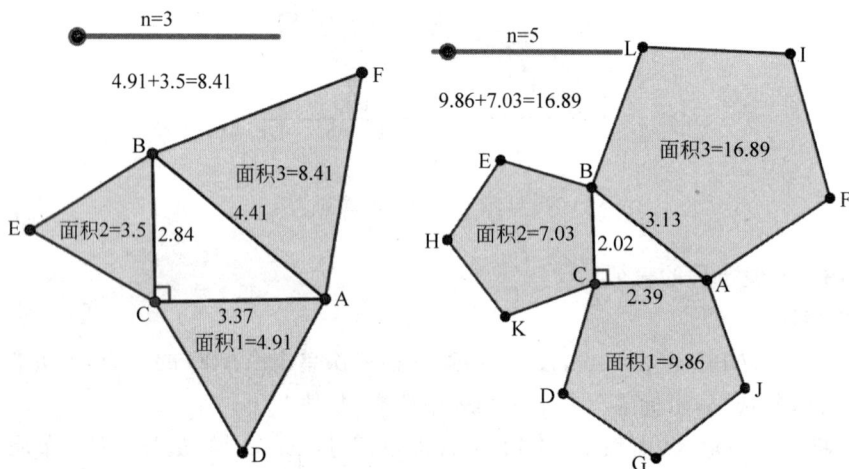

图 3.24   勾股定理的推广

数学思考   拖动滑动条 n，可以发现，两个小正 n 边形面积之和等于大正 n 边形面积，当 n＝4 时，就是勾股定理的情形.

例 3. 20   勾股树.

设计步骤：

(1) 在绘图区任作两点 A，B；

(2) 激活工具栏中滑动条图标▦，作整数滑动条 n，范围 0～10；

(3) 激活工具栏中滑动条图标▦，作整数滑动条 k，范围 0～1，增量 0.01；

(4) 在指令栏中输入：迭代列表(合并(映射({多边形(顶点(p,4)，描点(半圆(顶点(p,4)，顶点(p,3))，k)，4)，多边形(描点(半圆(顶点(p,4)，顶点(p,3))，k)，顶点(p,3)，4)}，p，p1))，p1，{{多边形(A,B,4)}}，n)(如图 3.25 所示).

例 3. 21   赵爽弦图.

赵爽是公元 3 世纪三国时期吴国人，是第一个证明勾股定理的中国人. 赵爽通过"出入相补法"，对图形进行切割、拼接，巧妙利用面积关系，证明了勾股定理. 2002 年在中国北京举办的世界数学家大会，会徽就是赵爽弦图.

设计步骤：

(1) 作两个边长分别为 a，b(a＜b)的正方形，按图 3.26(a)摆放；

(2) 把两个正方形分割为两个矩形(长为 b 宽为 a)和一个小正方形，两个矩形进一步分

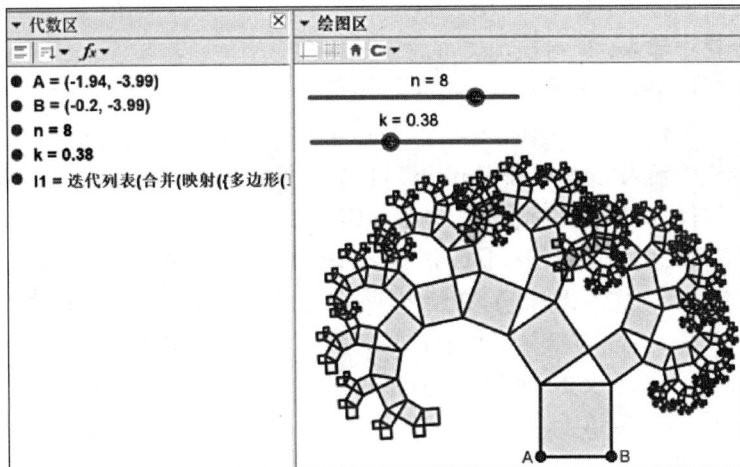

图 3.25 勾股树

割成四个直角三角形(如图 3.26(b)所示);

(3) 作多边形 t1,t2;

(4) 激活工具栏中滑动条图标▦,作角度滑动条 α,范围 0°~90°;

(5) 在指令栏中输入:旋转(t1,α,J);

(6) 在指令栏中输入:旋转(t1,−α,N).

拖动滑动条 α,当 α=90°时,得到图 3.26(c).

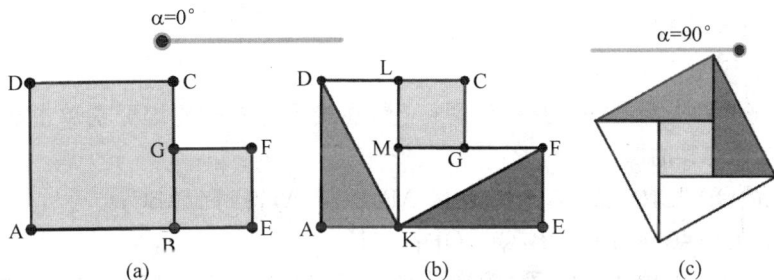

图 3.26 赵爽弦图

3.4.3 用 GeoGebra 制作代数课件

例 3.22 有理数的加法.

设计步骤:

(1) 在绘图区空白处单击鼠标右键,在弹出的快捷菜单中选择最后一行命令"绘图区
…",在"y 轴"选项卡中,将"显示 y 轴"方框中的"√"去掉,隐藏 y 轴,保留 x 轴(如图 3.27(a)所示);

(2) 激活工具栏中滑动条图标▦,选择数字类型,新建两个滑动条 a,b,范围[−10,10];

(3) 在指令栏中输入:A=(0,0.7);

(4) 在指令栏中输入:B=(a,0.7);

（5）在指令栏中输入：$C=(a+b,0.5)$；

（6）在指令栏中输入：$B'=(a,0.5)$；

（7）在指令栏中输入：$A'=(0,-0.5)$；

（8）在指令栏中输入：$C'=(a+b,-0.5)$；

（9）在指令栏中输入：$a+b$，按 Enter 键，代数区得到 $c=a+b$；

（10）激活工具栏中向量图标▱，作向量 $AB,B'C,A'C'$；

（11）激活工具栏中的中点图标▱，分别作 $AB,B'C,A'C'$ 的中点 F,G,H；

（12）激活工具栏中文本图标▦，在绘图区中单击鼠标左键，弹出文本对话框，单击代数区的 a，键盘输入"＋（）＝"，在括号里单击代数区的 b，在等号右边单击代数区的 c，按"确定"按钮，得到 $a+b=c$ 的动态文本（如图 3.27（b）所示）．

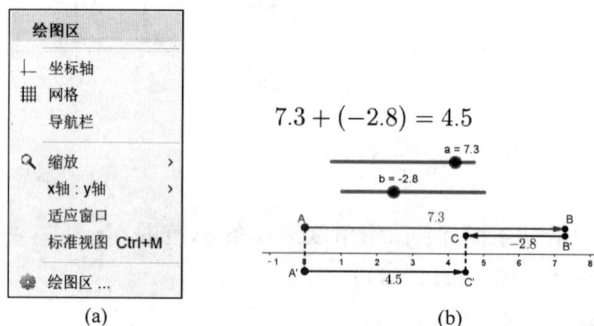

图 3.27　有理数的加法

例 3.23　正弦定理．

设计步骤：

（1）激活工具栏中圆（圆心与一点）图标◉，在绘图区鼠标左键分别单击两点 O，P，得到以 O 为圆心过点 P 的圆；

（2）在圆周 OP 上取三点 A，B，C，连接 AB，BC，CA，得到△ABC；

（3）作 BC 的中点 D，连接 OB，OC，OD；

（4）激活工具栏中角度图标▦，顺次选择点 C，A，B 三点（CAB 成逆时针方向），得到∠CAB 的标记 α 及其度量值．同样得到∠DOC，∠CDO 的标记 β，γ 及其度量值；

（5）单击鼠标右键选择 β，弹出【属性】-常规-标题，输入"α"，"显示标签："左边选择√，右边选择"标题与数值"；单击鼠标右键选择 γ，单击【显示标签】去掉标签，只留下直角标记；单击鼠标右键选择线段 CD，单击【重命名】，名称输入"R"（如图 3.28 所示）．

数学思考　根据圆周角定理——同弧所对的圆周角等于它所对的圆心角的一半，故 $\angle DOC=\angle A=\alpha$．在 $Rt\triangle ODC$ 中，$\sin\angle DOC=CD/CO$，$CO=CD/\sin\angle DOC$，即 $R=(a/2)/\sin\alpha$，从而 $2R=a/\sin\alpha$．

拖动点 A 可以发现：当点 A 在 BC 的同一侧移动时，∠A 的大小不变，因为∠A 的大小由弧 BC 决定；拖动点 B 或 C，∠A 的大小改变，但 $a/\sin\alpha$ 的值始终不变，$a/\sin\alpha$ 就是不变量．

勾股定理是余弦定理的特例，余弦定理是勾股定理的推广．证明勾股定理的一个经典方法是过斜边上的高线所在的直线把以斜边为边长的正方形分割成两个矩形，证明这两个矩形的面积分别与两直角边为边长的正方形面积相等．类比这个证明思路，下面来做证明

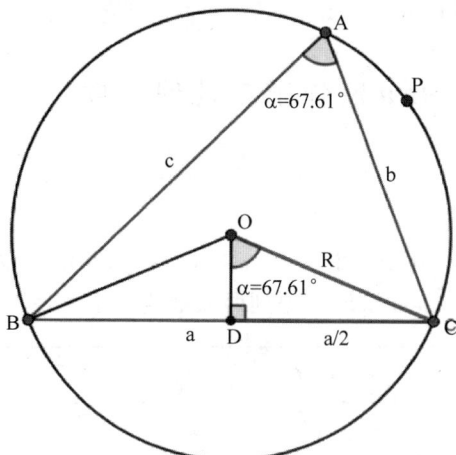

图 3.28 圆及其上的三角形

余弦定理的课件.

例 3.24 余弦定理.

设计步骤：

(1) 作△ABC；

(2) 激活工具栏中正多边形图标▨，分别以 AB，BC，CA 为边长向外作正方形；

(3) 激活工具栏中垂线图标▥，分别过△ABC 的三个顶点作对边的垂线，把对应的正方形分割为两个矩形；

(4) 激活工具栏中多边形图标▷，把被分割的八个矩形中两两面积相等的矩形用相同的颜色填充，并设置"标题"为面积表达式，"显示标签"为"标题"(如图 3.29 所示).

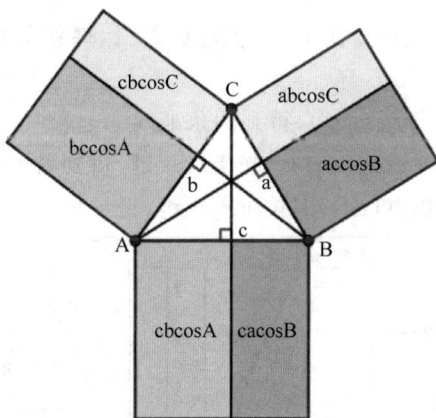

图 3.29 以三角形三条边为边长的正方形及其分割

数学思考

因为 $a^2 + b^2 = (\text{accosB} + \text{abcosC}) + (\text{bccosA} + \text{bacosC})$

$\qquad = (\text{cbcosA} + \text{cacosB}) + 2\text{abcosC}$

$\qquad = c^2 + 2\text{abcosC},$

所以 $c^2 = a^2 + b^2 - 2ab\cos C$.

3.4.4 用 GeoGebra 制作解析几何课件

例 3.25 椭圆.

设计步骤：

(1) 在指令栏中输入：eq1：x^2/a^2+y^2/b^2=1,并创建数字滑动条 a,b;

(2) 在指令栏中输入：准线(eq1),得到两条准线 f,g(如图 3.30 所示).

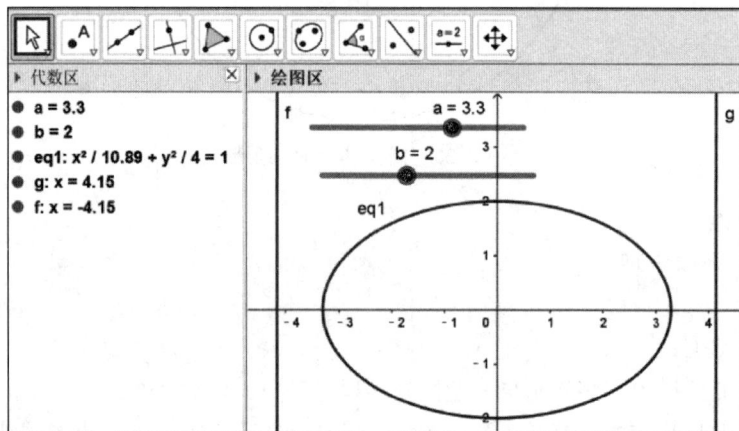

图 3.30　生成椭圆

例 3.26 双曲线.

设计步骤：

(1) 在指令栏中输入：eq1：x^2/a^2−y^2/b^2=1,得到双曲线 eq1,并创建数字滑动条 a,b;

(2) 在指令栏中输入：准线(eq1),得到两条准线 f,g;

(3) 在指令栏中输入"渐近线(eq1)",按 Enter 键,得到渐近线 h,i;

(4) 在指令栏中输入"焦点(eq1)",按 Enter 键,得到焦点 A,B(如图 3.31 所示).

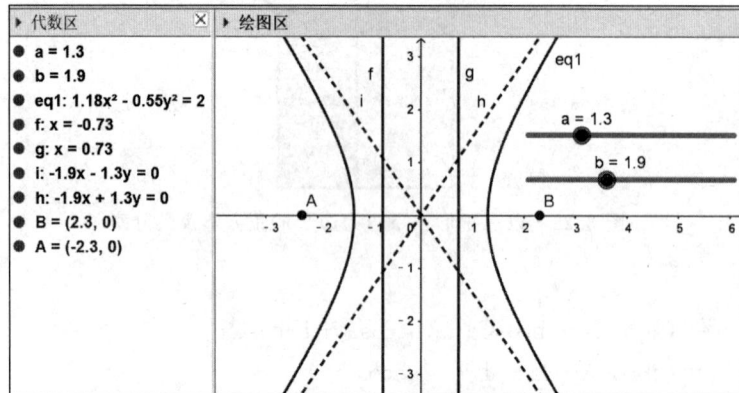

图 3.31　生成双曲线

例 3.27 伯努利双纽线.

设计步骤：

（1）作数字滑动条 a；

（2）在指令栏中输入：$(x^2+y^2)^2=2a^2(x^2-y^2)$.

伯努利双扭线就如躺平的"8"字或无穷大"∞"；拖动滑动条 a，可以改变双扭线的大小（图 3.32）.

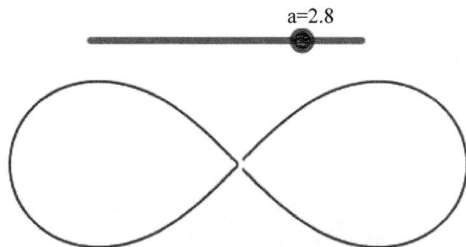

图 3.32　双曲线及其渐近线

3.4.5　用 GeoGebra 制作立体几何课件

例 3.28 正方体的截面.

设计步骤：

（1）激活【视图】3D 绘图区；

（2）在工具栏中激活正方体图标，在 XOY 平面上任作两点 A，B，得正方体 ABCD-EFGH，代数区出现 a=正六面体(A，B，C)；

（3）在工具栏中激活三点平面图标，在上面正方体三条棱上作三点 I，J，K，得到过这三点的平面，代数区出现 p=平面(I，J，K)；

（4）在工具栏中激活相交曲线图标，代数区选择 a，p，得到截面 poly1=相交路径(p，a)（如图 3.33 所示）.

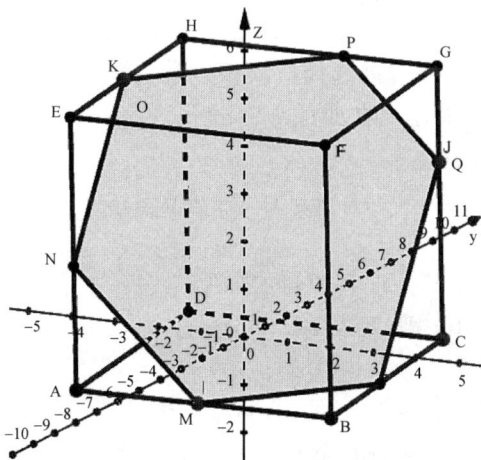

图 3.33　正方体及其截面

例 3.29 正方体的展开图.

设计步骤：

(1) 在 3D 绘图区中激活工具栏正六面体图标■,在 3D 绘图区中作两点 A,B,得到正方体 a;

(2) 在绘图区中激活工具栏滑动条图标■,作数字滑动条 b,范围 0~1;

(3) 在指令栏中输入"展开图(a,b)",按 Enter 键,得到正方体 a 的展开图,展开程度为 b. 图 3.34 是 b=0.73 时,正方体 a 的展开图.

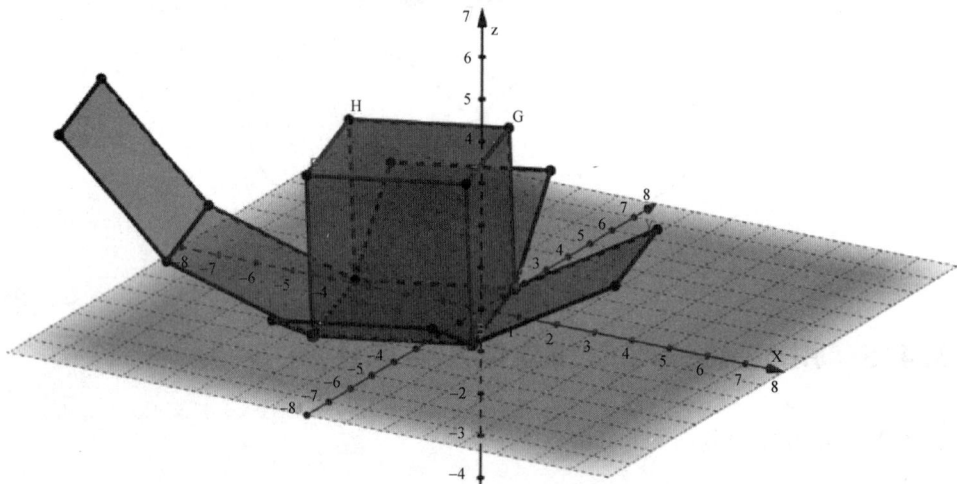

图 3.34 正方体的展开图

3.4.6 用 GeoGebra 制作概率统计课件

例 3.30 随机数.

函数 random()产生 0~1 之间的随机数.

在工具栏中激活滑动条图标■,选择随机数类型,范围(−2,2),在指令栏中输入:(a,a^2),按 Enter 键,得到点 A,用鼠标右键选择滑动条,启动动画,可以发现点 A 快速地在曲线 $y=x^2$ 上随机移动(如图 3.35 所示).

例 3.31 条形图.

设计步骤:

(1) 在指令栏中输入:l1=序列(区间随机数(1,56),i,1,100),按 Enter 键,产生 100 个 1~6 的整数组成的列表 l1;

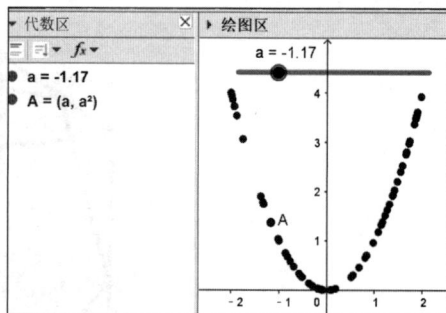

图 3.35 抛物线上的随机数

(2) 在指令栏中输入:条形图({1,2,3,4,5},{条件计数(x==1,l1),条件计数(x==2,l1),条件计数(x==3,l1),条件计数(x==4,l1),条件计数(x==5,l1)})(如图 3.36 所示).

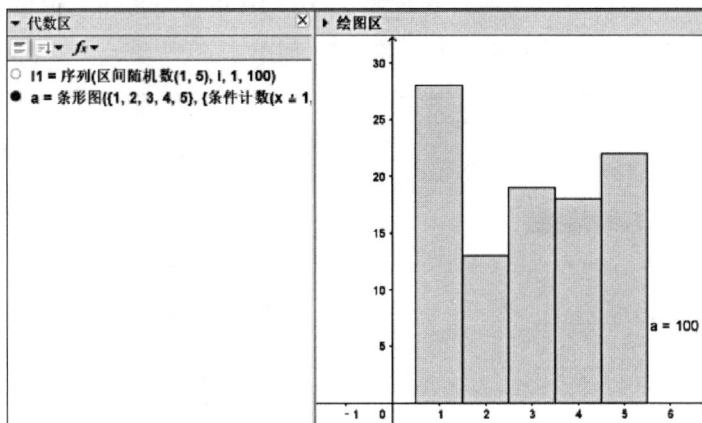

图 3.36　条形图

注　在条件计数的指令"条件计数（＜条件＞，＜列表＞）"中，"条件"中的"等于"的符号是"＝＝"或"＝"而不是"＝".

例 3.32　撒豆实验.

在指令栏中输入：序列（（random（），random（）），i，1，100）（如图 3.37 所示）.

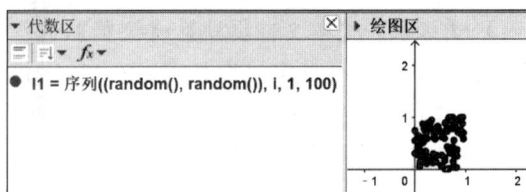

图 3.37　实验显示图

例 3.33　直方图.

设计步骤：

（1）数据区导入统计数据；

（2）选择（框选）统计数据，激活单变量分析工具 ▦，单击"分析"按钮；

（3）拖动分组滑动条，选择适当的分组数（如图 3.38 所示）.

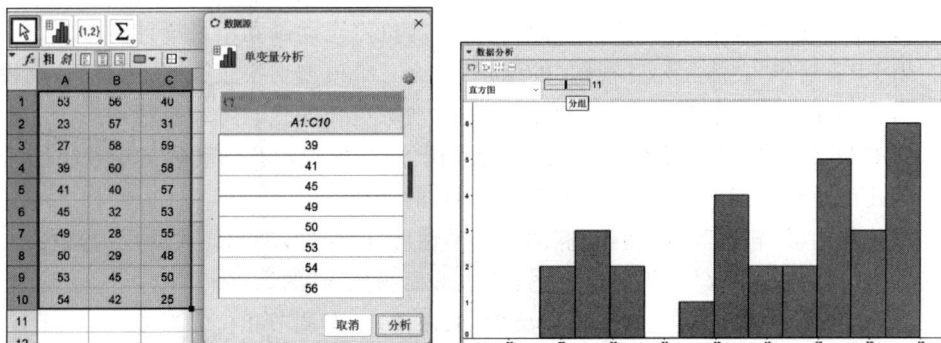

图 3.38　数据及其直方图

拓展   单击对话框内直方图选项右边的下拉箭头(小三角按钮),可以看到其他选项:条形图、箱型图、点阵图、茎叶图、正态分位数图等(如图 3.39 所示).

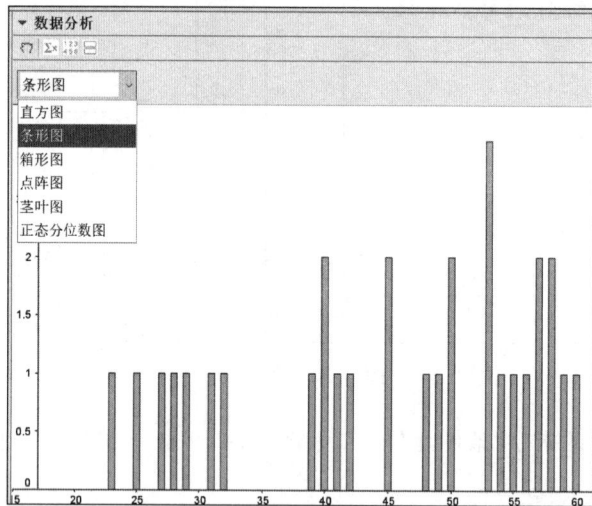

图 3.39   数据分析的图形汇总

如何在 PPT 中嵌入 GeoGebra 课件呢?与嵌入几何画板课件类似,操作步骤如下:

在 PPT 中单击【插入】→【对象】→【由文件创建】→【浏览】,选择已保存的 GeoGebra 文件(∗.ggb 格式),勾选【显示为图标】,可自定义图标名称(如"GeoGebra 动态演示"),方便演示时识别.需确保播放 PPT 的设备已安装 GeoGebra 软件,否则无法打开文件;若文件路径变更(如复制到其他设备),需重新链接文件路径.

思考与练习3

1. 用 PPT 制作"圆与圆的位置关系"的课件.
2. 用 PPT 制作"平方差公式"的课件.
3. 用 PPT 制作"一次函数与二次函数图像对比"的课件,要求通过动画展示交点的变化.
4. 用 PPT 设计"概率转盘"的交互课件,包含随机停止动画和结果统计.
5. 用 PPT 制作"立体几何三视图"的课件,结合三维模型切换正视图、俯视图、侧视图.
6. 用 PPT 制作"数据图表分析"的课件,包含动态更新的柱状图和折线图.
7. 用 PPT 制作"数学谜题:汉诺塔"的交互课件,实现圆盘移动动画与步数统计.
8. 用几何画板"反射"变换制作"轴对称图形"的课件.
9. 用几何画板"轨迹"功能制作"椭圆的光学性质"的课件,展示光线的反射路径.
10. 用几何画板"平移"变换制作"平行四边形面积推导"的课件.
11. 用几何画板制作"三角函数图像叠加"的课件,动态调节相位和振幅.
12. 用几何画板"参数方程"功能设计"摆线"的生成动画.
13. 用几何画板"旋转"变换制作"小风车"的课件.

14. 用几何画板"缩放"变换制作"位似"的课件.

15. 用几何画板设计"圆周率近似计算"的课件,通过多边形逼近法进行动态演示.

16. 用几何画板制作"基本不等式"的课件.

17. 用几何画板"迭代"功能生成"谢尔宾斯基三角形"的分形图案.

18. 用几何画板设计"黄金分割比"的课件,动态展示线段的分割过程.

19. 用 GeoGebra 制作"等边三角形"的课件.

20. 用 GeoGebra 制作"导数与函数单调性"的动态课件,实时显示切线的斜率.

21. 用 GeoGebra 制作"中位线"的课件.

22. 用 GeoGebra 设计"定积分几何意义"的课件,通过面积填充动画解释积分原理.

23. 用 GeoGebra 制作"行程问题"的课件.

24. 用 GeoGebra 制作"正态分布曲线"的课件,调节均值和方差观察曲线形态变化.

25. 用 GeoGebra 制作"正方体的截面"的课件.

26. 用 GeoGebra 制作"向量场可视化"的课件,展示梯度、散度等概念.

27. 用 GeoGebra 制作"三棱锥的展开图"的课件.

28. 用 GeoGebra 制作"极坐标方程"的课件,动态调节参数生成玫瑰线、心形线等图形.

29. 用 GeoGebra 制作"线性规划最优解"的课件,通过拖动约束条件观察解域变化.

30. 用 GeoGebra 制作"概率树图"的课件,支持多级事件分支和概率计算.

31. 用 GeoGebra 制作"三维函数图像"的课件,展示双曲面、抛物面等常见曲面.

32. 用 GeoGebra 设计"马尔可夫链"的模拟课件,通过状态转移矩阵生成动态路径.

第 4 章
数学课堂教学的基本技能

　　教学工作是一门科学又是一门艺术.一个教师不仅要有广博深厚的专业知识,还要具备多种熟练的教学技能和能力.技能是顺利完成某种任务或进行某种活动的方式,是经过反复训练可以获得提升的.任何一项任务或活动,仅凭认识上的理解是不能够完成或进行的.这好比开车,只掌握驾车的步骤、原理是不够的,还必须经过长期训练而形成熟练的驾驶技术才行.一个教师如果没有熟练的教学技能,教学就谈不上艺术,也不会生动活泼、有声有色,不能有效促进学生学习.

　　教学技能是指课堂教学过程中,教师顺利完成某种教学任务促进学生有效学习的一系列活动方式,包括导入、讲解、提问、板书、结束、变化、演示等.它们直接影响教学活动的效率和质量,具有可描述性、可观察性和可操作性.每一种教学技能又有不同的构成要素.恰当而灵活地运用教学技能,能为激发学生学习的兴趣和动机,使其顺利完成学习任务,达成教学目标创造有利条件.教学技能的高低,一方面受制于教师个人对教学活动的认知深度,以及其教学经验的丰富程度;另一方面,训练的力度大小、模式优劣,乃至教师自身的综合素质,也都与其紧密相连、息息相关.教师一旦掌握了各种教学技能,就十分有利于经验的积累和水平的提高.

　　教学技能和教学能力是有区别的.教学技能主要是指教师在教学过程中运用的具体行为方式,是可以观察到的,并且能够通过练习来提升.例如,教学设计技能包括能够合理地安排教学内容的顺序、选择合适的教学方法;课堂导入技能是指可以通过有趣的故事、问题等方式将学生快速带入课堂情境.这些技能更偏向于实际操作的技术,就像工匠手中具体的工具使用技巧.教学能力则是一个更综合的概念,它涵盖了教学技能,还包括教师对教学的理解、教学的组织管理、教学的思想与反思、对学生个体差异的把握等诸多方面.例如,教师能够根据不同学生的学习进度和特点,调整教学计划,这体现的是教学能力.教学能力更像是一个教师在教学活动这个大工程中的整体实力,是多种因素相互融合而体现出来的综合素质.技能是发展能力的基础,而能力又是技能的综合发展与提高.

　　教学技能的种类很多,本章仅介绍中学数学教学的一些基本技能.

4.1　导入技能

　　课堂导入是课堂教学的主要环节之一,是指用简洁的语言或辅助动作拉开一堂课的序幕,随之进入课堂教学主体的过程.一堂课导入的成与败直接影响着整堂课的效果.能否在一开始上课便将学生课前分散的注意力即刻转移到课堂上,并使其处于积极状态,是上好这堂课的首要问题.

苏联教育家苏霍姆林斯基(Сухомдúнский,1918—1970)说:"如果老师不想办法使学生产生情绪高昂和智力振奋的内心状态,就急于传授知识,那么这种知识只能使人产生冷漠的态度,而给不动感情的脑力劳动带来疲劳.没有欢欣鼓舞的心情,学习就会成为学生沉重的负担."实践证明:积极的思维活动是课堂教学成功的关键,而富有启发性的导入语可以激发学生的思维兴趣,所以教师开始上课时就应当注意通过导入语来激发学生的思维,以引起学生对新知识、新内容的热烈探求.

现代心理学家和统计学家研究发现:在一堂40min的课时中,学生思维状态分三个阶段,即思维预热启动阶段,思维高效活跃阶段和思维渐缓疲劳阶段.思维预热启动阶段(0～10min):上课伊始,学生刚从课间活动转换状态,思维如同刚启动的引擎,逐渐摆脱松散,开始向课堂聚焦,慢慢集中精力跟上教学节奏,对新知识展现出初步的探索欲.思维高效活跃阶段(10～30min):此时段学生思维仿若高速运转的精密仪器,完全沉浸于学习,能快速理解复杂知识,积极回应教师提问,主动参与互动讨论,创造力与联想力也充分释放,学习效果达到峰值.思维渐缓疲劳阶段(30～40min):随着课程推进,长时间的脑力消耗让学生产生疲倦感,思维活跃度下降,注意力分散,反应速度放缓,对新知识的吸收和消化能力减弱,更倾向于放松休息.这一规律揭示了课堂教学中学生的思维集中程度变化的规律,为提高课堂教学的效率,教师在授课时应尽量延长最佳思维活动时间.在第一阶段,新课一开始,教师要加强信息强度,以最少的时间使学生的思维达到最佳水平,以最快的速度把学生的注意力引导到教学目标上来.这就要求教师在备课时要遵循学生的课堂思维规律,精心设计教案,特别对新课导入的设计,要反复斟酌,力求科学合理,恰当安排,巧妙组织,灵活运用.心理学研究表明,第一印象的作用最强,持续的时间也长,比以后得到的信息对于事物整个印象产生的作用更强,这就是通常所说的"首因效应".人们对于事物的整个印象,一般是以第一印象为中心形成的.课堂导入作为教学的一个首要环节,是一堂课的开端,所以,教师都非常重视课堂教学导入的设计,期望精心设计的导入能够带来一堂课的精彩,让学生对一堂课产生良好的第一印象.

4.1.1　导入技能概述

"导"就是引导,"入"就是进入学习.导入技能是教师在一项新的教学内容或教学活动开始前,引导学生做好心理准备和认知准备,吸引学生注意、唤起学习动机、明确学习目标和建立知识联系的一类教学方式.导入是课堂教学中的重要的一环,"良好的开端是成功的一半".精彩的导入,能抓住学生的心理,立疑激趣,促使学生情绪高涨,有助于整堂课教学的成功.

4.1.2　导入技能的功能

导入的作用在于集中学生的注意力,引起学生的兴趣,明确学习的目的、要求,为学好新知识创造良好的开端.有效地导入新课,是课堂教学中的一个重要环节.好的导入可以点燃学生思维的火花,开拓学生思维的广阔性和灵活性.富有启发性的导入,不但能活跃学生的思维,还能起到培养学生定向思维的作用.运用正确的方法导入新课,能集中学生的注意力,明确思维方向,激发学习兴趣,引起其内在的求知欲望,使学生在学习新课的一开始就有一个良好的学习状态,为整个教学过程创造了良好的开端.

1. 集中注意,为进入新知识的学习做好心理准备

注意力非常重要,意识中的一切,必然都要经过它才能进入.教师可通过精心设计的教学活动情境,给予学生较强烈的、较新颖的刺激,帮助学生收敛课前的各种其他思维活动,让学生的注意力迅速集中,并指向特定的教学任务和程序之中,为完成新知识的学习做好心理上的准备.例如,教师根据教学内容和学生已有知识,设计问题引导学生积极发言,把学生的注意力吸引到问题的讨论之中,并由此将学生引入新的学习目标和任务之中.

2. 激发兴趣,引起学习动机

兴趣是力求认识某种事物或爱好某种活动的心理倾向,这种倾向是和愉快的体验相联系的.学习兴趣是一种学习动机,是学习积极性中很现实、很活跃的心理成分.当一个人对某种学科发生兴趣时,就会使各种感觉器官和大脑处于最活跃的状态,总是积极主动、心情愉快地进行学习,而不会觉得是一种负担.精彩的导入会使学生如沐春风、如饮甘露,进入一种美妙的境界.德国教育家第斯多惠(Diesterweg,1790—1866)说:"教学成功的艺术就在于使学生对你所教的东西感到有趣."教育学家布鲁纳说:"学习的最好刺激,乃是对所学材料的兴趣."心理学家皮亚杰说:"所有智力方面的工作都依赖于乐趣."巧妙的开讲,会使学生产生浓厚的兴趣.

3. 明确教学活动的目标

目的性是人类实践活动的根本特性之一,很多教师在导入新课时常常直接或间接地让学生预先明确学习目的,从而激发起内在动机,使其有意识地控制和调节自己的学习.课堂教学是一种目的性很强的活动.教师经过精心设计,给学生以充分刺激,激发起学生强烈的求知欲和力求解决问题的强烈愿望.当学生的积极性被调动起来,思维处于活跃状态时,教师就应注意因势利导,适时地讲明这节课学习的内容、要达到的目标、完成的任务及学习活动的方向和方法,使每个学生都明白他们要做什么,应达到什么程度,或要得到什么结果,从而使学生学习活动有明确的导向.只有如此才能使学生持久地保持注意力,并自觉地控制和调节自己的学习活动.

4. 承上启下,以旧引新,建立新旧知识间的联系

数学以其系统性、严密性而著称,数学知识之间具有严密的逻辑关系;同时,学习是循序渐进的,它要以掌握较低层次的知识为前提,才能保证对与此相联系的较高层次知识的理解和掌握.同类知识要提升到新的层次,更需要原有知识作铺垫.因此,新课的导入总是建立在联系旧知的基础之上,以旧引新或温故知新,而借此促进学生知识系统化的.在学习新知识之前,教师根据学生认知结构中已有的与新知识的内容密切相关的知识,注意引导学生温故而知新,通过复习、提问、做习题等教学活动,或提供新旧知识联系的支点,为学习新知识、新概念做好知识上的铺垫,使学生自然地进入新知识的学习;或利用知识迁移规律,自如地引入新课,使学生感到新知识并不陌生,便于将新知识纳入原有的认知结构之中;或纠正学生因某些经验、知识的不足而形成的错误观念.

5. 营造良好的课堂氛围

课堂导入还具有营造良好的课堂氛围的作用.学生的学习情感直接影响学习效果,良好的课堂氛围可以引发学生的情感,使学生进入教学内容中的情境,并与教师一起与教学内容之间产生情感上的共鸣,从而达到师生情感相通、心理相融、共同探索的目的,学生会很好地理解教学内容,并获得亲身的学习体验.

4.1.3　导入的类型及应用举例

1. 直接导入法

这种方法就是教师在上课一开始,直接阐明学习目的和要求,纲要式地交待本节课的主要内容和重、难点,将本节课的教学目标完整清晰地展示给学生.其特点是强化学习的意向性,提高学生学习的注意力.比如在初中数学"一元二次方程"这一内容的教学时,上课伊始,老师走上讲台直接说:"同学们,今天我们要开启一个新的知识板块,来学习一元二次方程.一元二次方程在数学里非常重要,它的一般形式是 $ax^2+bx+c=0(a\neq0)$,接下来我们就详细了解它的定义、解法以及实际应用等方面的知识."然后就可以顺着这个开场正式展开关于一元二次方程各项内容的教学讲解了.再比如高中数学"空间向量"教学时,老师直接讲:"同学们,今天咱们要学习空间向量,它是在平面向量基础上的拓展,能帮我们更好地解决立体几何等相关问题,下面我们先从空间向量的概念学起."以此开启后续教学活动.

当教学内容具有以下特点时,可以考虑使用直接导入法进行课堂导入.

（1）知识连贯性不强的内容

当要学习的新知识和之前所学几乎没有紧密联系,难以通过复习旧知识等方式自然引出时,适合直接导入.比如:在初中数学里,"平面直角坐标系"这一内容就适合直接导入.在学习它之前,学生多是围绕数的运算、简单几何图形性质等知识学习,与之连贯性不强.上课时,教师可直接说:"同学们,今天我们踏入一个全新领域——平面直角坐标系.它能帮我们把几何图形与代数运算紧密相连,以后碰到几何问题,就有了新的解题工具.现在,咱们就来认识它的构成,包括横轴、纵轴,还有坐标原点等基本构成."以此开启新知识学习.

（2）概念性强且相对抽象的内容

比如:"无理数"概念,较为抽象且和之前知识体系衔接不是特别紧密,因此可以考虑直接引入.上课开始时,教师可以直接说道:"同学们,今天我们要学习一个全新的数学概念叫无理数.我们之前认识的数大多是像整数、分数这样能写成两个整数之比的数,但还有一类数,它们是无限不循环小数,没办法用分数准确表示出来,比如圆周率 $\pi,\sqrt{2}$ 等,这类数就是无理数.接下来咱们就好好去认识无理数的特点、它和有理数的区别等知识."然后就此展开对无理数相关知识的详细教学.

（3）课程体系里相对基础的开篇内容

例如：初中数学里"整式的初步认识"．教师可以直接引入："同学们，现在开启新的学习阶段，来认识整式．在数学世界里，整式是很重要的基础内容，像单个的数字、字母，以及用有限个数字、字母通过加、减、乘运算组合而成的式子都是整式，下面咱们一步步揭开它的神秘面纱，先从整式的构成要素学起．"这种直白的开场，能让学生快速聚焦新知识，进入整式学习的初始环节．

2. 旧知识导入法

这是当新旧知识联系比较紧密时，用回忆旧知识来自然地导入新课内容的导入方法．它既可巩固、复习旧知识，又可把新知识由浅到深、由简单到复杂、由低层到高层地建立在旧知识基础上，有利于新旧知识的联系，促进对新知识的理解，在教学中应用广泛．新旧知识不仅在内容上具有必要的逻辑联系，而且在方法上也有相似之处．旧知识被用作新知识的"点火点"，导入旧知识并引入新课程．例如，由角度制的复习导入弧度制的学习，又如学习双曲线的定义及标准方程时，先复习椭圆的定义及其标准方程，然后将椭圆定义中的平面上到两个定点的距离之和的"和"改为"差"，问学生动点的轨迹是怎样的曲线，然后导入新课等．

3. 问题导入法

问题导入法是指教师在讲授新知识前，依据教学内容和教学目标，巧妙设计一系列具有启发性、趣味性、关联性的问题，引导学生从已知的知识经验出发去思考、讨论、探索，从而自然地引出要学习的新知识，激发学生的学习兴趣、求知欲和主动性，帮助他们更好地理解和掌握后续要学习的新内容．例如通过提问引出对新公式、新定理、新数学概念等知识的学习，让学生在解决问题的过程中开启新知识的学习之旅．

（1）巧设认知冲突，激发学生思维

例 4.1 拆添项分解因式．

教师在导入用拆添项分解因式时，首先提出如何分解 x^6-1 的问题，让学生演算．学生会出现两种解法：

解法 1 $\quad x^6-1=(x^3)^2-1$
$$=(x^3+1)(x^3-1)$$
$$=(x+1)(x^2-x+1)(x-1)(x^2+x+1).$$

解法 2 $\quad x^6-1=(x^2)^3-1$
$$=(x^2-1)(x^4+x^2+1)$$
$$=(x-1)(x+1)(x^4+x^2+1).$$

教师抓住问题的不定性来引导学生，引起知识冲突，成功地创造了问题情境．此时学生议论纷纷，情绪振奋．

师：同学们分别用平方差和立方差，得到了两个不同的答案．到底问题出在哪里呢？

生 1：一定是谁做错了．

师：那么是哪个同学错了呢？

（再次使用平方差和立方差计算，发现都没有错误．）

师：可是，因式分解的结果应该是唯一的．

（停顿片刻，有学生提出了自己的猜想.）

生 2：大概 x^4+x^2+1 还能分解下去，得到 $(x^2+x+1)(x^2-x+1)$.

师：那么接下来大家尝试一下，x^4+x^2+1 是如何分解为 $(x^2+x+1)(x^2-x+1)$ 的.

然后引导学生将 x^2 写成 $2x^2-x^2$，于是

$$
\begin{aligned}
x^4+x^2+1 &= x^4+2x^2-x^2+1 \\
&= x^4+2x^2+1-x^2 \\
&= (x^2+1)^2-x^2 \\
&= (x^2+x+1)(x^2-x+1).
\end{aligned}
$$

学起于思，思源于疑，疑解于问. 在教与学的过程中，学和问是紧密联系的统一整体. 在问题情境中，当学生遇到与自己原有认知相冲突的情况时，会产生好奇和疑惑，迫切想要知道背后的原因及正确答案，从而激发他们对新知识学习的浓厚兴趣，变被动学习为主动探索. 认知冲突能促使学生积极开动脑筋去思考、分析，尝试打破原有的思维定式，从不同角度去看待问题、解决问题，培养他们的思维灵活性和深刻性. 通过解决认知冲突的过程，学生对新知识的理解会更加深刻、透彻. 他们会把新知识与原有知识进行对比、融合，梳理清楚知识间的联系与区别，构建更为完善的知识体系. 因此，在教学中，不仅要重视知识的传授，更要注重知识形成过程中学生能力的培养和智力的开发，通过解决实际教学中遇到的问题，让学生动口、动手、动脑，主动探索，大胆质疑，真正成为学习的主人.

（2）利用"问题串"，引导学生思维

学生的思维活动总是从问题开始，又在解决问题中得到发展. 问题设计是教学设计的核心. 数学教学应以"问题串"为载体，引领学生的数学思维. 问题是数学的心脏，数学知识、思想、方法、观念都是在解决数学问题的过程中形成和发展起来的. 在数学课堂教学中，以问题贯穿教学过程，使学生在设问和释问的过程中萌生自主学习的动机和欲望，逐渐养成思考问题的习惯，并在实践中不断优化学习方法，提高数学素养. "问题串"是指在一定的学习范围内或主题内围绕一定目标，按照一定逻辑结构精心设计的一组问题. 问题串教学就是引导学生带着问题或任务进行积极的自主学习，由表及里、由浅入深地自我建构知识的过程. "问题串"是整节课的教学主线，所提出的问题应该注意适合性，对学生理解数学概念、形成基本技能和领悟基本思想有真正的启发作用，达到"跳一跳摘果子"的效果. 问题设计要目标明确、难度适宜、逻辑连贯、启发性强、问题形式多样化，在课堂实施的过程中，教师要注意合理引导、关注反馈、鼓励参与，同时还应注意时间把控. 问题串讨论结束后，教师要引导学生总结知识和方法，梳理问题解决的思路和过程，形成系统的知识体系，加深理解和记忆. 教师对学生在问题串学习中的表现进行全面评价，不仅关注答案的正确性，还要注重学生的思维过程、参与度、合作能力等，采用教师评价、学生自评和互评等多种方式.

例 4.2 向量的基本定理.

问题 1：你能从图 4.1 中选出一个向量 $\vec{a}$ 来表示其他的向量 $\vec{b}$ 吗？

生：这些向量共线. 如果 $\vec{a}$ 是非零向量，向量 $\vec{b}$ 与 $\vec{a}$ 共线，则存在唯一的实数 λ，使得 $\vec{b}=\lambda\vec{a}$.

问题 2：改变向量的方向后，你还能从图 4.2 中选出一个向量 $\vec{a}$ 来表示其他的向量 $\vec{b}$ 吗？

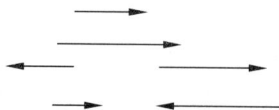

图 4.1　平行向量

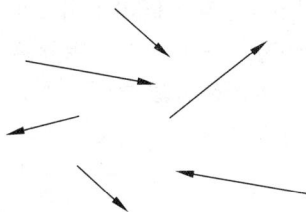

图 4.2　非平行向量

生：不能.

问题 3：一个向量不能表示与它不共线的向量 $\vec{a}$，那么最少需要几个向量才能表示 $\vec{a}$？

问题 4：上述这几个向量需要满足什么条件？

在学生思维受阻后，教师安排下面一个问题引导学生进行思维迁移.

在物理中，我们知道为了求放置在斜坡上的木块受到的摩擦力（参见图 4.3），需要将重力进行分解.

力的分解是向量分解的物理模型，其中运用了平行四边形法则.

问题 5：如图 4.4 所示，给定两个不共线的向量 $\vec{e}_1$，$\vec{e}_2$ 及同一平面内的向量 $\vec{a}$，能否将向量 $\vec{a}$ 沿着 $\vec{e}_1$，$\vec{e}_2$ 的方向分解？你有何发现？

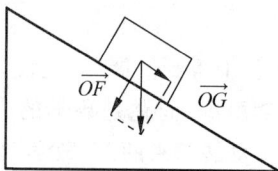

图 4.3　斜坡上木块的重力分解

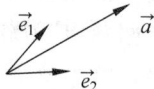

图 4.4　不共线的三个向量

通过这些问题的设置，指向了平面向量基本定理知识的建立. 上述问题导入的设置，是从学生熟悉的生活实际和认知水平出发，所设置的问题有层次、有梯度，能够激发学生思考的欲望. 问题既不能浅到学生不需要深入思考就可随口作答的程度，也不能使学生思索了很久却答不上来.

4. 悬念导入法

悬念设疑导入是教师从侧面不断巧设带有启发性的悬念疑难，创设学生的认知矛盾，唤起学生的好奇心和求知欲，激发学生解决问题的愿望来导入新课. 发展心理学家布鲁纳说得好："教学过程是一种提出问题和解决问题的持续不断的活动."

古人曰："学起于思，思源于疑."可见思维永远是从问题开始的. 这种导入类型能使学生由"要我学"转为"我要学"，使学生的思维活动和教师的讲课交融在一起，使师生之间产生共振.

例 4.3　对数概念的导入.

对数概念十分抽象，许多教师为了突破这个难点呕心沥血. 有一位教师是这样做的，她手拿一张纸条，厚 0.1mm，她把纸条一次又一次地对折，厚度当然越来越厚，然后她这样告诉同学，这样对折 14 次，厚度可达同学们的身高；对折 27 次后，其厚度比喜马拉雅山还要高;对折 42 次后,厚度超过从地球到月球的距离.接着她问同学们:大家相信吗?如果要使厚度达到从地球到太阳的距离(1.5×10^8 km),需要对折多少次呢?两则设疑,立即引起学生的积极思维,他们饶有兴趣地折纸条,折了几次后在教师的指导下,停下来开始动手计算.

对折 1 次,厚度为 $0.1 \times 2 = 0.2$(mm)

对折 2 次,厚度为 $0.1 \times 4 = 0.1 \times 2^2 = 0.4$(mm)

......

对折 14 次,厚度为 $0.1 \times 2^{14} = 1638.4(mm)\approx 1.6$(m)

对折 27 次,厚度为 $0.1 \times 2^{27} \approx 13421.8$(m),这个厚度显然超过了喜马拉雅山的高度(8848m)

对折 42 次,厚度为 $0.1 \times 2^{42} \approx 43.98 \times 10^4$(km),这个厚度的确超过了地球到月球的平均距离(38.4×10^4 km)

为了能使厚度能达到 1.5×10^8 km,我们假设需要对折 x 次,则应有:$0.1 \times 2^x \div 10^9 = 1.5 \times 10^8$ km,对折 14 次、27 次、42 次,不管有多繁,总可以用笨方法算出来,现在出现了新问题,x 的位置特殊,跑到指数位置上去了,这是已知底数和幂的值,求指数问题,用我们过去所学的知识已经解不出来了.那么用什么方法才能解出结果呢?学生迷惑不解但又渴望知道,这时及时导入课题:这就是我们这节课要学习的对数问题.那么什么叫对数?对数又是怎样计算的呢?下面我们就来一起学习.这样设置悬念、提出疑问导入新课能充分调动学生的求知欲望,激起学生兴趣,从而成功进入新课.

例 4.4 基本不等式的导入.

师:同学们,在建筑工地上,工人师傅们需要用一段长为 36m 的篱笆围成一个矩形的场地存放建筑材料.大家想一想,如果想要让这个矩形场地的面积尽可能大,长和宽应该分别是多少呢?

(学生们可能会开始尝试不同的长和宽组合进行计算)

师:大家有没有发现这里面似乎存在某种规律呢?其实,这个问题的答案就藏在我们今天要学习的基本不等式里.

评析:建筑工地围矩形场地的场景是学生在日常生活中可能接触或听说过的,具有很强的现实感.这种贴近生活的例子能够让学生直观地感受到数学与实际生活的紧密联系,明白数学知识并非抽象无用,而是可以解决生活中的实际问题,从而激发学生学习数学的兴趣和积极性.通过学生对问题的思考和尝试,发现直接求解存在困难,进而巧妙地引出基本不等式这一主题,让学生意识到新知识的学习是为了解决实际问题,增强了学生对新知识的渴望和期待,为后续的教学做好了铺垫.等学完新知识后,师生再回过头来思考矩形场地的建筑问题.

5. 故事导入

这是在新课开始时选讲与本课的内容联系密切的故事、新闻、游戏等导入新课的方法.它可以抓住学生的好奇心,将其转化为浓厚的学习兴趣,使学生的思维活动活跃起来.

例 4.5 分数的基本性质.

故事内容:唐僧师徒四人去西天取经,途中孙悟空化缘得到一个西瓜.他把西瓜平均分成 4 份,给师傅、八戒、沙僧每人 1 份,自己留 1 份.八戒觉得自己的 1 份太少,就对孙悟空说："猴哥,我肚子大,你多给我点呗."孙悟空灵机一动,把西瓜重新平均分成8份,给了八戒2份.八戒高兴地笑了,觉得自己占了便宜.

引导提问:同学们,你们觉得八戒真的占便宜了吗?孙悟空把西瓜分成4份和8份,其中的1份和2份有什么关系呢?

导入新课:通过这个故事我们可以发现,虽然份数变了,但八戒得到的西瓜其实是一样多的,这背后隐藏着分数的一个重要性质——分数的基本性质,今天我们就来一起学习它.

评析:精彩的课堂开头,就吸引了学生的全部注意力,激发学生的情感、兴趣,使他们愉快地进入学习.整堂课,学生在探索新知的过程中充满生机,积极性被充分地调动,教师也成功地达到了教学目的.此导入使学生在故事里尽情畅游.进入故事也就进入了课堂,进入了课堂也就产生了迫切探求新知识的积极性,自然学得津津有味.

例4.6　一元一次方程.

故事内容:古希腊数学家丢番图(Diophantus,公元246—330)的墓志铭上写着:"他生命的六分之一是幸福的童年;再活了他生命的十二分之一,两颊长起了细细的胡须;他结了婚,又度过了一生的七分之一;再过五年,他有了儿子,感到很幸福;可是儿子只活了他父亲全部年龄的一半;儿子死后,他在极度悲痛中度过了四年,也与世长辞了."

师:同学们,你们能算出丢番图的年龄吗?

生:可以设丢番图的年龄为 x.

师:然后呢?你能分别表示出各个阶段的年龄吗?各个阶段的年龄加起来和他的总年龄有什么关系?……逐步引导学生建立方程.

评析:丢番图墓志铭的故事独特新颖,以谜题的形式呈现,能激发学生的好奇心和求知欲.学生在尝试求解丢番图年龄的过程中,会主动思考如何运用数学知识解决问题,自然地引入一元一次方程的应用,让学生体会到方程在解决实际问题中的作用.丢番图作为古希腊的代数之父,他的数学成就是划时代的.在讲完一元一次方程之后,教师可以向学生简单介绍一下丢番图的贡献,比如:丢番图将代数从几何的束缚中解放出来,使其成为一门独立的学科;丢番图撰写的《算术》一书,系统地处理了求解代数方程组的问题,他开始尝试用"词"的缩写表示未知的数,让这样的未知数与已知数构成等式,成为我们现在熟知的"方程",使人们在解决问题时,除"算术法"外还有"代数法".

6. 生活情境导入法

数学课程要关注学生已有的生活经验和已有的知识体验,因此,在新课的导入中,教师应从学生已有的生活经验出发,选择学生身边的、感兴趣的事物,提出有关的数学问题.让数学背景包含在学生熟悉的事物或具体的情境之中,努力营造一个现实而有吸引力的"生活化"情境,使学生在熟悉的情境中进入良好的学习状态,感受数学与现实生活的联系.

例4.7　直角坐标系的建立.

师:同学们,你是怎样找到你的位置的?

生:一进教室看到我的同桌,就知道我的位置了.

师:(笑)看来你每天都来得挺晚,如果你的同桌不在教室呢?

生:我就看前后桌.(师笑,生也笑)

师:假如你是第一个到教室的人呢?

生:那我就找第二排,第四桌.

师:到电影院看电影呢?

生:拿着电影票,先找多少排,再找多少号.

师:这两个问题是同样的道理.请同学们把自己在班级中的座位用图表示出来.(学生开始画图形,教师在黑板上画出班级座位图,横向标明"排",纵向标明"列")

师:同学们是不是和我画的班级座位图一样?

生:是.

师:那好,谁能到黑板上圈出你的座位?

师:在这个图中确定一个点需要几个数?

生:两个.(教师把座位图上的"排"和"列"擦去,每个点只剩下两个数字)

……

在上述案例中,教师从学生身边的实际生活入手,利用"找座位"这一过程,激活学生头脑中的生活经验,将学生置于生活情境中,体现了"数学问题生活化",使枯燥的数学问题变成身边的生活现象,自然地进入数学学习中来,从而激发起学生的学习兴趣和求知欲,变"要我学"为"我要学".这样的引入,增强了学生对学习内容的亲近感,创造了一种轻松、和谐的教学氛围,优化了师生关系.案例中教师抓住学生的爱好和心理需要,设计了"找座位"这一情境,让学生在乐中学、学中乐这样的愉快氛围中开发思维能力.为学生创设了一种容易接受的气氛,使数学教学脱去僵硬的外衣,显露出生动活泼的一面,让学生在愉悦的心情中进行探究学习.

例 4.8 三角形全等的判定定理——ASA.

教师:一块三角形的玻璃被裂成两部分后(如图 4.5 所示),如果要重新配一块和原来完全一样的玻璃,只带一块到玻璃店去配行吗?

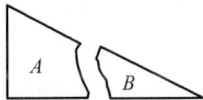

(这时学生积极思考,甚至出现了争论.)

教师:如果可以的话,带哪一块?

(经过讨论,大部分同学会选择左边的那一块.这个时候可以询问学生.)

图 4.5 分开的三角形

教师:为什么要选择左边的那一块?这其中蕴含了什么数学知识?

教师:其实啊,这里面就用到了我们今天要学习的三角形全等的判定方法——"角边角".在这块碎片中,保留的两个角以及它们的夹边,决定了这个三角形的形状和大小.只要新配的玻璃满足这两个角及其夹边与原来碎片上的对应相等,那么新配的玻璃和原来的玻璃就是完全一样的,也就是全等的.通过这个生活中常见的例子,我们就能很直观地理解"角边角"判定三角形全等的方法啦.接下来,就让我们一起深入学习"角边角"判定定理的具体内容和应用.

评析:借助破碎玻璃的碎片,直观地向学生呈现出"两个角及其夹边"这一关键要素.学生可以清晰地看到,正是这部分保留的特征决定了三角形玻璃的唯一性,从而深刻理解"角边角"判定三角形全等的核心内容,降低学习难度.该例子强调了数学知识在实际生活中的应用,让学生意识到学习"角边角"判定定理不仅仅是为了应对数学考试,更可以解决生活中的实际问题,从而培养学生的数学应用意识和解决实际问题的能力.

7. 类比引入法

类比引入法是通过比较两个数学对象的共同属性,从一已知对象的某一属性出发,对另一对象的某一属性提出猜想,从而引入新课题的方法.

类比是一种从特殊到特殊的推理,它的基本模式如图 4.6 所示.

$$\frac{\text{对象A有性质a,b,c,d}}{\text{对象B有性质}a',b',c'}$$
$$\text{猜想B有性质}d'$$

图 4.6　类比推理的基本模式

例 4.9　一元一次方程与一元一次不等式.

在讲解一元一次不等式的解法时,可与一元一次方程的解法进行类比:

$$
\begin{array}{l|l}
\dfrac{3x+1}{2}=-1 & \dfrac{3x+1}{2}\geqslant -1 \\
\text{两边同乘以 2 得} & \\
3x+1=-2 & 3x+1\geqslant -2 \\
\text{移项变号得} & \\
3x=-3 & 3x\geqslant -3 \\
x=-1 & x\geqslant -1
\end{array}
$$

类比法引入课题,要求教师首先要从内容、形式甚至方法等各方面把握所选中的两个类比对象.其次,要在适当的时候让学生明确类比的结论不一定正确.教师为教学上的需要,引导学生进行类比猜想所得的结论最终往往可被证明,但实际上两个类比的对象并非完全一样,所以应通过具体的实例让学生明确:类比的结果并非完全可靠,它只是形成猜想的一种方法.

类比引入法常常用于比较抽象的数学知识或数学方法的引入.其一般模式是比较—猜想—论证.

8. 游戏导入

游戏导入是教师依据教学大纲的要求、教学内容的特性以及学生的认知水平、兴趣偏好,精心策划或筛选富有针对性的游戏活动而导入新课的导入方法.教师把抽象的知识概念、复杂的技能技巧巧妙地镶嵌在游戏环节之中,让学生在全身心投入游戏、尽情享受乐趣的同时,不知不觉地接触、思考与教学内容紧密相关的问题,逐步感知和理解新知识的要点.这种导入方式能够充分激发学生的学习热情,调动他们的积极性和主动性,有效消除学生面对新知识时可能产生的紧张和抵触心理.通过游戏体验,学生能够快速融入课堂氛围,为后续深入学习新知识奠定良好的基础,促使教学活动得以高效、顺畅地推进.

例 4.10　概率初步.

游戏名称:摸球猜猜猜

游戏准备:准备一个不透明的盒子,里面放入 3 个红球和 2 个白球(各个球除颜色外完全相同),以及记录表格若干.

游戏规则：将学生分成若干小组，每组 3~4 人。每组派一名代表到讲台前，从盒子中随机摸出一个球，记录下球的颜色后放回盒子并摇匀，然后下一组代表进行摸球，重复此操作20 次。各小组在摸球结束后，统计摸到红球和白球的次数，并计算摸到红球和白球次数分别占总摸球次数的比例。每个小组派一名代表汇报统计结果，比较各小组的数据。

引导提问：同学们，为什么每次摸球之前都要把球摇匀呢？观察各小组统计的数据，你们发现摸到红球和白球的比例有什么特点？如果继续摸很多很多次，你们觉得这个比例会怎么变化呢？

导入新课：通过刚才的摸球游戏，大家对随机事件发生的可能性有了一些直观感受。在数学中，我们用概率来描述随机事件发生的可能性大小。那如何准确地计算概率呢？这就是我们今天要一起学习的"概率初步"知识。

评析：摸球游戏操作简单，每个学生都有机会参与，能充分调动学生的积极性，使课堂气氛活跃起来，让学生在轻松愉快的氛围中学习。通过简单的摸球游戏，让学生亲身体验随机事件，直观地感受概率的概念。学生能够清晰地看到不同颜色球的数量以及每次摸球结果的不确定性，从而更容易理解概率是描述随机事件发生可能性大小的量。在游戏过程中要求学生统计摸球次数和不同颜色球出现的频率，有助于培养学生的数据收集、整理和分析能力，让学生初步体会到通过大量重复试验可以用频率来估计概率。

9. 数学史导入

例 4.11 数学史与数学教育（History and Pedagogy of Mathematics，HPM）视角下正弦定理教学案例研究。

（1）创设情境，引出定理

问题 1：A，B 两点在河的两岸，测量者要测 A，B 之间的距离。测量者在 B 点的同侧选定一点 C，测得 B，C 之间的距离为 20m，$\angle BAC = 60°$，$\angle ACB = 45°$，如图 4.7 所示，试求 A，B 之间的距离。

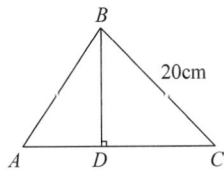

图 4.7　三角形及一条高线

生 1：过 B 作 $BD \perp AC$ 于 D，可以知道 $\triangle BCD$ 是等腰直角三角形，于是 $BD = 10\sqrt{2}$。在直角 $\triangle ABD$ 中，$\angle BAC = 60°$，于是 $c = AB = \dfrac{2BD}{\sqrt{3}} = \dfrac{20\sqrt{6}}{3}$。

师（追问）：非常好！借助高线你们还能发现三角形的对应边和对应角有什么关系呢？

生 2：我们小组通过计算发现 $\dfrac{a}{\sin A} = \dfrac{b}{\sin B} = \dfrac{c}{\sin C} = \dfrac{40\sqrt{3}}{3}$。

师：同学们在探究过程中发现了这样一条对称优美的关系式，这也是我们本节课所学习的内容（板书正弦定理）。

设计意图：通过情境问题导入，学生将实际问题抽象成数学模型之后发现已知的两个角都是特殊角，容易想到作高线，引导学生猜测正弦定理，为后面用直角三角法和同径法证明正弦定理作铺垫。

（2）基于高线，证明定理

学生的认知基础是初中阶段在直角三角形中学习了锐角的正弦，通过情境问题学生也有了作高线的铺垫,所以先通过问题2引出直角三角形法.学生在用直角三角形证明正弦定理之后,教师紧接着引导学生发现这个图形中的相似三角形.引出同径法.

问题2:类比刚才的思路,我们能证明这个结论吗?

生3:如果△ABC是锐角三角形,如图4.8所示,过A作垂线可以得到两个直角三角形△ABD和△ACD,$\sin B = \dfrac{AD}{c}$,$\sin C = \dfrac{AD}{b}$,可以得到$AD = c\sin B = b\sin C$,进而得到$\dfrac{b}{\sin B} = \dfrac{c}{\sin C}$.同理过B作垂线,可得$\dfrac{a}{\sin A} = \dfrac{c}{\sin C}$,于是$\dfrac{a}{\sin A} = \dfrac{b}{\sin B} = \dfrac{c}{\sin C}$在锐角三角形中得证.

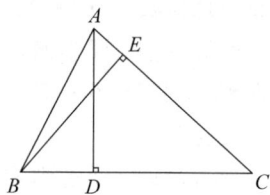

图 4.8　三角形及两条高线

师:在直角三角形中正弦定理显然成立,那么在钝角三角形中如何证明呢? 给大家3min时间,以小组为单位进行探究.

师生活动:学生以小组探究的形式在钝角三角形中完成正弦定理的证明,教师板书正弦定理的文字语言和符号语言.

师:在刚才的证明过程中,我们通过作高线将锐角三角形和钝角三角形转化为两个直角三角形.19世纪英国数学家伍德豪斯(Woodhouse,1773—1827)也是采用这种直角三角形法证明了正弦定理.值得一提的是,伍德豪斯用比值来表示三角函数,简化了英国数学家哈里斯(Harris,1667—1719)采用的直角三角形法.

设计意图:初中阶段所学的三角函数是在直角三角形中定义的,学生通过作高线的方法构造直角处于学生的认知范围之内.在证明过程中体现了分类讨论的思想,同时引入数学史料激发学生继续探究的热情,引起学生思想上的共鸣.

问题3:图4.8中共有4个直角三角形,哪两个直角三角形的关系最特殊呢?

生4:我发现△BCE∽△ACD.

师(追问):我们能利用这两个相似三角形证明正弦定理吗?

生5:根据相似三角形的性质,$\dfrac{BC}{AC} = \dfrac{BE}{AD}$,则有$\dfrac{a}{b} = \dfrac{AB\sin A}{AB\sin B} = \dfrac{\sin A}{\sin B}$,即$\dfrac{a}{\sin A} = \dfrac{b}{\sin B}$.过C作AB的垂线,同理可得$\dfrac{a}{\sin A} = \dfrac{c}{\sin C}$,正弦定理得证.

师:D,E在以AB为直径的圆上,这种方法称为同径法,苏格兰数学家格雷戈里(Gregory,1638—1675)也是采用同径法证明了正弦定理,需要指出的是,格雷戈里证明过程中的三角函数是线段而不是比值.

设计意图:用直角三角形法证明正弦定理之后,引导学生进一步探究直角三角形之间的关系.通过层层递进的提问,让学生探索证明正弦定理的新思路,发展学生的数学思维.

(3) 类比余弦,赏析定理

学习正弦定理之前,学生已经学习了用向量法证明余弦定理,本节引导学生类比余弦定理的证明用向量法证明正弦定理,让学生感受正弦定理和余弦定理证明方法的关联性.

问题 4：上节课我们用向量法证明了余弦定理，我们是否能用向量法来证明正弦定理呢？请大家思考一下.

生 6：在 △ABC 内有 $\overrightarrow{AC}+\overrightarrow{CB}=\overrightarrow{AB}$. 将向量转化为数量需要引入向量的数量积，但是数量积的运算会出现角的余弦，不会出现角的正弦.

师：这位同学说得很好，将向量转化为数量需要用到向量的数量积. 请大家思考，我们之前学过的哪个公式能将角的余弦转化为角的正弦？

生 7：我们学过诱导公式 $\cos\left(\dfrac{\pi}{2}-\alpha\right)=\sin\alpha$.

师：很好，在 △ABC 中要出现角的正弦，引入与三边垂直的单位向量即可.

生 8：如果 △ABC 是锐角三角形，作与 $\overrightarrow{AC}$ 垂直的单位向量 $\boldsymbol{j}$，有 $\boldsymbol{j}\cdot(\overrightarrow{AC}+\overrightarrow{CB})=\boldsymbol{j}\cdot\overrightarrow{AB}$，由分配律得到 $\boldsymbol{j}\cdot\overrightarrow{AC}+\boldsymbol{j}\cdot\overrightarrow{CB}=\boldsymbol{j}\cdot\overrightarrow{AB}$，即

$$|\boldsymbol{j}|\cdot|\overrightarrow{AC}|\cos\frac{\pi}{2}+|\boldsymbol{j}|\cdot|\overrightarrow{CB}|\cos\left(\frac{\pi}{2}-C\right)=|\boldsymbol{j}|\cdot|\overrightarrow{AB}|\cos\left(\frac{\pi}{2}-A\right),$$

化简得到 $a\sin C=c\sin A$，$\dfrac{a}{\sin A}=\dfrac{c}{\sin C}$. 作与 $\overrightarrow{CB}$ 垂直的向量 $\boldsymbol{m}$，同理可得 $\dfrac{b}{\sin B}=\dfrac{c}{\sin C}$.

师：如果 △ABC 是钝角三角形，大家也仿照上述方法，试着证明一下.

设计意图：向量兼具几何与代数的特征，是沟通几何与代数的桥梁. 在类比思想的引导下，学生自然想到 $\overrightarrow{AC}+\overrightarrow{CB}=\overrightarrow{AB}$，但是如何转化为角的正弦是本节课的难点，教师应给予学生足够的思考时间，并适当地给予启发.

（4）"圆"来如此，探究本质

上文的证明方法没有涉及边与对应角的正弦的比值具体是什么的问题，本节让学生从特殊三角形出发猜想这个比值可能是外接圆的直径（其长度记为 $2R$），再引导学生用外接圆法与辅助直径法证明正弦定理，同时证明这个比值为 $2R$.

问题 5：在刚才探究过程中我们得到 $\dfrac{a}{\sin A}=\dfrac{b}{\sin B}=\dfrac{c}{\sin C}$，这个比值有特殊的几何意义吗？请同学们从特殊的三角形出发猜测这个比值的几何意义.

生 9：如果 △ABC 是直角三角形，这个比值就是斜边长；如果 △ABC 是等边三角形，这个比值是边长的 $\dfrac{2\sqrt{3}}{3}$ 倍，正好是外接圆的直径. 从这两个特殊三角形出发我猜测这个比值可能是 △ABC 外接圆的直径.

师：数学是严谨的，我们能证明这个比值等于 △ABC 外接圆的直径吗？

生 10：如图 4.9(a) 所示，记 △ABC 外接圆的圆心为 O，过 O 作 BC,AC,AB 的垂线，垂足记为 D,E,F. 根据同弧所对的圆心角是圆周角的两倍，得 $\angle A=\angle BOD$，$a=2BD=2R\sin\angle BOD=2R\sin A$，同理可得 $b=2R\sin B$，$c=2R\sin C$，于是可得 $\dfrac{a}{\sin A}=\dfrac{b}{\sin B}=\dfrac{c}{\sin C}=2R$.

师：值得说明的是，这还只是在锐角三角形的情形证明了比值为 $2R$，对于如何在钝角三角形中证明比值为 $2R$，请同学们自主探究.

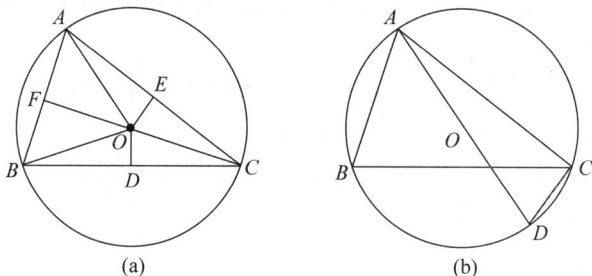

图 4.9　圆内接三角形

学生活动：学生思考,自主探究证明了钝角三角形中该比值也是 2R.

师：这种方法被称为外接圆法,16 世纪法国数学家韦达(Vieta,1540—1603)最早用外接圆法证明锐角三角形中的正弦定理,之后英国数学家基尔(Keill,1671—1721)在韦达的基础上证明了钝角三角形中的正弦定理.可见数学的发展不是一帆风顺的,一个问题的解决往往需要几代数学家的共同努力.

生 11：老师,受到上述证法的启发,我又想到一个新的证明方法,如图 4.9(b)所示,作直径 AD,连接 CD,$\angle B = \angle ADC$,$\angle ACD = 90°$,$b = AC = AD\sin\angle ADC = 2R\sin B$.同理可得 $a = 2R\sin A$,$c = 2R\sin C$,故 $\dfrac{a}{\sin A} = \dfrac{b}{\sin B} = \dfrac{c}{\sin C} = 2R$.

师：这个方法确实非常简洁,用到了直径所对的圆周角为 90°.这个方法被称为辅助直径法.

设计意图：学生通过特殊三角形猜想边与对应角的正弦的比值是外接圆的直径,引导学生经历猜想—论证的过程,学生通过引入外接圆证明正弦定理,了解正弦定理的几何意义.数学史的介绍,更能激发学生的学习热情.

(5)课堂小结,总结归纳

师：在探究过程中,同学们用直角三角形法、同径法、外接圆法、辅助直径法以及向量法证明了正弦定理.其实正弦定理还有许多其他的证明方法,比如伍德豪斯用余弦定理证明了正弦定理.数学家们从高线、外接圆、向量、代数运算等不同的角度进行了探究,得到这样一条对称优美的关系式.我们所学的许多数学知识也一样,都是在历史的长河中通过不断地猜想、论证,完善逐步建立起来的.另外,我们可以发现,虽然正弦定理有这么多种证明方法,但是证明方法之间是存在"通性"的,每种证明方法都需要一座"桥梁"建构起来,直角三角形法的"桥梁"是高线,比如高线 AD 就建立起 AB 和 AC 间的联系;同径法的"桥梁"是三角形的三边,比如 AB 就建立起 AD 和 BE 之间的联系.同学们觉得向量法、外接圆法和辅助直径法的"桥梁"是什么呢?

生 12：我觉得向量法的"桥梁"是与三边垂直的向量,外接圆法的"桥梁"是"同弧所对圆心角等于圆周角的两倍",辅助直径法的"桥梁"是"同弧所对的圆周角相等".

本节课在引入正弦定理时没有直接让学生探究三角形的边角关系,而是顺着情境中学生作高线的想法,让学生主动发现边与对应角的正弦的比相等这个结论.在探究比值的几何意义的过程中没有直接告知学生结果,而是让学生从特殊三角形出发引导学生猜测比值的几何意义,让学生经历"猜想—证明"的探究过程,给学生提供足够的思考和探究空间,学生在探究过程中感受到学习数学的魅力,激发了探究数学的欲望.

数学学习的目的不仅仅是学习基本的数学知识、形式化的技巧,更需要掌握在知识形成中所蕴含的思想方法与知识之间的内在联系,从数学本质的角度构建知识理解知识.本节课所涉及的五种证明正弦定理的方法在本质上是有"通性"的,但学生不容易发现,教师需要给学生讲解直角三角形法与同径法的"桥梁",带动学生思考,学生回顾探究过程中证明正弦定理的思路,能总结出向量法、外接圆法以及辅助直径法的"桥梁".在经历探究活动之后,学生从数学本质的视角看待所学习的知识,能从源头上理解知识、掌握知识,发展数学思想.

导课的类型还有很多,在此就不一一列举了.当然,在实际教学中,导课类型和方法模式不是固定不变的,这些方法可以交叉使用,教师应根据学生的年龄、心理特点等,结合数学教学的具体内容,认真选择导课方法,使教学自然而流畅地过渡到新课.

4.1.4 课堂导入的基本要求

1. 导入要有针对性

一是导入设计要与学科性质、教学内容和教学目标相适应.二是要针对不同年龄阶段学生的心理特点、知识能力基础、认识水平设计导入.引入新课时所选用的材料必须紧密结合所要讲的课题,不能脱离主题,更不能选用与主题有矛盾或有冲突的材料.

2. 导入要有启发性

数学课的主要任务之一是发展学生的思维能力,因此,数学课的导入要通过教师提供的材料引起学生积极思维,即用富有启发性的导入,引导学生去发现问题,激发学生解决问题的强烈愿望,充分调动学生思维活动的积极性,更好地学习理解新授内容.如在教授"圆"的有关性质前,提出问题:车轮为什么是圆的?让他们想象三角形轮子、正方形轮子、椭圆轮子和圆形轮子的汽车行驶的形态,在生动活泼有趣的氛围中,让学生了解到圆形轮子能使汽车平稳地前进,这是由"圆"这种形状所特有的性质决定的.然后指出:人们在生活中发现了"圆"具有一些特殊性质,然后把这些特殊性质运用到运输工具上,这样制造了圆形轮子,轮子的形状与生产以及日常生活有着紧密的联系,学生可初步体会科学来源于实践又应用于实际生活的道理.

3. 导入要有趣味性

心理学研究表明,令学生耳目一新的"新异刺激",可以有效地强化学生的感知态度,吸引学生的注意指向.美国心理学家布鲁纳说:"学习的最好刺激,乃是对所学材料的兴趣."爱因斯坦也说过:"把学生的热情激发起来,那么学校所规定的功课,就会当作礼物来接受."因而导入阶段的设计应符合学生的年龄特点,充分关注学生的兴趣,从而唤起学生的注意,激发学生的学习兴趣.例如在教"代数式"时,可以这样进行新课的导入:大家最喜欢唱儿歌,那我们一起来唱一首儿歌"一只青蛙一张嘴,两只眼睛四条腿;两只青蛙两张嘴,四只眼睛八条腿;三只青蛙三张嘴,六只眼睛十二条腿."让学生一直往下念,如果有 n 只青蛙,那么有几张嘴几只眼睛几条腿呢? 伴随着儿歌,很自然地导入了新课,使得很抽象的知识变得趣味化,具体化了.

4. 导入要有艺术性

要想一语惊人,要想使学生尽快进入"角色",这就需要教师讲究导入的语言艺术. 既要考虑到语言的科学性、准确性和思想性,还要考虑可接受性. 教师创设情景时,语言应该富有感染力,要求条理清楚,又要娓娓动听,形象感人;直观演示时,语言应该通俗易懂、富有启发性;旧知识导入,语言应该清楚明白,准确严密,逻辑性强.

5. 导入要有迁移性、时效性

事物之间是互相联系的. 导入要善于以旧拓新,温故知新. 导入内容要与新课内容紧密相连,能揭示新旧知识联系的交点,使学生认识系统化. 同时要注意课堂导入只是盛宴前的"小餐",而不是一堂课的"正传",所以时间应该紧凑得当,一般控制在 $2\sim5\text{min}$ 之内,如超过则可能喧宾夺主.

总之,通过精心设计问题情境,不断激发学习动机,使学生经常处于"愤悱"的状态中,给学生提供学习的目标和思维的空间,学生自主学习才能真正成为可能,一个好的导入是打开学生求知大门的钥匙,更是架起教学目标认知领域与情感领域的桥梁. 好的开场白能使学生身临其境、心入其境,情和感猛烈叩击学生心扉,在学生心中产生共鸣,让学生跨越时空,激发兴趣,丰富想象,激活思维,受到情感熏陶. 通过优化导入设计,唤起课堂师生的自主、合作、探究意识.

4.1.5　导入技能的构成要素

导入的类型是在深入钻研教学内容、明确教学目标和分析学生认知特点的基础上而确定的. 因此,每种导入都应从教学目标出发,为使学生明确学习目的和教学内容,启发他们的学习积极性和主动性,造成寻求答案的迫切心理,更好地理解和掌握知识. 导入的设计必须具有合理的结构. 典型的导入由以下四个方面构成.

(1) 集中注意. 导入的首要任务是使学生对教学无关的活动得到抑制,迅速投入到新的学习中来,并使之得到保持.

(2) 引起兴趣,激发认知需求. 兴趣是学习动机中的重要成分,是求知欲的起点. 导入的目的即用各种方法把学生的这种内部积极性调动起来.

(3) 明确目标. 在导入的过程中只有使学生明确学习目标,才能把他的内部动机充分调动起来,发挥学习的积极性和主动性.

(4) 促进参与. 促进参与是课题引入技能中发挥学生各种感官作用的教学行为方式. 在课题引入过程中教师要引导学生全方位地、积极主动地参与学习活动,使学生充分发挥主体作用. 同时教师还应通过一定的强化,使学生得到来自集体或教师承认的体验,获得成功的愉悦,从而激发进一步参与学习的欲望.

4.2 讲解技能

4.2.1 讲解技能概述

讲解技能是教师用语言向学生传授数学知识的教学方式,也是教师用语言启发学生数学思维、交流思想、表达情感的教学行为.讲解是学校的主导教学方式,是教学中应用最普遍的方式,讲解技能是教师必须掌握的主要教学技能.讲解实质上是教师把教材内容经过自己头脑加工处理,通过语言对知识进行剖析和揭示,剖析其组成要素和过程程序,揭示其内在联系,从而使学生把握其实质和规律.这一转换使书本知识得以活化,其中注入教师的情感、智慧,使得难以理解的词句变得通俗易懂,对学生具有感染力.正因为如此,就使得讲解技能成为其他教学技能无法代替的行为方式.讲解技能在行为方式上的特点是"以语言讲述为主";在教学功能上的特点是"传授知识和方法、启发思维、表达思想感情".

讲解技能有很多优点,但是单纯地使用讲解技能,也有明显的缺点.第一,其信息传递的单向性将学生置于被动学习的地位,不利于发挥学生的主体作用.特别是长时间的讲解易使学生不能抽出更多的时间主动地进行数学思维.第二,单纯的讲解信息通道单一,不利于调动学生的多种感官,共同参与教学活动,因此信息的保持率不高,记忆时间不长.第三,单纯的讲解不利于因材施教.因为在班级授课制中,教师在讲解时只能照顾大多数.对于尖子生和差等生照顾不够.第四,不能使学生形成技能.技能的获得只有通过练习,而在讲解过程中,学生只"听"不练,是无法形成技能的.特别对于数学知识结构的建立来说,学生没有独立的数学思维活动的经验,是难以建立正确的、良好的数学认知结构的.第五,教学反馈不易掌握,反馈信息把握得不全面、不准确.尽管教师力图从学生的眼神、表情、动作来判断学生的学习情况,收集反馈信息,但所获得的信息毕竟是不全面、不准确的.显然,单纯的讲解不利于学生学习数学.长时间单纯地运用讲解技能会使课堂教学走入满堂灌的歧途.为了避免上述缺点,提高讲解的效率,教师在实际教学中总是同时运用提问、板书、演示、变化等多种技能,使这些技能与讲解技能有机地结合在一起,形成一个技能群,共同完成课堂教学任务,才能取得良好的效果.

4.2.2 讲解技能的功能

讲解技能的功能有以下几个方面:

(1) 讲解技能的首要功能是向学生传授知识,使学生充分了解知识的内在联系,进而形成系统的知识结构.

教材是学生学习的专用书籍,也是教师教学的依据.但是,教学不是照本宣科,教师要对教材中的知识结构、知识间的纵横关系、重点和关键,按照学生的认知规律组织教材,正确而恰当地讲解,不但能引导学生在原有认知结构的基础上感知、理解、巩固和应用新知识、新概念和新原理,而且能确保学生系统地掌握知识.

（2）生动有效的讲解能激发学生的学习兴趣,形成永久的学习动机.

讲解技能是教师应具备的重要的教学技能之一,有经验的教师十分重视课堂讲解.他们运用熟练的语言技能与其他技能有机结合起来,将对知识的理解、对实验与演示中表现的数学现象、数学过程,数学知识的发生、发现、发展过程等融入生动和有效的讲解之中,常常能激发学生的兴趣,并逐渐形成志趣.

（3）通过问题的讲解和剖析,揭示其中隐含的数学规律,启发学生思维,传授思维方法,强化对知识的理解,为学生提供科学思维方法的示范.

教师的讲解可以通过分析、归纳、推理等一系列思维活动,揭示知识的内在联系、形成过程,使学生得到正确的思维方法.学生可以通过模仿教师的讲解,逐步学会思维的方法,提高分析问题、解决问题的能力.恰当的讲解能帮助学生明了得出结论的思维过程和探讨方法,提高学生的认识能力（如观察能力、思维能力、想象能力等）和实验能力（如运算能力、实验操作能力、设计能力等）.

（4）发挥正面教育的作用,教师在课堂教学过程中与学生进行情感交流,对学生进行思想教育.

如评讲学生的练习和考试,或对课堂的问题进行讨论时,教师应帮助学生总结经验、树立样板；鼓励学生的创新意识,帮助学生发现和纠正错误,着重分析普遍性错误产生的原因,把错误的观念、方法消灭在萌芽状态；教师在讲解时渗透了自己对数学、科学文化的热爱,对祖国、对社会主义的热爱,这些情感会感染学生,使学生对数学产生浓厚的兴趣,加强他们为祖国学习的使命感和责任感,从而对学生进行学习动机和学习目的的教育.同时,教师在讲解时严谨周密的治学态度,也是对学生进行思想教育和行为习惯教育.通过讲解建立师生间的情感,更易于对学生进行思想教育.并结合教学内容的思想性和美感,影响学生的思想和审美情趣.

4.2.3　讲解的类型

讲解技能并不适应所有的教学,它有着自身特定的适用范围.从教学内容来讲,讲解技能最适宜于讲解与事实有关的知识,如最新的或学科前沿的知识、抽象程度高、学科内容繁杂的课程就比较适合于用讲解法进行教学.对学生而言,需要组织和给予更多指导的学生比较喜欢讲解,而思维灵活的学生则比较适应于独立学习,特别是高年级学生应更多地采用讨论或自学等方法.对教师而言,有自信心、思路清晰而又有较强语言技巧的教师适宜于用讲解法,而不擅长运用讲解技能的教师,一方面可加强训练,提高讲解技巧,另一方面也可以采用一些其他方法来弥补.

就数学教学而言,讲解技能的适用范围大体上有以下几个方面：

（1）知识的引导、定向.如数学定义、定理的内涵、外延的引导性分析、数学定理证明及数学问题解决思路的探索性分析、数学知识应用的引导、数学思维的定向等.

（2）综合、概括、总结.包括对问题解决思路的总结,对数学知识和数学方法的综合、概括与总结,对学生讨论或自学的总结等.

（3）事实性、说明性的知识.如数学史事,数学知识应用的背景知识,对直观教具、投影、录像、多媒体演示等的说明、讲解.

对这样一些教学行为组织恰当的语言,加以讲解,都能取得较好的教学效果.

数学课堂讲解大致可分为以下 4 种类型.

1. 解释型讲解

一般用于概念的定义、题目的分析、公式的说明、符号的翻译等,帮助学生理解其含义、条件及结论.例如"//""⊥""≌"的含义、读法.根据解释的内容不同,解释式讲解可分为以下几类:

（1）定义解释

对数学概念的本质属性和内涵进行阐述,明确概念的定义范围和边界.

例如,在讲解"等差数列"时,教师给出定义:如果一个数列从第 2 项起,每一项与它的前一项的差都等于同一个常数,即 $a_n - a_{n-1} = d(n \geqslant 2)$,那么这个数列就叫作等差数列,这个常数叫作等差数列的公差,通常用字母 d 表示.如数列 $\{2,4,6,8,\cdots\}$ 就是一个首项为 2,公差为 2 的等差数列.

（2）性质解释

针对数学对象所具有的性质进行剖析和说明,帮助学生理解数学对象在不同条件下的特点和规律.

例如,在讲解"平行四边形"的性质时,指出平行四边形的对边平行且相等,对角相等,对角线互相平分.

符号语言:如图 4.10 所示,因为 $ABCD$ 为平行四边形,所以

$$AB // CD, \quad BC // AD;$$
$$AB = CD, \quad BC = AD;$$
$$\angle BAD = \angle BCD, \quad \angle ABC = \angle ADC;$$
$$AO = CO, \quad BO = DO.$$

（3）原理解释

对数学定理、公式等背后的原理和依据进行深入解读,让学生明白知识的推导过程和内在逻辑.

例 4.12　解释完全平方公式.

如图 4.11 所示,根据面积关系易知: $(a+b)^2 = a^2 + 2ab + b^2$.

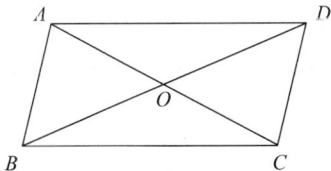

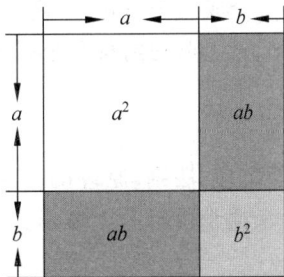

图 4.10　平行四边形　　　　　图 4.11　完全平方公式的几何背景

（4）符号解释

对数学中各种符号的意义、用法和规则进行说明,使学生能够正确理解和运用数学符号

进行表达和运算.

例 4.13　关于"$\sum$"的解释.

讲解"$\sum$"这个符号时,说明它是求和的意思. $\sum\limits_{i=1}^{5} i$ 表示从 $i=1$ 开始,依次将 i 的值代入并相加,即 $1+2+3+4+5$. 通过这个例子的解释,学生就可以很好地理解"$\sum$"这个符号的含义了.

（5）关系解释

对数学知识之间的相互关系,如因果关系、等价关系、包含关系等进行梳理和阐释,帮助学生构建知识体系.

例如,在讲解函数与方程的关系时,说明函数 $y=f(x)$ 的零点就是方程 $f(x)=0$ 的解. 例如对于函数 $y=x^2-1$,令 $y=0$,即 $x^2-1=0$,解得 $x=\pm 1$,这两个值就是函数的零点,也是方程的解,体现了函数与方程之间的紧密联系.

2. 描述型讲解

描述性讲解是指在教学中运用于内容陈述、细节描述、形象分析、材料显示,以及数学对象的状态及其变化过程和结果等的讲解. 描述性讲解大多用于讲授具体知识,提供表象,基本属于讲解的初级类型. 例如对数学问题的证明过程、计算过程、思维过程等进行简单、概括的描述;对几何对象的结构、特点、作图程序的形象性、描述性讲解等. 描述性讲解要做到清晰有序地交待内容,详略分明,突出重点,语言生动. 在使用描述性讲解过程中,要防止用描述性讲解语言代替严格的定义、定理,不能由此削弱逻辑性、严谨性.

3. 归纳型讲解

主要用于命题、定理、法则、公式的获得,应用于定理的证明. 这是数学课堂讲解的主要形式之一,它一般是从提供具体事例入手,对具体事例进行观察、比较、分析,然后归纳出一般结论.

例 4.14　n 边形的内角和.

三角形内角和为 $180°$,四边形可通过连接对角线分成两个三角形,其内角和为 $2\times180°=360°$,五边形可分成三个三角形,内角和为 $3\times180°=540°$. 从这些具体的多边形内角和计算中可以归纳出,n 边形的内角和公式为 $(n-2)\times180°$.

4. 演绎型讲解

主要用于定理、法则、原理的应用,它是应用一般的原理,推出特殊情况下的结论的讲解. 这也是数学课堂讲解的主要形式.

4.2.4　讲解技能的构成要素

讲解技能的构成要素主要有:语言结构、讲解结构、逻辑连接、使用例证、获得反馈、适时强调等六要素.

1. 语言结构

语言结构是指教师在课堂教学过程中,要求教师的语言通俗易懂;讲解生动、形象,富于感染力;表述流畅,思路清晰,突出学科性和科学性.

数学教师的语言应该是准确、规范、富有逻辑性和启发性的,更应该生动有趣,通俗易懂.

讲解技能从语言结构来讲,有以下要求:

(1) 讲解语言要准确、发音清晰、结构完整、注意科学性.

教师在讲解时阐述例证,推导结论,提出问题和解答问题时,语言都应该准确无误,符合科学性.也即是教师在对知识进行讲解时,句子的意义要确切、明白,句子所指要明确;句子的结构要完整,不能只有前言没有后语;用词要准确,特别是数学术语一定要准确,注意用词及语言的科学性.

(2) 讲解语言要形象、生动.

语言的准确、结构完整、符合科学性并不意味着讲解的语言就一定是干巴巴的、冷冰冰的.讲解语言要体现教师的教学激情、要能激发学生的学习兴趣,就要求讲解的语言必须富有情感,讲解的语言必须生动、形象.

(3) 讲解语言应具有逻辑性和启发性.

逻辑的严谨性是数学的一大特点.讲解数学知识必须注意语言的逻辑性,这是数学学科本身特点所决定的,同时,语言的逻辑性也是培养学生逻辑思维能力的好材料.因此,教师讲解时的语言要条理清楚,层次分明,且具有说服力.恰当地运用数学的专业术语,为学生提供思维严谨、步骤清晰的模仿范例.

当然,逻辑的严谨性又使得数学教材具有其独特的特点:教材中对教学内容往往是以结果的形式来呈现的,这就要求教师在教学前作好还原工作,并在教学中进行讲解的时候注重启发性,启发学生通过联想、想象、分析、对比、归纳等,去探索数学知识的发生、发展过程.

在数学教学中还要注重讲解的启发性.讲解的启发性在于能把抽象的数学问题具体化、深奥的数学对象形象化,从而提高学生的思维能力.教师要善于从教材内容出发,针对教学重点、难点,启发学生积极思考,使学生学会怎样分析问题,解决问题.

(4) 讲解语言的节奏感.

讲解教学中,教师应当灵活地运用语言技巧,特别是把握语言的节奏.

首先,讲解中语音、语速、语调、音量应适合讲解内容和情感的需要.同样的内容,用不同的语速、语调、音量来表述,就会给学生造成不同的印象.所以讲解的语言、语调一定要有节奏,有轻重缓急之分,要使学生收到清楚的信息.

其次,讲解中应恰当、灵活地运用"停顿"来控制节奏.数学课堂教学语言不能处处"连续".数学教学是教师引导学生进行数学思维活动的过程,如果对数学问题用"连续"不间断的语言讲下来,则学生没有思考的余地.所以,从培养学生思维的角度来说,教师在讲解过程中应当恰当地、合理地、有目的地运用"停顿",给学生思考的机会和时间.

2. 讲解结构

讲解结构是指教师在分析学生学习心理、认知结构和教材的知识结构的基础上,对讲解全过程的统筹规划和设计.

现代教学研究认为,课堂教学的讲解必须抓住内容的精华,对讲解的内容、方法进行精心提炼,力求做到精确、精细、精彩.内容的精华是指知识结构和学生认知结构中的主要矛盾和矛盾的主要方面,它包括知识的重点、难点,理解和应用知识的关键,形成知识的结构体系以及认识、分析、处理问题的基本思想和方法.

讲解结构中,教师必须向学生明确指出新、旧知识的联系,指出新知识本身内在的逻辑关系,以教学内容为知识点形成清晰的思维框架;根据学生的认识过程的规律及各部分讲解内容的逻辑关系,设置一系列应该弄清楚的问题,使讲解脉络清楚,重点突出,方法简洁,结构严谨.

值得注意的是,强调是突出讲解结构的一个重要方面.新的数学知识结构中的主要知识点、知识点间的关系、新旧知识间的关系、各种数学思想方法间的关系等都是教师在教学中必须采用各种教学技能加以突出与强调的,当然也包括使用讲解技能进行强调并应在讲解中进行强调的.强调的内容主要是每章、每节中对学生认知结构的形成起固定点与核心作用的基本概念、基本定理和基本的数学思想方法,这些内容既是重点,也是关键.强调的方式方法一方面是要重视及时对知识进行总结,通过总结,进一步通过讲解结构体现知识结构,以使学生形成良好的认知结构;另外要注意与其他教学技能配合(如与变化技能等)来达到强化的目的.

3. 逻辑与连接

逻辑与连接是强调讲解过程中,不但要讲清数学问题的逻辑推理过程、各教学环节的逻辑关系,还要注重各教学环节的过渡与衔接.

逻辑推理是数学特征的重要体现,也是学生学习数学的十分重要的内容.教师在课堂教学中要通过讲解,讲清每一个数学问题的逻辑推理过程,而且还要由此向学生揭示知识间的逻辑关系.因为数学问题的逻辑推理过程,都是通过定理、公式和法则将不同的数学事实连接起来的过程,是知识的逻辑组织过程.从旧知识引入新知识;为讲清原理而引用的知识或例子;以数学的某分支中的理论去解决另一分支的问题;不同问题之间的逻辑关系,同一问题的不同解法;由具体问题的解法抽象出数学思想方法等.所有这些正是利用了数学知识间的内在的逻辑关系,从而使问题之间具有了十分恰当的、有逻辑意义的连接,这也是构成连贯清楚讲解的基础.

逻辑性、连贯性的教学语言也是引发、促进学生形成数学思维的重要手段;同时也是潜移默化地培养学生良好个性心理品质、严谨求实的科学态度的重要手段.

4. 使用例证

使用例证也即举例,是指用已学过的知识分析、判断具体的问题,是形成知识、检查和巩固知识的有效方法.

使用例证所对应的教学心理学要素是"知识的迁移".教学中每一个已有知识都是新知识学习的基础,而每一个新知识也都是相应旧知识的扩展、延伸和升华.通过知识迁移使已学的知识、技能得到进一步检验、充实、巩固.因而,迁移又是知识、技能的掌握过渡到形成能力的重要环节.

数学知识是抽象的,数学思维是一种高度抽象的思维.为使学生掌握数学知识,常常以具体的例子来说明.这种从具体到抽象的思维方法,是引导学生掌握、认识并建构起某个数学概念、结论和数学方法的重要讲解手段.

教师在课堂上,利用学生学过的数学知识,利用图表、例题,利用正反面的例子、故事以及相似模拟的例子,向学生传达数学知识的含义,使学生加深对数学方法的认识.通过对例子的讲解,可了解学生对数学知识理解和掌握的程度.通过例子还可以提高学生兴趣.

使用例证要注意以下几个方面:

(1) 使用例证的内容要恰当、明确

使用例证要恰当有两方面的含义,一是指所引用的例证要与讲解的要领规律等教学内容相一致,二是指使用例证要符合学生的认知水平,必须是学生非常熟悉的,或是学生易于理解的.使用例证要明确是指举例的具体内容明确,即例子的内容和形式是比较简单的、单一的和鲜明的,不能含糊不清、模棱两可.

例 4.15　比较分数 $\dfrac{b}{a}$ 和 $\dfrac{b+c}{a+c}$ 的大小.

初中一年级学生已经可以理解 $a>b>0$ 时,若 $c>0$,则 $\dfrac{b}{a}<\dfrac{b+c}{a+c}$;若 $c<0$,$|c|<b$,则 $\dfrac{b}{a}>\dfrac{b+c}{a+c}$.但常常认识不深刻.教师就可用"$b$ 克糖融入 a 克水,再加入 $|c|$ 克糖或减少 $|c|$ 克糖后,糖水的浓度跟之前的浓度之间有什么关系"来加深学生的理解.

(2) 使用例证要注重分析

使用例证的目的是对已学过的数学概念、公式、定理、法则等知识的应用,而应用过程又是深化、理解知识的过程.因此,例证不要只重视结果,应重在过程分析.

例证是为了讲清数学事实,因此,教师必须带领学生把例子中所反映的规律、本质讲出来,讲清楚.如果例子和所讲数学问题之间的关系,在学生思维中并不明确,那么这种讲解就不起作用.

(3) 重视变式

无论用哪种方式讲授概念、定理、公式、法则,学生理解了它们,并能用语言陈述它们共同的本质特征和规律,仅表明学生完成了陈述性知识阶段的学习,并不能说学生就理解和掌握了知识.因此,在数学教学中,还应对某一具体的数学概念、公式、定理,改变其外部形式,指导学生分析,这种练习称为变式练习,这种教学形式称为变式教学.

例 4.16　已知 $x^{m-1}+2m=1$ 是关于 x 的一元一次方程,求 m 的值.

首先,教师可以在黑板上呈现该试题,并让学生结合条件,解答该试题.由于该试题比较简单,学生很容易得出正确答案,即 $m=2$.

为提高学生对数学知识的应用能力,教师有必要变换试题条件,对学生进行变式训练.

变式 1　已知 $(2-m)x^{|m-1|}+2m=1$ 为关于 x 的一元一次方程,求 m 的值.

变式 2　已知 $(2-m)x^{|m-1|}+x+2m=1$ 为关于 x 的一元一次方程,求 m 的值.

变式 1 与变式 2 相比原题来讲,难度明显加大,这时,教师有必要将学生划分为小组,共同探究问题,及时找到解决问题的方案.同时,教师还需要基于试题条件对学生进行引导.

学生经过讨论以及教师的引导,能够得出变式 1 与变式 2 的答案.其中,对于变式 1,由

$2-m\neq0$ 且 $|m-1|=1$,可得 $m=0$;变式 2 的答案为 $m=0$ 或 2.

通过上述变式,学生容易认识到试题条件在解题中的关键作用,同时也容易随着试题条件的变化,调动自己的思维,提升思维的灵活性,从而增强解决问题的能力.

（4）注重正反例的使用

教学中不但要运用正面例子,还要注意运用反例.反例是指表明某数学命题不成立的例子.反例与正面例子一样,也是讲解的重要手段,是使学生全面认识某一数学事实的重要方法.在学生初步掌握了某一数学知识之后,从不同角度引入反例这种变式,可以防止学生单纯形式上的概括,使理解变为本质上的认识.

另外在教学中常会出现学生对某些数学结论的先决条件记忆不清,或理解不全面的情况.对此教师就可以通过反例的讲解,促进学生认知水平的提高.凡是逆命题不成立时,教师在恰当的时候都应给出反例.

需要注意的是,教学中要防止正、反面例子交叉使用,以免造成学生认识上的混乱.对某个数学知识点来说,当学生从正面认识还不稳定时,教师不要急于引出反例,否则就会造成学生认知结构的混乱,甚至将反面当成正面去进行概括,去认识.因此,反例的运用通常是在学生初步掌握了新知识,且通过正面例子使学生新的认知结构得到必要的强化之后,进一步还得根据数学知识的特点和学生情况来决定是否引入反例,何时引入反例,以使学生的认知结构更完美.

当然,除上述正、反两方面的例子之外,为了知识的进一步分化,教师在教学中还可结合教学内容和学生的情况,引入相似的例子、易于引起学生注意的例子等,以加强教学效果.

例 4.17 直线与平面垂直的判定定理.

为了深化学生对"直线与平面垂直的判定定理"的理解,强化"平面内两条直线相交"这个基本条件,教学时尤其应关注"相交"二字,因此可以设计如下教学过程:

问题 如图 4.12 所示,正方体 $ABCD\text{-}A_1B_1C_1D_1$ 中 $AB_1\perp BC$,$AB_1\perp B_1C_1$,但 $AB_1\perp$ 平面 BCC_1B_1 并不成立.

师：请大家分析这个命题结论正确的原因.

生 1：因为 BC 和 B_1C_1 虽同在平面 BCC_1B_1 内,但 BC 与 B_1C_1 并非为相交的关系.

这个简单易理解的反例让学生清晰地明确了"相交"这个词在此定理中所占的分量.该反例的应用成功展示了定理中核心词的重要性,夯实了知识基础.若再次遇到这一类题型时,可通过对这个反例信息的提取,避免错误的发生.这个反例也从侧面提醒我们在理解基础知识时,可从正反两个角度去分析,这也是避免思维定式的重要方法.

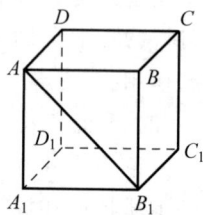

图 4.12 正方体

5. 获得反馈

教学是教和学双方的共同活动,教学过程是师生双方相互作用、相互影响的过程,在整个教学过程中进行信息和情感的交流."获得反馈"就是指在整个教学过程中,教和学双方都能准确及时地获得对方反馈评价信息.来自学生方面的反馈信息,可以使教师掌握学生对所学知识的兴趣、态度以及理解程度,及时调整教学部署、优化教学效果,更好地发挥教师的主导作用;教对学的反馈信息可以使学生强化正确、改正错误、明确差距、端正方向,更好地发挥主体作用."教学相长"是反馈的结果,教和学双方互相反馈,互相推动,互相促进.

在教学过程中,教师及时了解学生的反馈是至关重要的.作为获得反馈来讲,应注意以下几个方面:

(1) 反馈的内容

反馈主要是指学生对教师讲解的反映.教师在课堂上必须随时了解清楚学生对自己教学内容的理解程度.这主要包括学生有意注意情况;学生对教学内容的兴趣程度;学生对刚讲解的数学知识和数学方法理解、掌握的情况等.

(2) 获得反馈的方式

① 观察.观察是数学教师必须具备的基本功.学生对教师的任何教学行为都必定有某种反映,而且绝大多数学生的反映是表现在表情和行为上.对教师的讲解,学生表现常有:会心的微笑;聚精会神地听,聚精会神地思考;部分或全体学生记笔记或在草稿上进行推导,主动验算;部分学生带疑问的目光注视教师或板书上的内容;学生直接举手发表意见;学生中有部分人相互研究、议论等.

数学课上学生对教师的讲解的反馈,还有很重要的一个方面就是学生课上的练习、演板的情况.它能更具体、更深入反映学生对教师讲解掌握的程度,以及存在的问题.

② 提问.在课堂教学的不同阶段,教师提出了解性质的问题,可以立即得到学生对教师讲解内容的反馈,提出的问题可以是回忆以前讲过的知识,本课讲的新知识理解的情况,应用所讲知识的情况等.这种反馈是直接的,也是比较迅速的.

③ 学生非正式发言.学生对教师的讲解总有一些看法、想法,常常脱口而出,可学生之间的小声议论,教师指导学生的分组讨论等.这些反馈需教师随时随地注意和收集.学生的非正式发言常带有学生特点的通俗语言,或带有较多缺陷的数学语言,有时甚至是对教师教学的评论.学生这样的非正式发言,通常时间很短,因为他们是数学思维活动的反映,因此教师这时不要随便制止,而要注意使反馈更明确.但教师教学时,学生的非正式发言时间太长、太频繁,或与教学内容无关,教师应以适当方式对待.

④ 让学生提出问题、看法.在数学知识上,中学生提出有水平的问题是不经常的,但对本节数学教学内容揭出自己有困惑的问题,学生是可以办得到的.教师鼓励学生提出问题,是得到教学及时反馈的重要手段,长期培养学生勇于提出问题,养成习惯,也是使学生养成独立思考、勇于发现问题、构建良好个性品质的过程.

让学生对教师的讲解提出自己的看法,如有学生归纳、总结某段教学内容;对某个要领的理解,它与以前学过的有关知识的关系;某个数学问题的解决,使用的主要数学方法;某个例题的特点,这种例题的解法得到的启示等也是一种反馈.

要注意的是,学生发言时,教师可以及时纠正、补充那些认识不足之处,但最好是等到学生讲完,不要轻易打断学生的发言.

(3) 反馈的作用

课堂教学中,反馈的主要作用是为了进一步调整自己的教学,适应课堂需要.教师备课时,对学生的思维水平和认知水平,不可能了解得那么彻底.课堂上各种因素的作用,所备的课、教师的预想,不可能完全符合实际.教师通过课堂上及时的反馈,可以及时对自己的教学进行修正.

6. 适时强调

强调是成功讲解中一个核心成分. 强调将重要的关键信息从背景信息中突出出来, 减少次要因素的干扰, 有利于学生形成正确的认知结构. 新的数学知识结构中的主要因素, 它们之间的关系, 新知识与旧知识的关系, 各种数学方法、数学思想, 学生在学习中并不一定了解, 教学中教师必须采用各种教学技能进行强调, 也包括使用讲解语言进行强调.

① 强调重点内容, 指出重点之所在, 以及指明这部分知识在更广的知识范围内的作用.

② 强调关键. 教学时, 教师必须明确指出关键, 才能保证学生数学思维的集中定向. 对关键性的强调讲解常出现在某些数学问题解决的关键步骤、关键概念与定理的使用, 各种解题方法中的关键方法的强调.

③ 强调数学思想方法. 日常数学教学活动中要注意强调:

掌握常用的数学方法——配方法、待定系数法、数学归纳法、比较法、代入法、消元法、换元法、变量转换法、坐标法、构造法等.

通过解题分析与讨论, 掌握科学的思维方法——观察、比较、分类、实验、概括、抽象、类比、归纳、特殊化(具体化)、一般化(系统化)等.

掌握数学中的逻辑方法——演绎法、归纳法、综合法、分析法、反证法、同一法.

重视知识的发生过程, 对知识中蕴涵的基本数学思想要充分地揭示出来, 并让学生逐步领悟、逐步理解常用的数学思想——数形结合思想、函数思想、方程思想、分类思想、化归思想等.

④ 强调数学学习方法. 学习方法指导是数学教学的另一方面任务, 是贯彻"学生为主体, 教师为主导"的重要方面. 学生良好的学习方法是学生迅速、牢固建构新的认知结构的关键之一. 教师除集中讲解数学学习方法外, 重要的是平时教学中的正确的指导.

4.2.5　讲解技能应用要点

解释型和描述型的讲解程序为

叙述内容—提示要点—核查理解.

归纳型的讲解程序为

提供材料—指导分析—综合概括—巩固深化.

演绎型讲解的程序为

提出问题—分析探求—提供证据—得出结论.

数学课程讲解有以下几点要求:

1. 恰当地运用教学语言

语言表达要清晰、准确、生动、幽默、具有吸引力与感染力. 同时要充分考虑教学语言的语速、词汇、语调、节奏等多方面要素.

2. 目的性

讲解的目的要明确具体. 教师要根据一节课的教学目的,明确每一段讲解内容的目的."在知识上让学生学会什么? 学到什么程度? 在技能上让学生学会什么? 怎样学?"这是教师在讲课时要考虑的首要问题. 教师一定要明确:讲解是启发学生思维,而不是代替学生思维.

3. 计划性

教师对讲解内容要有周密的计划,详尽的安排. 首先,要明确讲解内容的顺序,选用什么样的范例,先讲什么,后讲什么,怎样讲才能吸引学生,才能使学生接受和理解. 其次,要考虑内容之间的联系,使讲解内容成为一个完整的、连贯的体系. 这要便于学生理解、记忆. 最后,要考虑讲解与练习的衔接. 讲练结合的成功与否,往往是一节课的关键.

4. 针对性

讲解的程序设计、内容安排都要根据教学内容和学生的实际情况来确定. 讲解应根据知识的重点、难点、形成过程和数学思想方法有所侧重. 教师在讲解时不可能也不用面面俱到. 在讲解时要针对学生易错、易混的知识要素适当提问,加强反馈,及时矫正. 对于重点知识、基本技能、基本方法,教师在讲解时要及时强调,帮助学生巩固.

教师的讲解既要符合数学的学科特点,又要符合学生的学习特点. 讲解要通俗易懂,尽量符合学生年龄特点. 从学生的感性认识和熟悉的事例引入,同时,教师在讲解时还要符合数学学科特点. 数学的逻辑性是非常严密的. 教师在讲解概念、定义、法则时要"抠字眼". 教师的讲解是学生模仿的依据,教师只有讲得严密,学生才能学得系统.

5. 讲解要注意和其他技能的密切配合

实践经验证明:教师在讲解时必须和其他技能密切配合,才能提高讲解的效率. 例如在讲解时教师借助提问加强反馈;教师边讲解边板书;边讲解边演示;边讲解边实验都是教师常采用的方式. 这样做,一方面借此提高学生的学习兴趣,另一方面使学生多种感官同时参加学习,提高学习效率. 教师在讲解时可以通过语言声调、速度的变化吸引学生注意,进行强调. 体态语言在教师讲解中的作用是很大的,教师的一个手势、一个微笑都可以起到意想不到的作用. 教师在讲解时还应该对学生的学习行为给予鼓励和肯定,以激发学生的热情. 总之,教师在讲解时要采取多种措施,使学生"愿意学,学得会".

6. 讲解的时间要适当

讲解的时间不要过长. 讲解的时间过长容易使学生疲劳,注意力分散,反而降低讲解的效果.

7. 注意反馈与沟通

由于讲解主要是教师讲学生听,如果教师只顾自己的讲解,而忽视学生的反应,就会导致讲解的发展进程与学生理解不能同步,导致讲解缺乏针对性、交互性. 这样的讲解是不会有好的教学效果的.教学是师生的双边活动,教师授课内容的信息流指向学生,学生接受信息后的情况反馈给教师,教师再根据学生接受信息的状况随时调节自己的教学行为,变换教学方式,有的放矢地引导和指导学生顺利地获得知识,发展智能.在讲解过程中,教师可通过多种方式获取反馈信息.

(1)课堂提问.在讲解过程中,通过提问的方式了解学生的理解情况,及时发现学生存在的问题和困惑.通过学生回答问题的情况了解掌握程度.若回答准确流畅,可进入下一环节;若回答错误或不完整,要分析原因,是概念不清还是思路问题,再有针对性地讲解.

(2)观察学生的非语言反馈.①表情神态:若学生皱眉、眼神迷茫,可能表示对内容有疑惑,这时需要放慢语速,重新解释难点.若学生面带微笑、频频点头,说明他们能跟上节奏,理解内容.②肢体动作:若学生身体前倾、专注听讲,表明他们兴趣浓厚;若有学生开始做小动作、东张西望,可能是讲解枯燥或进度太慢,可适时调整方式或加快进度.

(3)练习点评.认真批改学生的课堂练习和作业,针对学生出现的错误和问题进行详细点评,帮助学生纠正错误,强化对公式变式的掌握.

(4)总结归纳.在完成一个阶段的公式变式教学后,引导学生对所学的公式变式进行总结归纳,形成知识体系.

总之,教学是一场灵动的师生互动.教师应善于在与学生的互动中,精准把握反馈信息,机智调整教学策略,让讲解更贴合学生的学习需求,实现教学效果的最优化.

4.3 提问技能

4.3.1 提问技能的概念

提问是一项具有悠久历史渊源的教学技能,我国古代教育家孔子就常用富有启发性的提问进行教学.他认为教学应"循循善诱",运用"叩其两端"的追问方法,引导学生从事物的正反两方面去探求知识.古希腊哲学家苏格拉底也是一位提问高手,他使用"精神产婆术"的方法进行教学,通过不断地提问让学生回答,找出学生回答中的缺陷,使其意识到自己结论的荒谬,通过再思索,最终自己得出正确的结论.德国教育家第斯多惠说:"他们(教师)从学生现有的发展水平出发,通过一些影响学生的认识能力的问题来引起学生的主动性,而且不断地激发他们,引导他们获得新的认识和生产新的思想."

提问技能是指教师运用提出问题及针对学生的回答所作出的反应方式来促进学生主动参与学习,了解他们的学习状态,启发思维,使学生理解和掌握知识、发展能力的一类教学行为.问题是启发学生思维的动力,数学课堂教学实质就是师生双方共同设疑、质疑、释疑、解疑的过程.是以问题解决为核心展开的.

4.3.2 课堂提问的功能

对学习者来说,学习过程实际上是一种提出问题、分析问题、解决问题的过程.教师巧妙的提问能够有效地点燃学生思维的火花,激发他们的求知欲,并为他们发现、解决疑难问题提供桥梁和阶梯,引导学生去探索达到目标的途径,获得知识的同时,也增长了智慧,养成勤于思考的习惯. 其主要功能如下:

1. 启发思维,促进学生学习

学生的学习是以学生的积极思维活动为基础的,学生的思维过程往往又是从问题开始的. 提问能帮助学生复习巩固所学的知识和技能,提示教学重点,分散难点,促进学生对教材内容的记忆等.

2. 引起注意,启发兴趣

提问能够激发学生的好奇心,使学生产生探究的欲望,迸发学习的热情,产生学习的需求,进入"愤、悱"状态. 课堂提问能把学生引入"问题情境",使学生的兴趣和注意集中到某一特定的专题或概念上,产生解决问题的自觉意向. 如在讲解两条直线的垂直条件的课堂上,一开始老师就提出:已知两直线方程 $2x+y-1=0,x-2y+2=0$,你们能根据已知的方程来判断两直线是否互相垂直吗?待学生稍作思考后,老师接着说:这个问题就是我们这节课要解决的主要问题之一. 这样从课程一开始把学生的的注意力吸引到所要研究的问题上去了.

3. 培养学生的能力

正确恰当地设置问题可引导学生沿着数学的科学性、严密性原则去进行思维,有助于培养学生分析问题和推理论证的能力. 课堂提问能引起学生的认知矛盾并给学生适宜的紧张度,从而引发学生积极思考,引导学生思维的方向,扩大思维的广度,提高思维的深度. 学生在回答问题时需组织语言,以便能言之有理、自圆其说,锻炼口语表达能力. 同时,在与教师和其他学生探讨问题、寻求解决问题途径的过程中,培养了与他人交流、沟通的能力. 通过问题的解答,能提高学生运用有价值的信息去解决问题的能力及有效准确的表达能力. 如讲完函数概念之后,可以有目的地给出一系列如下形式的函数:常数函数,分段函数,隐函数,狄里克雷函数等函数的具体实例,请学生判断其是不是函数?并说明理由. 这样的提问,学生若能回答表述得清晰完整,显然是不容易的,这正是培养学生分析问题、推理判断能力及表达能力的好机会,这也是提问技能的重要功能.

4. 反馈调控的功能

提问可以使教师及时得到反馈的信息,教师通过对学生回答问题情况的了解,了解学生的认知状态,检查他们对有关问题的掌握情况(包括理解情况、记忆情况、运用情况等),诊断阻碍学生思考的困难所在,并通过提问给予恰当的指导. 同时还可以直接及时得到自己教学的反馈,发现教学中的问题,及时修改教学方法,调整教学内容,不断调控教学程序.

5. 引导和组织学生参与教学活动

老师提出的问题,为学生提供了表现的机会. 在老师提出问题后,要求学生回答,学生则用表述、说理、举例、论证、演板等方式,展示自己认知和能力,同时老师能及时了解学生的学习情况,激励他们积极参与教学,活跃课堂气氛.提问是课堂上的一种召唤、动员行为,是集体学习中引起互动的有效手段.提问给学生提供了一个流露情感、发表看法,与老师和同学沟通、交流的机会.学生通过聆听他人对问题的回答,展开争论,从而开拓自己的思路,便于对学习内容进行梳理、理解、记忆.提问给学生提供了一个参与教学过程的机会.

6. 管理课堂教学

提问可以活跃课堂气氛,促进师生之间的情感交流,吸引学生的注意,有助于课堂教学活动的顺利进行,因此提问是进行课堂教学管理,维持良好课堂秩序的常用手段之一.

4.3.3 课堂提问的类型

在教学中,需要学生学习的知识是多种多样的,有事实、现象、过程、原理、概念、法则等;有的需要记忆,有的需要理解,有的需要分析、综合等;学生的思维方式也有不同的形式和水平.这就要求教学中所提的问题不能是千篇一律,应包括多种类型.

根据布鲁姆(Bloom,1913—1999)的目标分类学中关于认知目标的层次把课堂提问划分为回忆提问、理解提问、运用提问、分析提问、综合提问和评价提问六种类型.

1. 回忆型提问

回忆提问是从巩固所学知识出发设计的提问.通过提问让学生回忆、复习前面学过的知识,并结合复习旧知,求得新知.回忆以前学过的定义、定理、公式和方法,有些问题只需回答"是"与"否".这类问题比较简单,要求学生对教师的提问进行迅速的记忆搜索,回答出教师要求记忆的内容.这种问题应是与本节课要讲的内容相关联的,也常是教师所要讲解的新内容的前提或依据.有时可以在多次提出若干这样的问题之后,再提出比较复杂的问题.这不但为学生的积极思维创造了条件,而且又能为新知识的学习扫清不必要的因旧知识不巩固而造成的障碍,同时也使学生接受新知识降低了思维难度.

简单的回忆性提问属于低级认知水平的提问,教师在课堂上不应过多地把提问局限在这一层面上.有些课堂看上去很活跃,师生之间好像交流很多,但仔细分析学生除回答"是"或"否"、"对"或"不对"外,很少有对其他的较高级提问的回答,这是不可取的,但这并不意味着这类提问不能使用,而是应有所节制.一般在课的开始或对某一问题的论证初期,使学生回忆过去所学过的概念、事实和方法的使用,为学习新知识提供材料,准备依据.例如:(1)在讲完绝对值定义之后可依次问:①$-5,0,\pi$的绝对值等于多少?②$|1-\pi|$怎样去掉绝对值符号才是合理的?(2)在讲授一元二次方程的公式法时,可依次提问:①什么是一元二次方程的配方法?②用配方法解方程:$ax^2+bx+c=0(a\neq0)$.

例4.18 三角形面积公式.

师:同学们,我们之前学过平行四边形的面积计算,谁能说一说平行四边形的面积公式是什么?

生:平行四边形面积=底×高.

师:那我们是怎么推导得出这个公式的呢?

生:是通过割补法,将平行四边形转化为长方形来推导的.

师：大家看，现在老师这里有一个平行四边形(展示平行四边形纸片)，沿着它的一条对角线剪开(操作演示)，得到了两个图形.大家仔细观察这两个图形，它们是什么形状？

生：三角形.

师：那这两个三角形与原来的平行四边形有什么关系呢？

生：这两个三角形完全一样.

师：那么这两个三角形的面积与原来的平行四边形面积之间有什么关系？你能进一步得到三角形的面积公式吗？

评析：回忆旧知能激活学生大脑中已有的知识储备和思维模式，使其思维迅速进入活跃状态，为学习新知识做好思维准备，提高课堂学习效率.本课例，从学生熟悉的平行四边形面积公式及推导方法入手提问，搭建新旧知识的桥梁，符合"温故而知新"的教学理念，能帮助学生快速进入学习状态，降低新知识的理解难度.

2. 理解型提问

理解型提问是检查学生对事物本质和内部联系的把握程度的提问.多用于某个概念、原理讲解之后，或学期课程结束之后.学生要回答这类问题必须对已学过的知识进行回忆、解释、重新组合，对学习材料进行内化处理，组织语言然后表达出来，因此，理解性提问是较高级的提问.学生通过对事实、概念、规则等的描述、比较、解释等，究其本质特征，从而达到对学习内容更深入的理解.理解性提问是数学课堂中帮助学生突破"机械记忆"、建立深层认知的关键.这类问题要求学生解释概念本质、辨析逻辑关系、转化表达形式，避免停留于表面知识.

概念本质类：检验核心定义的理解，通过变式提问检验对概念本质的理解.

例如，在讲解圆周角定义后，为了使学生理解定义的内涵，可画几个不符合定义中条件的图形，让学生来判断.圆周角定义是顶点在圆周上，但角的两边都是与圆相交的图形；再画一个角的顶点在圆周上，但角的两边画成在圆内的两条线段；再画一个顶点在圆周上，但角的一边在圆内与圆相交，另一边在圆外.以此三图为例请学生判断其是否为圆周角，并要求学生用定义去阐明理由，以检查学生是否真正理解了定义.

逻辑关系类：挖掘知识之间的联系，引导学生建立知识网络，发现数学规律.

例如，在讲完一次函数的图像之后，可以提问"如果一次函数 $y=kx+b$ 的图像经过第二、三、四象限，k 和 b 的正负性如何？为什么？"回答这个问题需要结合图像特征反向推导系数关系，理解"数形结合"的逻辑.

转化表达类：训练数学语言的互译能力，培养学生用不同的方式(文字、符号、图形)表达同一数学对象的能力.

例 4.19 商店促销"满 100 减 20"，若商品原价 x 元，实际付款 y 元.如何用数学符号表示 y 与 x 的关系？

该问题的设计将生活语言转化为分段函数表达式，检验对函数定义域的理解.

3. 运用型提问

运用性提问是检查学生把所学概念、规则和原理等知识，应用于新的问题情境中解决问题的能力及水平的提问方式.运用型提问要求学生能够看到一个概念、定理、方法的应用，并且能主动运用新获得的知识和回忆过去所学过的知识来解决新的问题,或进一步要求学生能独立思考,不墨守成规,在头脑中将学习过的内容联系起来进行灵活的运用,提出解决问题的新途径、新方法、新见解. 对同一个问题引出不同的证明和解题方法,把思维引导到创造思维环境之中. 每个新的数学知识都是在原有数学知识基础上的提高和应用,老师设计出相应的问题及提问是培养学生数学思维能力的重要手段.

例如:讲一元一次不等式解法时,可依次提出以下问题:

(1) 一元一次方程的求解步骤是什么?

(2) 我们能否用一元一次方程的解法来解一元一次不等式 $2x-7>1$ 和 $3(1-x)<2(x-9)$ 呢?

(这时学生跃跃欲试,想用已掌握的一元一次方程的方法解上述一元一次不等式.)

这样的提问就促使学生迫不及待地将已获得的知识技能从已知的对象应用到未知的对象上去. 应用以前的知识解决新问题可以促进学生思考,为学生进行有意义的思考提供了广泛的可能性.

例 4.20 利用 $\sqrt{a}$ 的双非负性解题.

$\sqrt{a}$ 的双非负性是指:① $\sqrt{a}$ 有意义,则 $a \geq 0$;② $\sqrt{a} \geq 0$.

为了检验学生是否掌握了以上内容,可以设置以下几个问题:

(1) 当 a 为何值时,$\sqrt{3-a} + \sqrt{a-2}$ 有意义?

(2) 若 $\sqrt{a+b+5} + |2a-b+1| = 0$,则 $a = $ _____ ;$b = $ _____.

(3) 若 $\sqrt{2x-1} + \sqrt{1-2x} + y = 4$,则 $xy = $ _____.

以上问题的解答,需要充分理解 $\sqrt{a}$ 的双非负性并能够灵活应用到实际问题中去.

4. 分析型提问

分析性提问是要求学生通过分析知识结构,弄清概念之间的关系或者事件的前因后果,最后得出结论的提问方式. 学生必须能辨别问题所包含的条件、原因和结果及它们之间的关系. 学生仅靠记忆并不能回答这类提问,必须通过认真的思考,对材料进行加工、组织,寻找根据,进行解释和鉴别,进行较高级的思维活动才能完成问题的回答. 对分析型的提问如何回答,教师要不断地给予指导、提示和帮助,尤其对于低年级学生,他们对问题的回答往往是简短的、不完整的. 不能指望他们在没有帮助的情况下达到提问的要求. 教师除鼓励学生回答外,还必须不断地给予提示和探询,学生回答后,教师要针对回答进行分析和总结,以使学生获得对问题的清晰表述.

例如:在推导一元二次方程求根公式的过程中,可依次向学生提出以下问题:

(1) $ax^2+bx+c=0 (a \neq 0)$ 为什么 $a \neq 0$?

(2) $ax^2+bx+c=0$,$x^2+\dfrac{b}{a}x+\dfrac{c}{a}=0$,$\left(x+\dfrac{b}{2a}\right)^2 = \dfrac{b^2-4ac}{4a^2}$ 三个方程是否为同解方程? 根据的理由是什么?

(3) 方程的两个同解原理的基本内容是什么?

针对学生学习中常出现的各种概念的混淆或错误,教师从反面设计问题,让学生在正确与谬误的分析对比中辨明是非,提高学生对数学知识掌握的准确性、全面性,提高思维的分析和批判能力.这样的提问往往会给学生留下难以磨灭的印象.

分析水平的问题为学生提供了大量的进行认知思维的机会,教师需要运用恰当合理的提问方式促使学生分析思考复杂的问题,以激励他们去超出原来的想法.与其他较高层次的问题一样,学生需要时间对问题做出仔细的分析和考虑他们的答案.

5. 综合型提问

综合型提问是要求学生发现知识之间的内在联系,并在此基础上使学生把教材内容的概念、规则等重新组合的提问方式.综合型提问要求学生对已有材料进行分析、综合,进行独立思考,提出新见解、新观点,从分析中得出结论,或要求学生根据已有的事实推理想象可能的结论.这类问题的作用是激发学生的想象力和创造力,通过对综合型问题的回答,学生需要在脑海中迅速地检索与问题有关的知识,对这些知识进行分析、综合得出新的结论,非常有利于能力的培养.

例如,一个命题的证明讲解完后可问:"你是否还能给出其他的证法?"

又如,当讲完一个定理后,可请学生谈谈对这个定理的认识.如问:"学了正弦、余弦定理后你认为它们有什么作用? 从它们的结论上你能比较出它们在解题中的不同功能吗? 它们之间有什么联系?"等.

对于一个例题,改变它的已知条件,请同学推断它的结论的变化情况.

综合水平的问题最重要的基本特征是由问题所导致的结果的特征所决定的.我们判断问题是不是综合水平的,只需通过问题指向的结果来判断,而不是拘泥问题分几个小层次或提问时措辞的情况等.

教师提出综合水平的问题比其他层次的问题要少得多,这主要是由于学生要用较多的时间才能形成合适的答案,提问过多的综合水平的问题将导致学生肤浅的或混乱的回答.经验指出,在提问一些探索性问题之后再提问一个综合水平的问题,要比提问较多的同一层次的问题的效果好得多.

6. 评价型提问

评价型提问是要求学生通过分析、讨论、评论、找不同解(证)法、优选好的解法、拓宽思路、发表自己见解等形式的一类提问.这样的提问还有助于纠正多数学生对数学问题、数学方法、解题思路不善于总结的毛病.

中学生都具有较强的求知欲和参与意识,这是发挥学生主体作用的积极因素,因此对学生作业、板演和回答问题中出现的巧妙的好解(证)法及繁乱的错误解(证)法,教师都不要用包办代替的方法去处理,而应发挥学生的好胜心理和评论的积极性,让学生去评价: 好,好在何处? 巧,巧在哪里? 错,错在什么地方? 原因何在? 使学生感受到自己在教学中的真正价值和作用.

在进行这种提问前,教师需注意让学生建立起正确的价值、思想观念,或给出判断评价的原则,以作为他们的评价的依据.

(1)评价他人观点.在讨论时要学生对有争论的问题给出自己的看法,以促使学生深入地分析思考问题.例如,有人说:"在研究函数的各种问题时,都要注意函数的定义域,你认为这种说法正确吗? 你能否举出几类问题来说明这种观点?"这样的问题就需要学生在较深入理解函数定义的基础上,对已学习过的各类函数问题,如建立函数解析式,画函数图像,求函数最值及讨论函数其他性质等,都以要求确定函数定义域作为解决这些问题的前提,而给予足够的重视和认识,要求学生作出分析、进行评价,并阐述自己的观点.

（2）判断正误与优劣.要求学生判断解决问题方法正确与否或有哪些长处,哪些不足和如何改进等.

（3）提出新解（证）法.要求学生对已知的证（解）法作出评论,摆脱习惯的固定的思维模式和解题思考方法,独立思考,另辟蹊径.对同一问题进行多方位、多角度的思维发散,以寻求更多、更优的解题途径.

在这类提问中,从训练学生思维着眼,教师的能力就表现在善于恰当地提供思维材料,引导学生评价已给出的解（证）法,探索新的更优的解（证）法.

杜威认为,在教学中应该鼓励学生进行判断和给出判断的理由,这样做会使他们回答问题的理由十分明晰.因此评价型提问的回答也是一种高级的思维形式.评价水平的问题,要求学生对事物的质进行判断,因此他们在课堂讨论中不能频繁的出现.它应是在一定数量的分析与综合的讨论之后才更为有效,过早过多地提出评价水平的问题,可能导致肤浅的、不成熟的判断和妨碍进一步深入的思考.

在以上六类提问中,回忆型提问、理解型提问主要用于检查学生的知识,一般只有一个正确的答案.学生用所记忆的知识,一般只有一个正确的答案.学生用所记忆的知识即可回答,不需要更多的深入思考;教师判断学生的回答也较容易,只简单地分为正确或错误.这类提问被称为低级认知提问.而运用型提问、分析型提问、综合型提问与评价型提问是在学生的内心引起新认知的提问,通常不是只有一个唯一正确的答案.学生需在原有知识的基础上,对所学对象进行分析、综合、概括等组织加工,才能得出正确的答案;教师判断时,主要根据提问的意图,判断答案是否有道理,有无独创或者在几个答案中比较哪一个更好些,这类提问称为高级认知提问.

4.3.4　有效的课堂提问的原则

1. 目的性

教师设计问题时,应该服务于教学目标、教学内容,每个问题的设计都是实现特定的教学目标、完成特定的教学内容的手段,脱离了教学目标、教学内容,纯粹为了提问而提问的做法是不可取的.同时,设问还要抓住教材的关键,于重点和难点处设问,以便集中精力突出重点,突破难点.

例 4.21　"用函数观点求解方程与不等式"问题导入.

判断下列方程是否有整数解,请说明理由.

（1）$2x+1=100$

（2）$x^2+2x+1=100$

（3）$x^3+2x+1=100$

设计意图：以学生熟悉的方程引入,开门见山.题（1）为一元一次方程,口算解得唯一解 $x=49.5$,直观得出没有整数解.题（2）为一元二次方程,运用因式分解或者求根公式解得两

个解 $x_1=-11, x_2=9$,直观得出有整数解.题(3)为一元三次方程,整理得 $x^3+2x-99=0$,学生没有系统学过一元三次方程的因式分解,不过可以借助计算器得三个解的近似值,直观得出没有整数解.无法用代数方法直接得出方程的精确解,怎么说明方程是否有整数解呢?借此可以导入课题.当用基本的代数方法不能解决一般方程和不等式的解(集)问题时,可通过方程、不等式与函数的内在联系,利用"函数观点"这一思想方法解决问题,即将"不等式 $f(x)>0$ 的解集"用函数观点转化为"函数 $y=f(x)$ 图像位于 $y>0$ 部分的所有点的横坐标的集合",将"方程 $f(x)=0$ 的解"用函数观点转化为"函数 $y=f(x)$ 的零点"即"函数 $y=f(x)$ 与 x 轴交点的横坐标".

2. 量力性原则

教师提出的问题要契合学生的知识水平、认知能力和心理发展阶段,既不能过于简单让学生觉得乏味,也不能超出学生能力范围使其产生畏难情绪.遵循该原则能确保问题处于学生的"最近发展区",即通过努力可解决问题的区域,激发学生思考和探索欲望,提升学习积极性和自信心,实现知识与能力的逐步提升.教师要充分了解学生的知识储备、学习能力和思维特点,根据教学目标和内容,合理调整问题难度.

例 4.22 "切线与圆的关系"教学片段.

在教学"切线与圆的关系"时,在巩固环节,教师提出问题:如图 4.13 所示,已知 $\triangle ABC$ 内接于圆 O,其中 AB 为直径,$\angle CAE=\angle B$.求证:AE 是圆 O 的切线.

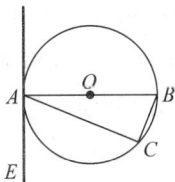

图 4.13 圆及其切线

教师提出问题后,让学生独立思考.从反馈来看,很多学生感到茫然,不知从何入手.分析出现这一现象的原因不难发现,教师所提出的问题思维容量较大,跨度较大,没有从教学内容、学生学情等方面进行综合考量,使得学生在解题时没有找到合理的切入点,以致解题受阻.教学中,教师可以尝试将所求进行拆分,提出这样两个问题:(1)$\angle BAE$ 与 $\angle ACB$ 有什么关系?(2)AE 与圆 O 具有怎样的位置关系?这样将问题拆分后,有效地降低了思维的难度,更易于学生理解和接受,自然可以点燃学生探究的积极性,从而实现能动学习.那为什么这里将所求进行拆分,变成两个问题后,就能成为学生容易理解的问题呢?仔细研究拆分后的两个问题就可以发现,其实问题本身就是在帮助学生思考:当学生思考 $\angle BAE$ 与 $\angle ACB$ 有什么关系的时候,是可以基于自己的知识基础进行推理的,而推理出这一结论之后再去思考后面的问题也就有了新的基础.所以问题的拆分,实际上是帮助学生搭建了思维的台阶,这样学生就可以在自己的"最近发展区"内自主登上每一个台阶,从而实现问题的最终解决.

3. 科学性

提问必须清晰明了,没有歧义,学生一听就知道问什么,以及怎样去思考,怎样去回答.例如"观察这两列数列,你发现了什么特征?"这个问题就不清晰;是问其中每个数列各自的特征,还是问这两个数列共同的特征?是问每个数列相邻两项之间的数量关系?还是研究每个数列趋向无穷时的特征?还是考虑两个数列通项之间的关系?学生不知道应该回答和思考什么.提问还要有顺序性.即按教材和学生认识发展的顺序,由浅入深,由易到难,由近及远,由简到繁的原则对问题进行设计,先提理解性问题,然后是分析综合性问题,最后是创设评价性问题.这样安排提问可以大大降低学生学习的难度,使教学活动层层深入,提高教学的有效性.

例4.23 集合的概念.

新数运动强调应当在中小学甚至幼儿园及早地引入"集合"概念,在这一背景下,发生了以下故事:一个数学家的女儿由幼儿园放学回到家中,高兴地告诉爸爸今天学习了集合,父亲惊奇地问:"理解了吗?"孩子说:"很好理解."孩子介绍的学习过程是这样的:老师首先请男孩子站起来,说这就是男孩子的集合.问大家明白了没有,大家都说明白了.然后,让女孩子站起来,白人孩子站起来,黑人孩子站起……,依次说明这就是女孩子的集合,白人孩子的集合,黑人孩子的集合……听完孩子的介绍后,父亲问女儿:"全世界的土豆(或匙子)能否组成一个集合?"孩子想了想回答说:"不能!除非它们都站起来."

从提问的角度来看这个故事,教师通过提问来介绍集合,将非本质属性的过度强化,在引入集合概念时,所有例子都关联"站起来"这一动作.这使得"站起来"这一非本质属性被过度强调,在学生脑海中留下深刻印象,让学生误将其当作集合概念的关键特征,干扰了学生对集合本质,即"具有某种特定性质的事物的总体"这一概念的理解.

4. 启发性

在教学中教师要承认学生是学习的主体,注意调动他们的学习主动性,引导学生独立思考,积极探索,生动活泼地学习,自觉地掌握科学知识和提高分析问题和解决问题的能力.它强调教师不能单纯地向学生灌输知识,而是通过巧妙的引导、提问等方式,启发学生的思维,让学生自己去发现、理解和掌握知识,培养学生的创新精神和实践能力.所提的问题必须要有学习的价值,有启发性,能引发学生思考和探究,引起学生对所学知识深层次的思考和把握,让人回味无穷.

例4.24 已知 $x+y=1$,且 $x>0,y>0$,求 $\dfrac{1}{x}+\dfrac{1}{y}$ 的最小值.

师生通过对题目的条件与结论进行特征分析,寻求知识之间内在联系,充分发挥学生知识迁移能力,通过有效的提问与探究,暴露解决问题的思维过程.

分析问题1: $\dfrac{1}{x}+\dfrac{1}{y}=\dfrac{x+y}{xy}$,如何沟通 xy 与 $x+y$ 之间的关系?（显然基本不等式 $\dfrac{x+y}{2}\geq 2\sqrt{xy}$ 将问题已知与求证有机结合起来,由基本不等式可直接求解）

分析问题2:能否简化问题,如减少变量个数?（将二元变量问题转化为一元变量问题,就可以用函数方法求最值)消元降次是数学式子化简常用的招数.由 $x+y=1$,得 $y=1-x$,则 $\dfrac{1}{x}+\dfrac{1}{y}=\dfrac{x+y}{xy}=\dfrac{1}{xy}=\dfrac{1}{x(1-x)}=\dfrac{1}{-\left(x-\dfrac{1}{2}\right)^2+\dfrac{1}{4}}\geq 4.$

分析问题3:由 $x+y=1$ 类比联想到与"1"有关的等式: $\sin^2\theta+\cos^2\theta=1$,又 $x>0,y>0$,故可令 $x=\cos^2\theta,y=\sin^2\theta\left(0<\theta<\dfrac{\pi}{2}\right),\dfrac{1}{x}+\dfrac{1}{y}=\dfrac{1}{\sin^2\theta}+\dfrac{1}{\cos^2\theta}=2+\tan^2\theta+\dfrac{1}{\tan^2\theta}\geq 4.$

分析问题 4：从代数式 $x+y$，$\frac{1}{x}+\frac{1}{y}$ 的结构特征看，它们之间有何内在联系呢？实际上，由 $(x+y)\left(\frac{1}{x}+\frac{1}{y}\right)\geq 4$，直接求得 $\frac{1}{x}+\frac{1}{y}\geq 4$.

分析问题 5：$x+y=1$，即 $1=x+y$ 可以"逆代换"吗？当然可以，

$$\frac{1}{x}+\frac{1}{y}=\left(\frac{1}{x}+\frac{1}{y}\right)\cdot 1=\left(\frac{1}{x}+\frac{1}{y}\right)\cdot(x+y)\geq 4.$$

评析：该案例紧紧围绕"在 $x+y=1$ 的条件下，$\frac{1}{x}+\frac{1}{y}$ 的最值"这一核心目标展开. 例如"能否简化问题，如减少变量个数？""从代数式 $x+y$，$\frac{1}{x}+\frac{1}{y}$ 的结构特征看，它们之间有何内在联系呢？"等问题，都是朝着如何求解该最值的方向引导思考，使学习者明确思考的方向和目的，具有很强的目标导向性，启发学习者围绕目标去探索不同的解题思路. 问题的设置呈现出循序渐进的特点. 从最初考虑运用基本不等式，到思考简化问题的方法（消元），再到类比其他知识（三角代换）、分析代数式结构以及逆向运用条件，问题逐步深入，难度逐渐递增. 这种循序渐进的提问方式符合学习者的认知规律，能够逐步引导学习者深入探究问题，激发学习者不断思考，在解决一个又一个问题的过程中，逐步掌握解决该类问题的多种方法和技巧.

5. 趣味性

提问必须考虑问题的趣味性、挑战性，要深入浅出，能激起学生学习探究的欲望. 在设计提问时，教师最好能以学生感兴趣的方式提出问题. 设计具有趣味性的问题，能够吸引学生的注意力，引发学生积极思考并主动参与到问题解决中，同时可以使学生从困倦的状态中转入积极的思考氛围. 教师可以通过情境化问题、游戏化问题、实验性问题、反直觉问题、跨学科问题以及开放性问题，来达到激发学生好奇心和学习兴趣的目的.

例 4.25 猜数游戏.

师：我有个神秘数学魔法，能算出同学们心里想的数. 你们心里想好一个除 0 以外的数，把这个数乘以 3 加上 4 然后平方，把所得的结果减去 16，再除以原来所想的数的 3 倍. 只要你们告诉我答案，我就可以猜到你们原来所想的数字是多少.

（几位同学举手，教师请几位同学依次说出答案并立即告诉他们心中所想的数字.）

生：哇，老师好厉害！老师是怎么做到的呢？

师：接下来我们一起揭开这个问题的神秘面纱. 我们设同学们心里想的数是 $x(x\neq 0)$，按照计算步骤得到的式子是……

生：$\dfrac{(3x+4)^2-16}{3x}$.

师：刚才有同学告诉我的答案是 14，那么我们得到什么等式？

生：$\dfrac{(3x+4)^2-16}{3x}=14$.

师：非常正确！那么，像这样，含有未知数的等式，我们就叫作方程. 通过这个方程，我们就能算出同学们心里想的数 x 啦. 接下来我们就一起看看怎么求解这个方程.

生：首先可以对方程的左边进行化简.

师：很不错的想法,数学中对式子进行化简是非常有必要的.给大家几分钟的时间,告诉我化简的结果是什么?

(几分钟后,有同学算好了并举手,教师叫该同学把计算的结果写到黑板上.)

师：也就是说,方程化简为 $3x+8=14$.那么接下来应该怎么求 x 呢?

……

评析：这段教学过程通过神秘数学魔法开场,趣味性十足.激发了学生的好奇心与参与热情,迅速吸引注意力,让学生主动投入思考计算,为后续教学铺垫良好基础.借助学生给出的计算结果构建等式,自然引出方程定义,让学生直观感受方程是解决实际问题的工具,理解方程与实际计算的紧密联系.从设未知数、梳理计算步骤列方程,到化简求解,教学步骤清晰,逻辑严谨,符合学生认知规律,有助于学生理解方程求解原理与过程.求解过程运用完全平方公式、等式性质等知识,巩固旧知,加强学生对知识的理解和运用能力.

6. 层次性

数学教学中问题设计的层次性原则是指教师根据学生的认知发展规律和知识掌握进程,由浅入深、循序渐进地设计不同难度梯度的问题.这种设计能帮助学生逐步构建知识体系,从基础理解到高阶思维,最终实现深度学习.包括：①问题需符合布鲁姆认知目标分类(知识→理解→应用→分析→综合→评价),逐步提升思维深度；②问题之间应具有逻辑关联,前一个问题为后续问题提供思维支架；③针对不同水平学生设计差异化问题,兼顾全体学生的发展需求.

7. 评价性原则

数学课提问的评价性原则是指在数学教学提问中,教师对学生的回答进行及时、恰当、有效的评价,以促进学生的学习和发展.提问是一种双向反馈,而教师对学生的评价则是反馈强化的前提和基础.准确的评价对学生而言,是一种反馈信息,能促使学生强化知识、纠正错误；对教师而言,同样是反馈信息,有助于教师掌握学生情况,改进教法,找出差距,推动学生努力提升,进而提高教学质量.提问是一种双向反馈,而教师对学生的评价则是反馈强化的前提和基础.准确的评价对学生而言,是一种反馈信息,能促使学生强化知识、纠正错误；对教师而言,同样是反馈信息,有助于教师掌握学生情况,改进教法,找出差距,推动学生努力提升,进而提高教学质量.

例 4.26 双曲线及其标准方程.

在"双曲线及其标准方程"课堂教学中,教师通过提问引思、共同探讨,求出双曲线的标准方程后,为巩固新知,了解思维,思维动态,教师提出问题.

问题：已知双曲线的交点在 y 轴上,并且双曲线上两点 F_1,F_2 的坐标分别是 $(3,-4\sqrt{2})$,$\left(\dfrac{9}{4},5\right)$,求双曲线的标准方程.

(教师让学生自己求解,并要求先完成的同学举手示意.大约过了 $3\min$,大部分同学还在埋头运算时,有同学表示已经完成,教师及时请他起来讲解思路.)

生：据题意设双曲线标准方程为 $\dfrac{y^2}{a^2} - \dfrac{x^2}{b^2} = 1$；将 $(3, -4\sqrt{2})$，$\left(\dfrac{9}{4}, 5\right)$ 分别代入方程，得

$$\begin{cases} \dfrac{(-4\sqrt{2})^2}{a^2} - \dfrac{3^2}{b^2} = 1, \\ \dfrac{5^2}{a^2} - \dfrac{\left(\frac{9}{4}\right)^2}{b^2} = 1. \end{cases} \quad 设\ m = \dfrac{1}{a^2}, n = \dfrac{1}{b^2}, 则方程转化为 \begin{cases} 32m - 9n = 1, \\ 25m - \dfrac{81}{16}n = 1, \end{cases} 解得 \begin{cases} m = \dfrac{1}{16}, \\ n = \dfrac{1}{9}, \end{cases} 即\ a^2 = $$

$16, b^2 = 9$，故所求曲线方程为 $\dfrac{y^2}{16} - \dfrac{x^2}{9} = 1$.

师：很好！同学们可能非常希望把 a, b 直接求出，因此采用去分母、消元求解的方法，但这样运算就比较烦琐，而这位同学的做法采用了整体代换，方程组的次数由二次降为一次，运算既迅速又准确，应该说是一种比较好的方法。通过本题的解答，启示我们这样设想，以后求焦点在 y 轴上双曲线的标准方程，我们也可以先将这个双曲线设成 $my^2 - nx^2 = 1$，这里只需加上什么条件？

生：$m > 0, n > 0$.

师：能否改设为 $my^2 + nx^2 = 1$ 呢？

生：也可以，只需加上条件 $m > 0, n < 0$ 即可。

师：如果是焦点在 x 轴上的双曲线，标准方程应该怎么设呢？

生：可以设为 $mx^2 - ny^2 = 1$，其中 $m > 0, n > 0$.

（为了使学生对双曲线标准方程的认识更加完善，教师不失时机提出一个开放性问题。）

师：已知 m, n 为实数，方程 $my^2 + nx^2 = 1$ 表示怎样的曲线？供学生课后思考与研究。

本例所设计的问题具备显著的检测与评价功能。这一过程从特定的点出发，逐步拓展至更广泛的层面，是从特殊情形到一般规律的"举一反三"式探索。其重要意义体现在能够有效考查学生对双曲线定义的理解深度，为学生熟练掌握并运用"待定系数法""换元法"等数学方法，去解决同类问题筑牢根基。与此同时，还能进一步加深学生对双曲线标准方程本质特征的认知。教师的提问起到了很好的拓展作用，特别是最后的开放性问题，将考查维度提升到了新高度，对于精准考评学生在这一知识形成过程中的认知发展水平，具有独特且不可替代的功效。

4.3.5 提问的要求

提问不仅是为了得到一个正确的答案，更重要的是让学生掌握已学过的知识，并利用旧的知识解决新问题，或使学生向更深一层发展。为了使提问能达到这些预期的目的，教师还必须掌握提问的要求。提问的要求主要由以下几个方面构成，即清晰与连贯、停顿与速度、指导与分配、提示与探询。

1. 清晰与连贯

要使问题表述清晰，意义连贯，必须事前精心设计，尤其在进行高级认知提问时，显得更为重要。这就要求在设计时对所提问题要进行仔细推敲，不但要考虑问题与教学内容的关

系,还要考虑学生是否能理解和接受.对于某一问题,教师或对这个问题有专门研究的人可能认为是简明的,清晰的和连贯的,而对于一个中学生来说,由于基本知识和理解能力的限制,就可能认为在概念上是混乱的.另外,问题的措辞是否恰当,表述是否准确,也会影响提问的清晰与连贯.

2. 停顿与语速

在进行提问时应有必要的停顿,使学生作好接受问题和回答问题的准备.停顿对于学生和教师都有一定的意义.教师提出问题后停顿一下可以环顾全班,观察学生对提问的反应,这些反应一般都是非语言的身体动作或情绪反应.关于提问的语速,是由提问的类型所决定的.低级认知提问由于问题比较简单,可以用较快的速度叙述,而高级认知提问是针对比较复杂的问题,除应有较长时间的停顿外,还应仔细缓慢地叙述,以使学生对问题有清晰的印象.如果以较快的节奏提比较复杂的问题.学生很可能听不清题意,就会造成混乱或保持沉默.

3. 指导与分配

在任何一个班集体中,学生对问题的理解程度及性格特点等都是各不相同的.有些学生理解能力强,并善于发表自己的见解,他们往往在教师提出问题后很快举手要求回答,教师对答案也比较满意.有些学生理解问题并不慢,却不愿在众人面前表现自己.一般不积极要求回答问题.还有一些学生成绩较差,又不善于表达.于是,教师往往对后两种人注意较少,这就有意或无意地把班级分为一小组积极参加者和一大组被动学习者.为了调动每一个学生学习的积极性,让他们主动参与教学过程,教师必须对提问进行适当的分配.首先,教师必须细心观察班级里谁积极参与活动,谁对活动不感兴趣;其次,对于不善于表达的学生要给予锻炼的机会,对于学习不好的学生要让他们先回答比较简单的问题,不断地给予鼓励和帮助,使他们逐步地赶上去.最后,要特别注意坐在教室后面和两边的学生,这些区域常常被教师忽略.

4. 提示与探询

提示是由为帮助学生而给出的一系列暗示所组成的,当学生应答不完全或有错误时,为了使应答完整就需要提示.提示的目的主要是使学生的回答要点突出,指示解决问题的方向以及引起学生的进一步思考,更好地回答问题.为了使提示能收到预期的效果,要根据出现的问题有意识地提示以下几个方面的问题:

(1)使其回忆已知的知识或生活经验(回忆).如果是因为旧知识遗忘太多,不能把已学知识和问题有机地联系起来,或因为思想紧张不能联系生活中的常识,而不能回答问题时,应提示其回忆从前学过的事实、概念或生活经验、体会等.

(2)使其理解已学过的知识(理解).如果是因为学生对已学过的知识没有理解,而不能回答所提出的问题,就应了解对以前的学习内容理解的情况.了解的方法是让学生对与问题有关的知识进行叙述、比较、说明等.

(3)使其明确回答问题的根据和理由(分析思考).如果是因为学生找不出回答问题的根据和理由,或者证据不足,理由不充分,而对问题不能进行完满的回答,就应提示其对和问题有关的事实、概念等进行解释,分析思考,从而使其明确回答的根据和理由.

(4) 使其应用已学过的知识解决问题(应用). 如果是因为不能把已学过的概念、原理、法则或技术等和问题联系起来,不能应用已学过的知识来解决新的问题,就应有意识地提示其回忆这些概念等的内涵和外延,应用这些知识来解决问题.

(5) 引导思考,活跃思维,产生新的想法(综合). 据学生已回答的事实或条件,提示其进一步思考,进行推理和判断,预想事物的可能结果. 或者加入新的材料,引导其预想事物的进一步发展,进行新的综合,产生新的想法.

(6) 使其进行判断和评价(评价). 根据已有的事实和结论,提示其依据已学过的原则、概念或定律、规则等进行有根据的判断及评价其价值.

4.4 板书板画技能

4.4.1 板书板画技能及其特点

板书是教师以教学内容为素材、以教学目标为依据,在黑板上、投影片上,用书写文字、符号或绘图等方式,向学生呈现教学内容、分析认识过程,将知识概括化和系统化,启发学生思维,帮助学生理解和记忆的教学手段. 板书是课堂教学中教师的书面语言表达. 板书技能是教师必须掌握的一项基本教学技能,也是教师应当具备的教学基本功. 朱绍禹先生指出:"板书能点睛指要,给人以联想;形式多样,给人以丰富感;结构新颖,给人以美的享受."板书一般分为主板书和副板书两种:主板书,又称正板书、中心板书、要目板书或基本板书. 它通常写在黑板中部突出位置,主要体现教学内容的重点、难点和关键问题等,主板书是课堂板书的基本骨架,一般保留在教学的全过程中. 副板书,也称附属板书、注释板书和辅助板书,主要在黑板一侧写出的零散的分析与演释过程,或单个的字词句等,起到提示知识的作用. 一般来说,那些学生熟悉,而又必须推导、计算的过程;提醒学生注意的公式、定理;诱导学生思维的草图;学生的板演等,都是副板书的内容. 对副板书也要注意局部内容的完整. 副板书通常写在黑板的最右边. 副板书是对主板书的补充和辅助说明,所以一般随教学进程随时擦掉或择要保存.

板书板画技能是数学教师课堂教学的重要手段,数学教学离不开板书板画,这是因为公式的推导,定理的证明,数式的运算,图形的展现等都要用板书板画形式来表现. 板书与口头语言相比,最根本的特点是它表现的内容配合视觉逐字逐句的讲解,在讲到后面内容时,可以随时用前面内容进行对照. 板画的形象性、直观性更是口头语言等难以完成的. 数学教学中,大量的图形符号是口头语言无法完全表达清楚的,板书板画对数学教学具有十分重要的作用.

4.4.2 板书板画技能的作用

精心设计的板书浓缩着教师备课的精华. 直观的板书,可以补充教师语言讲解的不足,展示教与学的思路,帮助学生厘清教学内容的层次,理解教学内容,把握重点,突破难点.它能够启发学生的智慧,在课内利于学生听课、记笔记,在课后利于学生复习巩固、进一步理解和记忆,并能给学生美的享受,对学生产生潜移默化的影响.板书还便于教师熟记教学的内容和程序.一般来说,板书具有以下作用.

1. 彰显教学意图,聚焦教学重点

在教学实践中,教师犹如一位精心规划的领航者,依据教学内容的内在逻辑和各学科的独特属性,巧妙构思板书布局.板书绝非随意书写,其承载的内容皆是经过教师深度考量的教学重点与难点.为了让学生能够迅速捕捉关键信息,教师常常会运用一些巧妙的标识方法.比如,在书写重点概念、关键公式或重要结论时,使用不同颜色的笔进行强调.这种色彩上的区分,如同在知识的海洋中点亮一盏盏明灯,瞬间吸引学生的注意力,使他们清晰地辨别出学习的核心要点.围绕教学重点与难点精心设计的板书,以简洁精练的书面语言,将复杂事物的本质特征精准再现.它就像一把钥匙,帮助学生开启知识宝库的大门,让学生透过纷繁的表象,深入理解知识的内核.通过板书,教学内容的主要思想得以进一步深化,学生能够更加直观、深刻地领会教学的核心要义,从而在学习过程中精准把握学习的主要内容,有效提升学习效率与质量.

2. 显示教学思路,利于巩固记忆

在课堂教学里,清晰的教学思路是提升教学质量的关键,而板书则是呈现这一思路的有力工具.一位优秀的教师,会在课堂上借助精心设计的板书,将授课思路有条不紊地展现出来.从课程的导入,到重点内容的深入讲解,再到难点的突破,以及最后的总结归纳,每一个教学步骤都在板书中留下清晰的痕迹.

合理精当的教学步骤,能极大地提高教学效率.学生跟随着板书所呈现的思路,就像沿着一条精心铺设的学习之路稳步前行,更易理解和掌握知识.同时,板书对学生巩固记忆有着不可忽视的作用.视觉化的板书内容能够在学生脑海中留下深刻印象,相较于单纯的口头讲解,更易于学生记忆.当学生课后复习时,板书的内容就像记忆的线索,帮助他们快速回忆起课堂所学,巩固知识和能力.这种基于板书的有效记忆,不仅有助于学生应对当下的学习任务,更为他们的知识积累和能力提升奠定坚实基础.

3. 聚焦学生目光,点燃学习热情

在课堂教学的舞台上,板书与板画堪称极具魅力的艺术表达.它们以文字、符号、线条、图表和图形等多样元素,巧妙组合,在时间的铺陈中有序呈现.颜色的巧妙搭配,更是为其增添了独特的视觉张力.就像精心编排的一场视觉盛宴,这种独特的呈现方式,天然地具备强大的吸引力,能够瞬间抓住学生游离的目光,将他们的注意力牢牢聚焦在黑板之上.

这种聚焦,进一步点燃了学生内心对知识的渴望,激发他们的学习兴趣.当学生沉浸于板书与板画构建的知识世界中,他们不仅汲取了知识的养分,还在潜移默化中受到艺术的熏陶.每一条精心绘制的线条、每一处巧妙搭配的色彩,都如同艺术的笔触,在学生的心灵深处留下美的印记.

同时,板书与板画将听觉刺激与视觉刺激完美融合.传统单调的听觉讲授,容易使学生陷入疲倦与分心的状态.而板书与板画的加入,打破了这种单调,为课堂注入了新的活力.学生在聆听教师讲解的同时,能够直观地看到知识点的视觉呈现,让抽象的知识变得具体可感.这种双重刺激,既能照顾到学生有意识的专注学习,也能捕捉到那些不经意间的关注瞬间,使课堂教学更加高效.

板书与板画如同智慧的向导,在课堂上引导学生的思维沿着正确的路径前行,控制着他们的思路走向,让学生在知识的探索之旅中始终保持专注与热情,不断收获知识与成长.

4. 启发学生思维,揭示学习方法

在教学过程中,板书是教师极为得力的教学工具.巧妙布局的板书,能将事物间复杂微妙的关联,以直观且条理分明的方式呈现出来.学生在观看板书时,如同沿着一条清晰的思维路径前行,大脑中的思维火花被迅速点燃,从被动接受知识,转变为主动思考、积极探索,大大提升了思维活跃度.

板书的精妙之处,还在于它能够提纲挈领地展现研究问题的方式与步骤.以数理学科中的解题思路剖析为例,教师通过板书,从题目条件的梳理整合,到关键问题的精准定位,再到运用合适的公式、定理逐步推导,直至得出最终答案,整个过程完整且清晰地展现在学生眼前.学生在跟随教师板书节奏学习的过程中,不仅掌握了具体题目的解法,更重要的是,领悟到一套解决问题的思维方法,学会如何从复杂的问题中找到切入点,如何有条理地分析和解决问题.

板书,以其独特的直观性和概括性,让学生在获取知识的同时,深度掌握学习方法,洞悉问题解决的全过程,是助力学生全面发展、提升教学成效的关键教学手段.

5. 表达形象直观,加深学生印象

中小学生的思维以具体形象思维为主要形式,因而教学必须遵循直观性原则.富有直观性的板书,能代替或再现教师的演示,启发学生思维.好的板书,能用静态的文字,引发学生积极而有效的思考活动.例如,有这样一道题,甲、乙、丙、丁和小江一起比赛象棋,每两个人都要赛一盘.到现在为止,甲已经赛了四盘,乙赛了三盘,丙赛了二盘,丁赛了一盘,问小江赛了几盘?这是一道推理性的应用题,单靠文字,小学生难以理解,为了启发学生的思维,突破难点,教师设计了下面一则板书,如图 4.14 所示.这则板书仅仅用了 6 个字、几条线就把五个人的赛棋关系表达清楚了.

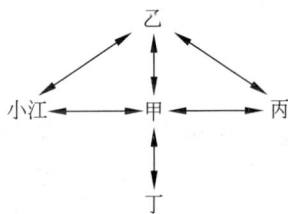

图 4.14 对弈关系图

6. 提炼知识要点,助力轻松记忆

板书以纲要形式,将一节课的教学内容高度提炼,把难点、重点、要点以及线索清晰且有条理地展示出来.这就好比把复杂的知识体系梳理成一张简洁的图,学生按图索骥,更易理解基本概念、定义和定理,能够在课堂上及时巩固所学知识.

从学生的学习过程来看,教师板书的内容,基本就是学生课堂笔记的核心部分.这些板书内容在课后复习时发挥着引导和提示的关键作用.学生复习时,看着笔记里源自板书的要

点,就能快速回顾课堂所学,唤醒对知识的记忆,加深对知识点的理解与掌握,极大地提高复习效率.

7. 规范板书呈现,树立学习典范

在教学过程中,教师板书的规范性和正确性有着不可忽视的意义.一手工整漂亮、布局合理的板书,不仅能让知识呈现得更加清晰,还会成为学生学习书写的榜样.无论是字体风格、解题步骤的书写规范,还是运笔姿势,学生在潜移默化中都会受到板书的影响.

从心理学角度来说,学生获取正确的动作视觉形象,对动作技能的形成至关重要.而在学生眼中,教师的板书就是完美示范.所以,教师在写黑板字、绘制图形,运用圆规、直尺绘图以及解题的每一个环节,都务必做到规范、准确.这不仅是对教学的严谨负责,更是为学生提供了学习与模仿的优质范例,助力学生在学习过程中养成良好的书写和解题习惯,提升学习质量.

4.4.3 板书的类型

板书的类型是多种多样的,下面我们介绍常用的几种板书类型.

1. 提纲式板书

提纲式板书,是教师依据教学内容进行分析与综合,以精要文字归纳出若干知识结构、重点及关系的提纲或提要形式的板书.其特点在于运用精练的语言,对相关内容予以高度浓缩,省略细节,突出重点与要点.同时,条理清晰,体现出知识的层次结构.提纲式板书能够有效地揭示教学内容,引导学生学习,有助于加深学生对知识的理解,增强记忆效果.

例如,在学习"一元二次方程的根的判别式"时,可设计如下的板书:

一元二次方程 $ax^2+bx+c=0(a\neq0)$

(1) $\Delta=b^2-4ac$.

(2) 当 $\Delta>0$ 时,方程有<u>两个不相等</u>的<u>实数根</u>;当 $\Delta=0$ 时,方程有<u>两个相等</u>的<u>实数根</u>;当 $\Delta<0$ 时,方程<u>没有实数根</u>.

(3) 上述命题反之也成立.

此案例中,利用提纲式板书围绕一元二次方程根的判别式展开,明确交代了 Δ 取不同的值时,一元二次方程根的不同情况,条理清晰,帮助学生掌握知识的内在联系,优化学习效果.

提纲式板书可以用在复习课的教学中.

例如,在"三角形的初步认识"复习课的教学中,可设计如下板书:

(1) 三角形的概念和三角形中的主要线段.

(2) 三角形的三边关系和三角关系以及三角形外角和内角的关系.

(3) 三角形的分类.

(4) 全等图形及全等三角形的概念.

(5) 全等三角形的性质和条件.

（6）线段中垂线和角平分线的性质.

（7）基本尺规作图.

此案例中,围绕知识要点展开,涵盖三角形概念、线段、边角关系等内容.条理清晰,以序号排列,将三角形相关知识系统分类,便于学生梳理知识脉络,构建完整知识体系.内容全面,从基础概念到全等知识、尺规作图等均有涉及,有助于学生全面复习,查漏补缺.实用性强,为复习课提供清晰框架,教师可依此有序引导,学生可据此高效回顾,提升复习效果.

2. 图示式板书

图示式就是利用线条、箭头、符号、数字、关系框图等组成图形的方式呈示教学内容的一种板书方式.图示式板书最大的优势在于它的条理性和直观性.它将复杂的知识结构和逻辑关系,以一目了然的图形呈现,就像为学生绘制了一张知识图,学生按图索骥,能迅速把握知识要点和内在联系.这种板书方式适用范围广泛,无论是对新知识的传授,还是复习阶段的知识梳理,都能发挥重要作用.在数学学科中,"枝形图""箭头图""框图"等图示形式被频繁运用.通过这些图形,繁杂抽象的数学知识被巧妙梳理,变得易于理解.学生在学习过程中,能够借助这些直观图形,在脑海中构建起知识体系,从而形成深刻且持久的记忆,有效提升学习效果.

例如,数的分类概念就可用枝形图板书来展示（如图 4.15 所示）.

该枝形图板书结构清晰,将实数分类层次分明地展现出来；逻辑连贯,清晰呈现数之间的隶属关系；形式简洁,以较少的文字和线条传达关键信息,利于学生快速把握数的分类体系,构建知识框架.

例如,代数方程可用图 4.16 来展示.

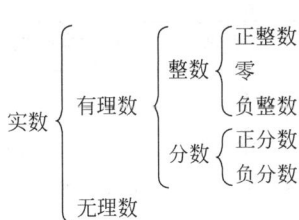

图 4.15 实数知识结构图

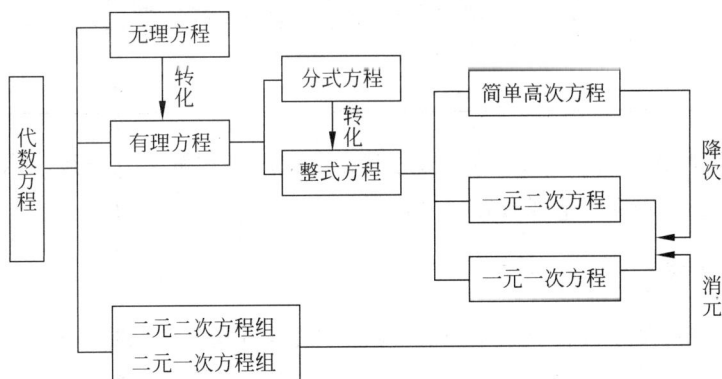

图 4.16 代数方程知识结构图

此板书以图示形式对代数方程进行分类,直观呈现各类方程的隶属与转化关系,逻辑清晰.内容涵盖无理方程、有理方程等多种类型,全面展示代数方程体系,有助于学生构建完整知识框架.突出方程间"转化""降次""消元"等关键方法,明确解题思路导向,加深学生对解方程策略的理解.形式简洁,用较少文字和线条承载大量信息,便于学生快速把握重点,提升学习效率. 可辅助教师系统讲解代数方程知识,也利于学生课后复习回顾,强化知识记忆与应用能力.

3. 表格式板书

在数学教学中,表格式板书是教师依据教学内容和目标,把相关数学知识、数据、概念、定理、解题步骤等要素,以表格的形式清晰、系统地呈现在黑板或其他展示载体上的一种板书方式. 它通过行列结构,将数学信息进行分类整理,使学生能直观地把握知识的内在联系与逻辑关系. 其特点是将有关内容分门别类地列入表格,类目清楚,井然有序,便于学生对数学学习进行观察、比较、抽象、概括、归纳和分类等多种思维活动,能够培养学生良好的思维习惯. 表格中适当的空白,可以诱发学生的求知思考. 这种方法设计的数学板书在对比阅读中有着重要的使用价值,让数学教学内容更为清晰. 在学习易混概念、公式、法则、定理时如果及时将相关内容整理成板书进行对比观察,可使学生在对比中分清正误,在对比中辨析,让知识在对比中得以深化. 因此设计数学板书时应加强知识间的纵横对比,恰当适时地在板书中体现数学的辨析美.

如在讲授"三角形的内切圆"和"三角形的外接圆"时与学生一起完成如表 4.1 所列的板书.

表 4.1　内切圆与外接圆对照表

图形	⊙O 的名称	△ABC 的名称	圆心 O 的名称	圆心 O 的确定	"心"的性质
	⊙O 叫作△ABC 的内切圆	△ABC 叫作⊙O 的外切三角形	圆心 O 叫作△ABC 的内心	作两角的角平分线	内心 O 到三边的距离相等
	⊙O 叫作△ABC 的外接圆	△ABC 叫作⊙O 的内接三角形	圆心 O 叫作△ABC 的外心	作两边的中垂线	外心 O 到三个顶点的距离相等

在一起完成此板书的过程中,学生通过对比更加深刻理解了三角形的内切圆与外接圆的区别与联系,对知识点的掌握有着很大的帮助.

4. 对比式板书

在数学教学中,对比式板书是教师根据教学内容,将易混淆的数学概念、不同的数学公式、多样的解题方法等具有对比性的数学知识,以表格、左右对比等直观形式在黑板上进行呈现. 它能帮助学生准确辨析相似知识的差异,明确不同公式、方法的适用条件,从而有效避免学习中的混淆,加深对数学知识的理解与记忆,提高数学学习的效率和质量. 比如:我们在教学"一元二次不等式的解法"时,可以结合一元二次函数的图像,按照 $\Delta>0$, $\Delta=0$, $\Delta<0$ 三种情况写出不等式的解集,从而进行对比,如表 4.2 所列.

表 4.2　知识归纳表

Δ 三个二次对象	$\Delta>0$	$\Delta=0$	$\Delta<0$
$y=ax^2+bx+c(a>0)$的图像			
$ax^2+bx+c=0(a>0)$的根	$x=x_1$ 或 $x=x_2$	$x_1=x_2=-\dfrac{b}{2a}$	无解
$ax^2+bx+c>0(a>0)$的解集	$\{x\mid x>x_2$ 或 $x<x_1\}$	$\left\{x\mid x\neq-\dfrac{b}{2a}\right\}$	$\mathbf{R}$
$ax^2+bx+c<0(a>0)$的解集	$\{x\mid x_1<x<x_2\}$	$\varnothing$	$\varnothing$

该板书是对比式板书,以表格形式呈现,将二次函数、二次方程、二次不等式在不同判别式 Δ 取值下的情况进行对比,条理清晰.结合函数图像,直观展示知识,便于学生理解二次函数图像与二次方程的根、二次不等式解集之间的关联.涵盖多种情况,从 $\Delta>0$、$\Delta=0$ 到 $\Delta<0$,全面且系统地呈现相关知识,有助于学生构建完整的知识体系.突出关键信息,如方程的根、不等式的解集等,以简洁的数学符号和表达式呈现,利于学生准确把握重点.充分发挥对比式板书的优势,培养学生比较分析的能力,提升对知识的理解与记忆效果.

5. 过程式板书

过程式板书是一种在数学教学中常见的板书形式,它通过逐步呈现教学内容,如定理、公式的推导,例题的证明及运算求解等,揭示数学知识的发生过程和学生的认知过程.这种板书形式充分体现了数学的思想和方法,是数学板书的精华所在.在数学性质的发现、论证以及运算与求解的教学过程中,过程式板书极为常用.它不仅契合认知理论的实践要求,还具有很强的逻辑严密性,有助于培养学生的推理论证能力和运算求解能力.同时,其对学生的思维发展也有着极大的启发作用.

例 4.27　解一元一次不等式 $\dfrac{2x-2}{3}-1\leqslant\dfrac{3x}{2}$.

解

$$2(2x-2)-6\leqslant3\cdot3x \qquad \text{(去分母)}$$
$$4x-4-6\ \ \leqslant9x \qquad \text{(去括号)}$$
$$4x-9x\ \ \leqslant6+4 \qquad \text{(移项)}$$
$$-5x\ \ \leqslant10 \qquad \text{(合并同类项)}$$
$$x\ \ \geqslant-2 \qquad \text{(系数化为1)}$$

在此案例中,运用了过程式板书.它依照解一元一次不等式的运算顺序,从去分母开始,接着去括号、移项、合并同类项,最后系数化为1,每一步都清晰呈现,完整展现了解题的动态过程.通过板书,学生能直观看到解题的每一个环节,清楚理解每一步的依据和目的,有效揭示了数学知识的运算逻辑,契合学生从具体到抽象的认知规律,有助于培养学生的运算求解能力和逻辑思维能力.

板书设计的形式多种多样,方法也是灵活多变的,选用哪种类型的板书,要由具体的教学内容来确定,教师要在充分把握教材的基础上,选择和设计恰当的、适用的、美观的、具有启发性和创新性的既适合教学,又便于提高学生能力的好板书.好的板书能将优美的文字书写、精美的图表、图解和口头表述糅为一体、相辅相成、相得益彰;好的板书能使课堂增色生辉,使学生精力高度集中,使课堂效率大大提高;好的板书是一份"微型教案",能再现教学内容的精髓,能创造一种美感盎然的教学情景,给学生以美的感受、情的陶冶和学识的增长.

4.4.4　板书的设计程序与设计原则

板书设计的一般程序为:明确目标—抓住重点—精选内容—统筹安排.板书设计要遵循以下原则:

1. 目的性原则

板书是为一定的教学目标服务的,板书必须对教材加以高度概括和浓缩.做到重点突出,纲目分明;因果从属,有机联系;浑然一体,了如指掌.教材内容是板书设计的依据;教学目标规定着板书设计的主体和结构,甚至影响着板书的语言.

2. 系统性原则

板书要特别注重知识的系统性和条理性.要抓住知识的纵向和横向联系,展现出知识的层次,要条理清晰、详略得当.教师应根据教学要求进行周密计划和精心设计,确定好板书的内容格式,在教学时才能有条不紊地按计划进行.一般来说,我们可以把一块黑板分为三部分,主体部分在中间(主板书),应占黑板的五分之三,左右空出的部分(副板书)可以写其他辅助性的东西.

3. 科学性原则

板书的用词要恰当,语言要准确,书写要正确,不写错字、别字、病句,笔顺正确;不写任意简化字、不写繁体字,不生造词语.表达要规范、线条要整齐美观.板书要让学生看得懂,引发学生思考,避免由于疏忽而造成意思混乱或错误.

4. 多样化、趣味性原则

板书的文字、图表、格式要灵活多样,不断有新的变化,既整齐、规范、美观,又有新意、奇特之处,使学生感到生动、活泼、趣味横生.

5. 简练性原则

板书设计要精练、概括,即用尽可能少的语言符号传递尽可能多的信息.这就要求教师在板书语句的选用上下功夫,力求简明、精练、争取用最简洁的文字表达出复杂的内容,抓要点,抓关键,不要不分轻重、不分主次.

6. 启发性原则

启发式教学应贯穿于课堂教学的始终,启发式的教学形式是多种多样的,它包含于教学全过程的方方面面.例如,板书中的一个问号、一个箭头、一个括号等,都可以激起学生对知识的追求和探讨的兴趣,激发起他们的求知欲.

7. 示范性原则

教师的板书除传授知识外,还会潜移默化地影响学生书写习惯.因此,教师的板书应该规范、准确、整齐、美观,切忌龙飞凤舞、信手涂抹,不倒插笔,不写自造简化字,一字一句,甚至标点符号都要有所推敲.

8. 即时性原则

即时性,就是要掌握板书的最佳时机,当师生都觉得不吐不快时,以板书代言;正值学生感到朦朦胧胧之际,教师的板书一字一句使之恍然大悟,受到启迪,如雪中送炭,可以说板书是教学的艺术,也是时间的艺术.

9. 可观性原则

板书设计要追求艺术的美感,要精心设计,刻意书写,使整个板书的布局格式与内容安排成为一种艺术创造.可以用精练、确切、优美的语言再现内容美;可以用不同颜色的粉笔,显现色彩美;可以用优美的布局、精心的设计,规范的书写,体现造型美.

4.4.5　板书设计的注意事项

数学板书是数学教学的重要载体,既是知识传递的桥梁,也是思维过程的直观呈现.优秀的板书能帮助学生建立知识框架、理解逻辑链条,甚至激发数学兴趣.在运用数学板书技能时应注意以下几点:

1. 板书要注意美观性

美观的板书能迅速吸引学生的注意力,让他们专注课堂.合理的布局和清晰的逻辑,有助于学生理解知识、强化记忆.同时,板书也是美育素材,能提升学生审美,营造良好课堂氛围,促进师生互动,让教学事半功倍.

(1) 板书要合理布局,便于学生归纳总结

板书有主副之分,主板书的内容是教学的重、难点,位于黑板的醒目位置,不可以随意改动,要一直保留至下课.副板书根据需要可更改、擦掉,版面可再次使用.若计划周密,一般情况下,课堂上不擦也够用,做到一堂课一黑板,黑板写满了,课也结束了.下课后,学生一看黑板,就能知道这节课所授知识体系的内在逻辑结构和教学过程,一目了然.

板书布局要具有科学性.主要体现在标题醒目,文字和图形的布局恰到好处.常见的布局有三种:①三等分版,即把板面分为三部分,以黑板的左中为主体,右侧为辅助板书用;②中心版,即以黑版的中间部分为中心,两侧留有较少部分为辅助板书用;③两分版,即黑

板的左侧的三分之二为主体部分,右侧三分之一为辅助板书部分.由于现在好多教室的黑板右侧三分之一处都配备了电子白板,因此老师用电子白板上课,板书基本采用这种两分版.同时还要努力做到讲课结束时,重要的板书内容不要随意擦掉,使布局合理,重点突出,内容完整,清晰整洁的板面产生一种和谐美和整体美,加上与现代多媒体课件以及电子白板使用的有机结合,对学生记忆效果以及课堂教学起着举足轻重的作用.

（2）书写规范

字体工整：教师应写规范的楷书或行书,字的大小适中、笔画清晰,尽量避免连笔和潦草书写,给学生良好的视觉感受.

行列整齐：文字书写要横平竖直,保持在同一水平线上,每行字的间距要均匀,使板书整齐有序.

（3）色彩搭配协调

依据教学内容和氛围选择色彩,如讲解数学公式等理性内容时,可用白色粉笔为主,重点内容用彩色粉笔标注.遵循色彩搭配原则,如相邻颜色对比度不要过高,避免使用过于刺眼的颜色组合,一般以不超过三种颜色为宜.

（4）图表精美

绘制的图形要符合科学规范,比例恰当、线条流畅,如绘制几何图形要用工具保证精度.图表要简洁明了,突出关键信息,避免过多装饰和复杂线条.

（5）内容简洁有逻辑

将教学内容提炼为简洁的关键词、短语或短句,避免大段文字堆砌,使学生能快速抓住重点.通过序号、箭头、图表等形式体现内容的逻辑关系,如总分关系、因果关系等,让学生能清晰地理解知识结构.

2. 空间留白艺术

在板书时,可以预留一些空白区域,让学生有机会上台补充或展示自己的解题思路.留白艺术在教学中是一种重要的技巧,通过在教学内容中适当留出空白,能够激发学生的主动思考和求知欲,培养自主学习能力,增强课堂互动性,突出教学的重点和难点,同时为学生提供自由发挥的空间以培养创造力,并缓解课堂压力,引导学生总结和回顾知识,从而有效提升教学效果,促进学生主动学习和深入理解,是实现高效教学的重要手段.

例如,"四边形、平行四边形、矩形、菱形、正方形的关系"复习课可设计如图 4.17 所示的板书.

图 4.17 将四边形、平行四边形、矩形、菱形、正方形用"关系结构图"呈现,使繁多抽象的关系可视化,降低了学生的学习难度.这些不同类型四边形之间的关系,可以留白,让学生小组合作探讨填写,教师只是启发引导.

3. 板书要有逻辑性,是思维的可视化呈现

数学板书是课堂教学的重要手段.它把抽象知识变具体,帮学生系统掌握基础与技能,还能梳理学习逻辑,让思维方法看得见,让数学学习和思考的过程清晰明了.板书设计应尽量还原知识形成过程、揭示数学思维过程.精心设计的板书是反映知识结构的提纲,将零散孤立的知识组成系统化的知识网络.这样的板书能帮助学生加深理解,便于记忆和知识迁

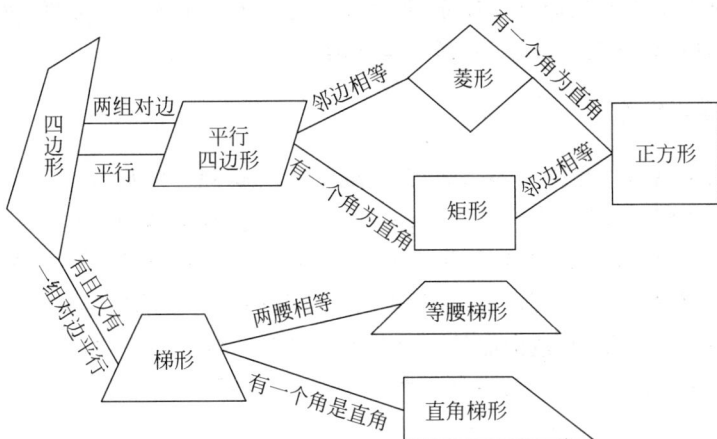

图 4.17　四边形演化图

移,有利于学生主动构建自身的知识结构.

　　例 4.28　函数零点存在定理.

　　设计如图 4.18 所示的板书.

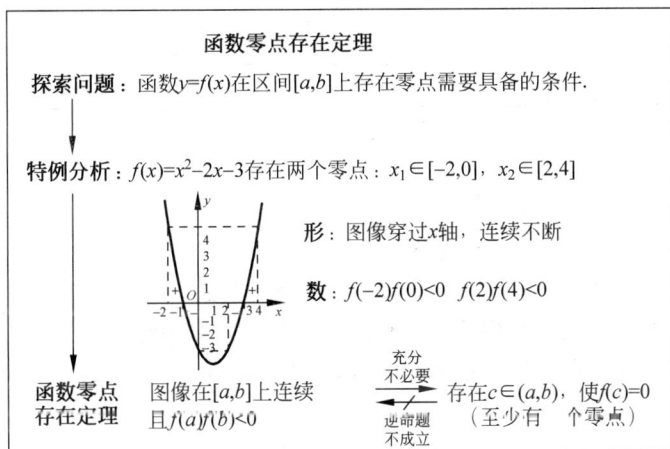

图 4.18　板书图示

　　设计意图　一方面,引导学生掌握从特殊到一般的数学学习方法.华罗庚先生曾说:"复杂的问题要善于'退',足够的'退','退'到最原始而不失重要的地方,是学好数学的一个诀窍."通过退到熟悉的二次函数,引导学生从"形"上把握特殊函数在区间存在零点的特征:图像连续不断,穿过 x 轴.并从"数"的角度,利用函数 $f(x)$ 的取值规律来刻画"穿过 x 轴"的图像特征.数形结合直观理解,有效降低学生归纳定理的难度.

　　另一方面,帮助学生把握研究数学命题的手段.通过变式命题的条件和结论,借助问题链"如果函数 $y=f(x)$ 满足条件 $f(a)f(b)<0$,那么它在区间 $[a,b]$ 上一定有零点吗?""如果函数 $y=f(x)$ 在区间 $[a,b]$ 上的图像是一条连续不断的曲线,且满足条件 $f(a)f(b)<0$,那么它在区间 $[a,b]$ 上是否有且只有一个零点?""如果函数 $y=f(x)$ 满足 $f(a)f(b)>0$,那么它在区间 $[a,b]$ 上是否一定没有零点?"引导学生把握条件和结论的充分不必要性,理解函数零点存在定理的逆命题不成立,帮助学生学会从逆命题、否命题、逆否命题等多角度理解和研究命题,构建命题体系,增强学会学习的能力.

4. 板书要有启发性

具启发性的板书能将复杂内容直观化,帮助学生跨越理解障碍、吃透知识内核.启发性板书会展示推导步骤,引导学生顺着思考路径探索,从而培养逻辑思维与推理能力,还通过对比、类比等方式呈现知识关联,助力学生构建完整知识体系,学会举一反三.同时,板书时设置疑问与悬念,能激发学生好奇心,让学生从被动听课转为主动探寻答案,从长远看,这为学生的数学学习筑牢根基,使他们能从容应对不断进阶的数学知识学习.

例如,"等比数列前 n 项和"可设计如图 4.19 所示的板书.

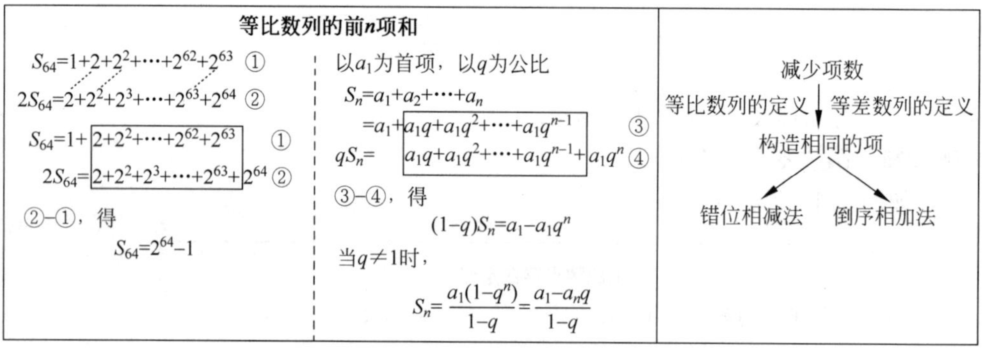

等比数列的前n项和

$$S_{64}=1+2+2^2+\cdots+2^{62}+2^{63} \quad ①$$
$$2S_{64}=2+2^2+2^3+\cdots+2^{63}+2^{64} \quad ②$$
$$S_{64}=1+\boxed{2+2^2+\cdots+2^{62}+2^{63}} \quad ①$$
$$2S_{64}=\boxed{2+2^2+2^3+\cdots+2^{63}}+2^{64} \quad ②$$
②-①, 得
$$S_{64}=2^{64}-1$$

以 a_1 为首项, 以 q 为公比
$$S_n=a_1+a_2+\cdots+a_n$$
$$=a_1+\boxed{a_1q+a_1q^2+\cdots+a_1q^{n-1}} \quad ③$$
$$qS_n=\boxed{a_1q+a_1q^2+\cdots+a_1q^{n-1}}+a_1q^n \quad ④$$
③-④, 得
$$(1-q)S_n=a_1-a_1q^n$$
当 $q\neq1$ 时,
$$S_n=\frac{a_1(1-q^n)}{1-q}=\frac{a_1-a_nq}{1-q}$$

减少项数
等比数列的定义 ↓ 等差数列的定义
构造相同的项

错位相减法　倒序相加法

图 4.19　板书图示

该板书在启发性方面有以下优点:

(1) 推理过程直观呈现,启发思考路径

板书通过对具体等比数列从①式到②式乘以公比构造新等式,再做差得到结果的过程详细展示,让学生清晰看到错位相减法的运用.这种直观呈现能启发学生在面对类似数列求和问题时,思考能否通过构造式子相减的方式消除中间项,进而找到求和思路,学会解决问题的方法.

(2) 一般公式推导清晰,培养归纳能力

从特殊的等比数列求和推导过渡到以 a_1 为首项、q 为公比的一般等比数列前 n 项和公式推导.学生可以在观察特殊到一般的过程中,归纳总结出等比数列求和的通用方法,培养归纳推理能力,理解数学中从特殊情况探索一般规律的思想.

(3) 对比关联突出,拓宽思维角度

板书右侧将等比数列与等差数列的定义进行对比,提到构造相同项以及错位相减法和倒序相加法.这种对比关联能启发学生将等比数列与已学的等差数列知识进行联系,思考不同数列求和方法的特点和适用场景,拓宽学生解决数列问题的思维角度,加深对数列知识体系的理解.

(4) 关键步骤标注,引导深入探究

在公式推导过程中的关键步骤,如③-④得到 $(1-q)S_n=a_1-a_1q^n$ 等,进行了明确展示.这可以引导学生关注这些关键的运算和变形,思考每一步的依据和目的,促使学生深入探究等比数列求和公式的本质,而不是机械记忆公式.

4.5 结束技能

4.5.1 结束技能及其作用

结束技能是教师在一个教学内容结束或课堂教学任务终了阶段,通过重复强调、归纳总结和实践活动等方式回顾与概括所讲主要内容,强化学生学习兴趣,使学生形成完整的认知结构的教学行为.

结束技能是课堂教学重要环节,是衡量教师教学基本功要素之一.课堂结束与导入相对应,构成完整教学活动过程,若不加以重视,会影响教学效果.在教学中,学生需在原有认知结构基础上,通过重组、强化等构建新认知结构,正确认识数学事实.结课能系统梳理学习内容,厘清思路,强化记忆,突出重点,及时消化理解所学,使知识系统化、巩固新知识,提升运用新知识解决问题的能力.

有效的结课能梳理知识脉络,帮助学生将零散知识系统化,深化对重难点的理解;可以通过提问、总结等方式,及时反馈学生学习效果,强化学生对知识的记忆与掌握;还能拓展延伸课堂内容,激发学生进一步探究的兴趣,为新知识学习埋下伏笔,使课堂教学在结束时画上圆满句号,又为后续学习开启新的篇章.研究表明,良好结课可使课后 6 小时后记忆效率提高 4 倍.数学课堂结束技能主要有以下作用.

1. 系统概括、归纳所学内容,使之系统化

布鲁纳在《教学过程》一书中曾指出:"无论我们教什么学科,务必使学生理解该学科的基本结构."在数学教学中也应使学生对一节、一章、一个单元的结构有所理解,并掌握该结构中知识之间的关联.学生对知识的学习是在对教学内容的展开、分析过程中进行的,在这一过程中,不可能对知识形成系统、明确的认识.当学习过程进行一阶段后,需要通过归纳、总结形成系统的认识.

结束技能的运用,通过强调教学中某段内容的重要数学事实和规律,使学得的新知识系统化;通过概括、比较相关知识,使新知识与原有的认知结构形成系统化,形成巩固的知识体系.

2. 强化巩固知识,加深对知识重点、难点和关键知识的理解

概括一单元、一节课的知识结构和内容.使学生对所学重点、关键内容在头脑中重复、理解、记忆,也是对学生学过的知识的强化过程.心理研究表明,记忆是一个不断巩固的过程,通常是由瞬间记忆到短期记忆,到长期记忆.对逻辑性很强的数学问题的理解,也是不断深化的,这种转化过程的实现,较基本的手段就是及时小结,周期性复习总结.显然,在课的结束时,通过归纳、类比,一方面使知识系统化,另一方面还可加强对知识的深化理解.

3. 帮助学生厘清思路,提炼数学思想方法

引导学生总结数学证明与计算的思维过程,提炼数学思想方法,促进学生对数学思想方

法的重视,提高和发展学生的数学思维能力.数学的抽象性常使部分学生对数学思想方法要反复理解,运用结束技能,常可引起学生对数学思想方法认识的升华,特别是对概念、定理的认识,以及解题方法的认识,常通过总结得到提高.

4. 设疑生趣,承前启后

数学课堂教学中经常出现几个课时才讲完一个完整教学内容的情况,这就要求在教师安排教学时格外注意结束的设计,既要使结束起到对本节课的教学内容进行概括总结的作用,又要使结束为下一节或是以后的教学内容做好铺垫.较好的方法是教师通过设置疑问,引起学生对后续学习材料产生兴趣.典型的做法是教师在结束时,安排一些用旧知识解决新问题的练习来激发学生学习兴趣.这种做法不仅帮助学生归纳整理所学的知识,而且培养学生独立思考的能力,培养学生思维的灵活性和创造性.

5. 检查学生学习效果,为改进教学提供依据

在课堂教学的结束环节,教师引导学生回忆、归纳、系统总结,还可针对这些内容设计问题、实验、讨论和检查学生对所学知识的理解程度,及时得到反馈,以便改进教学.

4.5.2　结束技能的类型

1. 概括式

这是最常见的结束方法,是指在课堂结束前,利用较短的时间把教学内容、知识结构、思想方法采取叙述、列表格、图示等多种方法进行总结概括.可由教师或在教师指导下学生完成.这种结束方式的特点是系统、完整而又简明、扼要,能给学生留下一个清晰的整体印象,便于记忆、理解和掌握本节课的学习内容.

例如,讲"平行四边形的判定"课时可归纳总结成如图4.20所示的知识结构图.

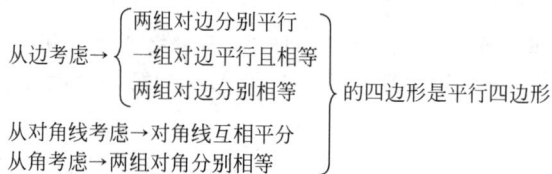

图 4.20　知识结构图

例如,在讲完了一元一次方程的解法单元后,可作如下的归纳总结:

教师:在解一元一次方程中我们用到了哪几种方法?这些方法的依据是什么?

(根据学生的回答,教师将正确结论填入预先画好的表格中(见表4.3).)

教师:谁再来说说进行上述各步骤的目的是什么?

(学生回答,教师复述,并填在表4.3中.)

表 4.3　归纳总结表

步骤	依据	目的
（1）去分母	同解原理 2	使各项系数转化为整数
（2）去括号	去括号法则 乘法分配律	有利于移项、合并同类项
（3）移项	同解原理 1	使含未知数的项和已知项分别集中
（4）合并同类项	合并同类项法则	减少含有未知数的项
（5）系数化为 1	同解原理 2	求出解

教师：这里，我们清楚地看到，无论怎样复杂的一元一次方程，利用方程的同解原理经过上述变形（表 4.3 中第一列）都可化为最简方程，然后在方程两边同除以未知数的系数把解求出来．这就是解一元一次方程的一般步骤（参见图 4.21）．（板书）

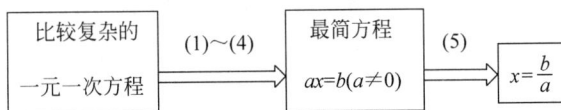

图 4.21　解一元一次方程的一般步骤

这样的结束，不仅通过例题归纳总结了解题步骤，而且明确了解题关键，对学生正确运用知识、技能起到了良好的作用．

2. 比较分析式

教师在安排新授课时，大多是按照数学知识系统纵向展开．如果我们在结束时，适当运用横向比较，对数学概念、性质、定理、公式等进行辨析，帮助学生认清知识间的区别与联系，对学生牢固掌握基础知识大有好处．

例 4.29　以"正方形的性质"教学为例的比较分析式．

平行四边形、矩形、菱形以及正方形的性质存在诸多相似点，教师可安排学生通过填写表格的方式（参见表 4.4），清晰梳理知识结构，以此避免混淆，加深对知识的理解与掌握．

表 4.4　知识结构表

形状	边	角	对角线	对称性
平行四边形				
菱形				
矩形				
正方形				

学生通过填表厘清知识结构．

通过这样全面、概括、重点突出的小结，学生对于全部内容一目了然，自然能在头脑中留下深刻的记忆．

3. 拓展延伸法

这种结尾是在一个单元或一章学习即将结束时，对章节前后内容进行串联、整理、比较、归类,使所学知识系统化、条理化、网络化.它的主要作用表现在为学生提供良好的知识结构,进一步加深理解和巩固.例如,在学习了圆台的体积公式以后,总结性地指出 $V=\frac{1}{3}(S_1+\sqrt{S_1 S_2}+S_2)h$,当 $S_1=0$ 时,即为圆锥的体积公式;当 $S_1=S_2$ 时,即为圆柱的体积公式,从而揭示了锥、台、柱的内部联系,又使学生只需要记住圆台体积公式,就可解决其他一系列的有关问题.

4. 铺垫发展式

数学教学中,经常出现用几课时讲一个比较完整的知识单元的情况.对于这样的情况,教师不仅要考虑一节课的教学任务,还要考虑下一节、后几节的教学任务.因此,教师在设计结束时,一定要认真研究怎样为下一节的教学活动作铺垫.另外,发展学生的智力,培养学生的创造性思维是数学教学的重要任务,教师在各个教学环节都要重视它,结束时也是如此.所以,有相当数量的结束是为下一节教学活动作好铺垫,同时又为学生发展智力提供了有利条件.

例如,在一元二次方程习题课的最后,可对其结束作如下设计:

教师:前面我们所学的一元二次方程,其根的情况有哪些?

学生:有三种情况:有不相等的两实根、有相等的两实根、没有实根.

教师:大家仔细分析一下,有没有根或有什么样的根,主要与什么有关呢?

(学生开始思考、议论,慢慢地集中到了方程的系数.)

教师:同学们不解方程能判定一个一元二次方程根的情况吗?请总结其规律,下节课我们大家来交流.

(这为下节课学习根的判别式埋下了伏笔.)

5. 首尾呼应式

这种结束需要教师在导入新课时给学生设疑置惑,结束时释疑解惑.首尾呼应,形成对照,使学生豁然开朗.这种设计方式应用得好,可以使学生始终处于问题之中,思维高度活跃,能给学生留下深刻的印象.

例如,在学习"一元二次方程根与系数的关系"内容时,有的老师在课题引入时采用了"提出问题"的方法巧布悬念,先出示小黑板:弟弟解一元二次方程 $x^2-15x-100=0$,得出两个根为 20 和 5.姐姐走过来刚看了一眼就说:"你做错了."姐姐是怎样看出来的? 有的学生脱口而出:"验根."教师强调:由题意可知,姐姐是在一瞬间作出判断的,不可能是利用代入原方程验根的方法.(学生点头)

当老师讲完"一元二次方程根与系数的关系"——韦达定理后,重新出示小黑板,让学生再次考虑课前提出的问题,学生恍然大悟,齐答:"是利用了韦达定理."

6. 练习巩固法

练习巩固法是课堂小结中极为重要的一种方法.在课堂小结环节,教师通过组织学生完成针对性的训练题目,助力学生巩固和深化数学知识点.

具体实施时,教师需依据数学课堂的教学内容,精心挑选或编辑一系列练习题.这些练习题应全面涵盖数学知识的重点、难点以及易错点,并且难度层次要设置得当,以此来有效检查学生对数学知识的掌握程度.难度适中的练习题,能够激发学生的挑战欲望,对促进学生高效学习大有裨益.

练习题的形式可以丰富多样,包括选择题、填空题、解答题等,满足不同学生的学习需求.教师还可结合数学知识,巧妙设计综合性和开放性的练习题,着重培养学生综合运用数学知识的能力,以及创新思维.

在学生做练习题的过程中,教师要给予他们充足的独立思考时间,鼓励学生尝试运用多种方法进行解答.待学生完成练习题后,教师需及时批改并反馈,明确指出学生解题过程中的错误之处,同时给出正确的解题思路和具体方法,帮助学生加深对知识的理解和掌握.

7. 发散引申式

把一些与教学内容紧密联系而课堂上又不能解决的问题提出来,在课堂结尾时作为联系课内外的纽带,从而达到拓宽、发展课堂教学内容的目的.

以高中数学"圆锥曲线"教学为例,可以采用以下结尾方式:

同学们,这堂课我们深入探究了圆锥曲线,从椭圆、双曲线到抛物线,它们独特的性质和方程背后,隐藏着无数数学奥秘.在天体物理学中,行星绕恒星的运行轨道多为椭圆,借助圆锥曲线知识,我们能精准计算行星的位置和运行周期,预测天体的运动轨迹.在光学领域,抛物面镜因其能将平行光线汇聚于焦点的特性,被广泛应用于望远镜、车灯等设备.而双曲线在雷达定位系统里发挥关键作用,通过测定目标与多个基站的距离差,利用双曲线的性质确定目标位置.圆锥曲线不仅是数学课本上的知识,更是打开科学大门的钥匙.课后,大家可以查阅资料,思考圆锥曲线在更多前沿科技,如引力波探测、卫星通信中的应用,试着用所学知识推导一些实际问题的解决思路,去挖掘数学在未知领域的无限可能.

8. 趣味式

留几分钟的时间,针对新课内容,安排一些有利于激发学生兴趣的活动,对活跃课堂气氛,鼓舞情绪大有好处.例如:组织小型竞赛,讲解与内容关系密切的趣事;对概念、定理、法则、公式搞最佳记忆;自编题目,答题比赛等.这种结尾方式使新课在轻松愉快的气氛中结束,从而提高了学生的学习兴趣,增强了信心,虽然下课了,学生还犹如漫步在一座美妙的艺术殿堂之中,余兴未消.

4.5.3　结束技能的程序

在结束一节课或一个课题时,主要包括简单回忆,提示要点,检验结果,巩固应用,拓展延伸五个环节.具体的含义如下:

(1) 简单回忆.对整个教学内容进行简单回顾,整理认识的思路.

(2) 提示要点.指出教学内容的重点、难点、关键点,必要时可做进一步的说明,进行巩固和强化.

(3) 检验结果.提出问题或采用其他形式检验学习结果.

(4) 巩固应用.引导学生把所学知识应用到新的情境中去,在应用中解决新的问题,巩固知识,并进一步激发思维.

(5) 拓展延伸.有时为了拓展学生的思路,开阔学生的视野,或把前后知识联系起来,形成系统,需要在结课时对教学内容进行必要的扩展延伸.

结束技能的要求有以下几点.

1. 及时总结

数学课堂教学中,任何一个相对独立的问题结束时,都应及时小结、巩固.它包括定义、定理,以及例题,讲完之后,都必须进行总结.特别是例题的总结,不但使例题作用得以巩固,而且会影响学生养成做完每一个数学题,都进行总结的习惯,这种习惯对提高学生数学素质是很有效的.这也是一种学法教学的手段.

及时总结,就要立即回顾,对一个数学问题,总结会使学生自觉不自觉进行概括、抽象和简化原问题.及时对知识建构进行重复,强化记忆,引导学生认识数学知识和数学方法,可以减少遗忘,提升教学效果.

2. 系统概括

在对知识的总结中,要做到紧扣教学目标,紧密联系教材实际和学生实际,突出重点,抓住一条主线进行系统概括.总结中对讲述的数学事实要精练、具体,才能使学生印象深刻.数学方法的总结要明确、具体,语言简练.

在概括中进行纵向联系和横向对比,使学生的知识得以进一步的深化,形成新的认知结构.

3. 强化应用

学习的目的在于运用,在结束时,要强化知识加深理解,必须精心选题,加强应用,在运用中加深对知识的理解.

4. 形成整体

课的结束是课堂教学中的一个环节,这个环节既必不可少,又不能单独存在.它和教学中其他技能一样,以完成教学任务为目标.因此,要精心设计结束活动的结构,既简要扼要,又突出重点,还应具有系统性,前后呼应.精选例题,恰当地安排时间,以体现出教学的整体性.值得注意的是,数学教师要不断从学生实际出发,不断创造出符合学生认知行为的结束部分的教学方法.

4.6 变化技能

4.6.1 变化技能的概念

变化技能是指教师在课堂教学中,通过信息传递、师生相互作用以及教学媒体运用等活动方式的改变和转换,以引起学生兴趣,维持注意的一类教学行为.

注意是心理活动对一定对象的指向与集中.注意是一切心理过程的开端,从感知到思维,每一个认识过程都是从注意开始的.注意不是独立的心理过程,而是在感觉、知觉、记忆、想象、回忆、思维、感情、意志等心理过程中表现出来.在信息加工模型中,个体注意某些刺激,就预示着信息加工过程的开始.从教学角度看来,吸引和维持学生的注意是教学的第一步.

教学中,变化技能的运用,就是变换对学生的刺激,包括刺激物、刺激方式的变换等、要让学生集中注意力于学习活动,并能稳定保持一定品质的注意,并不是只凭课堂纪律就能维持的,也不应该只依靠课堂纪律的约束来维持,而是要通过教学环境中的各种变化来实现.如教学材料刺激方式的变换,教学媒体的变化,教学组织形式的变化以及教师教态和情感表达方式的变化等,都能帮助学生集中注意力,并积极与教师和教学材料进行情感的交流,能消除疲劳,维持好奇心和敏捷思维,激发创造力.变化技能的实施,能促进学生进行有效的学习活动.

4.6.2　变化技能的功能

1. 唤起并保持注意力

运用变化技能,将学生的无意注意转化为有意注意.注意是人对客观事物的一种定向反射.它保证有机体能够清晰地感觉周围环境的刺激物.当人们的心理活动指向和集中于一定事物时,这就是注意.无意注意是自然发生的,不需要任何努力的注意.无意注意是由刺激物的特点和我们直接有兴趣的事物所引起的.大脑对无意注意接受的信息处理很初步,一般不作深入分析,记忆保持率也很低.教师通过教学媒体的转换、师生交流的转换,使学生的无意注意始终随着教师的教学进程走,并且运用教学内容的展开、启发思维的提问将学生的无意注意转化为有意注意.进而提高学生对学习内容的兴趣,培养学生的求知欲.

2. 引起兴趣,激发和维持学习动机

学习兴趣,是学习动机中最基本、最活跃的因素.在教学过程中,不断地变化教学方式,可以引起学生的学习兴趣,使学生总是在高涨激动的情绪中,全神贯注地学习和思考.教师运用变化的技能,可以唤起学生学习热情,活跃教学气氛,培养良好的学习风气.

例如,讲"三角形内角和是 $180°$"时,教师不断变换活动方式,使学生在活动中发现规律、认识规律、验证结论.

首先让学生用量角器量书上三角形的内角,然后将三个内角的度数加在一起.结果可能有误差,但总是在 $180°$ 周围,上下差一、两度.得出结论:三角形内角和是 $180°$.

其次教师用抽拉、旋转投影片演示,将三角形的三个内角拼在一起,正好形成一个平角.平角是 $180°$,进一步确认结论.

最后再让学生动手做两组练习:先每人用课前准备好的三角形纸,撕开后拼在一起,形成一个平角;再拿教师准备好的一个钝角三角形、一个锐角三角形和一个直角三角形,让学生动手折叠,进一步验证三角形内角和是 $180°$.

通过变换教学活动方式启发学生的思维,有利于知识的理解和记忆,也保持住了学生高涨的热情.恰当地引导学生的热情,将其牢固地吸引到学习内容上来,使学生在兴奋的情绪中主动地探求知识,充分体验从事活动的过程和取得成果的愉悦情绪与满足心理.甚至将这种情绪延伸到课外,使学生在课后做作业时也能唤起这种体验."学习"对于学生来说是不断解决问题、取得知识和技能的愉快过程,而不是枯燥无味的"苦差事".获得成功的愉悦情绪是产生学习动力的最佳因素,是持续攀登科学高峰而不倦的必不可少的动力之一.

3. 兼顾不同认知水平的学生

学生的智力是有差别的,只有承认学生的认知差别,区别对待,因材施教,才能在不同层次上调动学生学习的积极性和主动性,有利于全面提高教学质量.

运用变化技能,可以照顾到各层次的学生,为每一位学生提供主动参与教学活动的机会.任何一个教学班的学生,在知识基础、接受能力等方面总会有一定差异.教师应该注意到这种差异,既要面向全体,又要因材施教.对有些教学环节,如推理、演算、观察等,要使全体学生都跟上教学进程,同步地进行是很困难的.常会有一些学生跟不上教学进程.放慢进度或过多地重复会影响教学的整体效果.这时,教师运用变化技能,改变信息的传输方式、教学媒体或师生间的相互作用,可以给各层次的学生提供主动参与教学活动的机会.

例如,平行四边形面积公式的推导.前边已经学过长方形和正方形面积的计算公式.在此基础上推导平行四边形的面积.

教学过程简述如下:

(1) 出示小黑板,黑板上画上小方格.每个交点处钉上钉子.用皮筋挂在钉子上形成一个平行四边形,请同学先找出平行四边形的底和高,然后用数方格的方法求出平行四边形的面积.

(2) 学生每人发一张平行四边形的纸.请学生动手,每人先在纸上画出平行四边形的高;然后用尺子量出平行四边形的底和高各是多少;最后让学生求平行四边形的面积.画高、量线段的过程教师都进行讲评.求面积的方法最容易想到的是画小方格,也可能有人想到割补法.教师可以让学生适当发表自己的意见.

(3) 提问:回忆长方形和正方形的面积怎么求?学生很容易答出用公式求:长方形的面积=长×宽;正方形的面积=边长×边长.教师提示:平行四边形面积的计算也要推导出公式.由于我们已经学过长方形面积公式,想个办法把平行四边形转化成长方形.

(4) 学生动手把平行四边形沿它的高剪开,然后拼成一个长方形.

(5) 教师用抽拉投影片演示把平行四边形转化成长方形的过程.比较平行四边形的底和高与长方形的长和宽的关系;通过比较再得出平行四边形和长方形的面积相等的结论.最后应用长方形面积公式推导出:平行四边形的面积=底×高.

(6) 进一步给出平行四边形面积公式的字母表达式,并且把公式写在黑板上.

(7) 利用网格小黑板做练习.每组选三个同学到黑板前边来做练习.第一个同学用皮筋在钉子上挂出平行四边形;第二个同学找出这个平行四边形的底和高的长;第三个同学应用公式计算出这个平行四边形的面积.

在这个教学片断中,用到的教学媒体有投影、小黑板和学具;活动方式有讲解、提问、学生动手和板演;有学生每人动手、集体活动、个别活动.在这个过程中可以给基础较差的同学提供大量的活动空间,让他们动手、动口.这样,使基础较好的学生不感到枯燥无味,又为基础较差的学生提供了主动参与教学和表现自己的机会,将面向全班和因材施教结合在一起.

4. 利于领会和理解知识

多样化的教学方式和学习活动能够激发学生的学习兴趣,使学生精神振作,不易疲倦.人对客观事物的感知是通过视觉、听觉、触觉、味觉、嗅觉等感官获得信息,并经过大脑对信息加工完成的.一般地说,在几种感官协同活动下,才能获得对客观事物的全面了解.

在课堂教学的过程中运用变化技能,恰当地变换教学方式、教学媒体,通过多种感官协同动作传递信息,可以加深印象,有利于记忆,也可以从多种角度帮助学生理解知识,进而启发学生思维.人们可能有这种体验:由于教师变化技能运用得好,教学方法奇特,学生情绪高涨,学习气氛热烈,对学习内容留下深刻印象,以至于若干年,甚至十几年后,对于某些教学场景、教学细节、教学内容仍历历在目,津津乐道.这是课堂教学效果的最高境界.要得到这种效果,需要教学内容与教学方式和谐统一,教学媒体与教学情境相辅相成,学生情绪与教师情感水乳交融.每一节课、每一个教学片断都达到这种效果是不可能的.但是运用变化技能对于加强记忆、促进理解、启发思维是确有作用的.

如讲圆的认识这一部分.教师先用模型、实物给出圆的概念.然后讲圆的画法:教师先在黑板上画一个圆,强调圆规的使用要领:①圆心不能移动,②圆规两脚张开的角度不能变.指导学生画圆.画出圆后,教师让学生画出圆的一条半径,再用投影仪讲解半径的条件:必须是一个端点在圆心,另一个端点在圆上的线段.接下来教师让学生量自己画的圆的半径的长.学生纷纷报出自己的度量结果,发现半径的长不一样;教师让学生在自己的圆中再画一条半径,量出半径的长;再画再量.最后得出"同圆的半径相等"的结论.其中"同圆"这一要点学生会印象很深刻.讲完直径的概念之后,教师要求:"把你画的圆的直径都画出来."学生老老实实地画直径,教师还催促:"谁画完了?"这本来是一件做不到的事情,教师让学生去做,使学生在画直径的过程中自己得出结论:圆有无数条直径.同时直径必须经过圆心的印象也加强了.

从以上的叙述中可以看出:这节课教师不断变换教学方式,有教师讲解、有演示实物和投影、有学生动手、有学生动口.信息传输方向有教师传向学生的,有学生传向大家的,有接受教师的观点的,有同学之间相互纠正和启发的.一节课下来,学生会对圆的概念有很深的印象.学生从实践中自己悟出了一些道理,教学重点和难点得到了加强.变化技能的运用充分显示了作用.

4.6.3 变化技能的类型

数学教学中的变化技能大体可以分为语言的变化、教态的变化、教学媒体的变化、师生相互作用的变化四种类型.

1. 语言的变化

语言的变化包括语调的高低变化、音量的大小变化、语速的快慢变化及其语言的节奏变化等.语言的变化对吸引学生的注意力具有非常重要的作用,它可以使教师的讲解具有强烈的吸引力或趣味性,使教学重点更加突出.也可以使不注意听讲或影响别人听讲的学生,尽快扭转视线,安静下来.比如,一个有经验的教师在讲了一段有趣的故事之后,引起学生的笑声和议论声,当他开始把声音变弱,形成安静低沉的声调时,学生便会更加专心去听.而一个没有经验的缺乏训练的教师往往不会使用这一方法,当课堂变得喧闹嘈杂时,却一味简单地去增加刺激的显著变化,不停地大声喊叫:"别讲话了!""闭上你们的嘴!"等.这种方法虽然有时暂时有效(也可能无效),但却影响了教师在学生心目中的威信,难免使学生产生轻视教师的想法.

（1）语调的变化

语调的高低变化是指讲话时,声音的高低起伏、抑扬顿挫的变化.这种变化主要是由教学内容来决定的.

（2）音量的变化

音量是指讲话时声音的大小.音量的大小需根据教学内容以及教室环境的状况而变化.当所要讲述的内容需要提醒学生注意时,可将音量提高,当叙述一般的内容时,可将音量适当减小.当某种外界环境干扰了学生的注意力,影响学生正常听讲时,可将音量适当增大,以便引起学生的注意,使讲课能正常进行.

（3）语速的变化

语速的快慢变化很重要.在正常的情况下,教师讲课的速度应保持在 200 字/分左右.但在特殊情况下,教师应把讲课的速度放慢或加快,以便引起学生的注意,加深学生的印象.例如,向学生提出某一问题时,教师就应该以较慢的速度把问题说出,让每一名学生都能听清楚教师问的是什么,当教师进一步说出"这是为什么"几个字时,则应更慢.这样可以让每一名学生都进入思考状态.

（4）节奏的变化

节奏是指音节的长短搭配及停顿的使用.语言不是音乐,但语言的节奏感比音乐还强.音节有长有短,几字一顿,甚至一字一顿,就产生了节奏感.节奏和语调、速度、音量合理搭配会产生强烈的韵律感.像小溪流水一样,时缓时急、跌宕起伏、抑扬顿挫的节奏再加上精辟的推理、优美的描述和丰富的想象.这样的教学语言会产生扣人心弦的效果.

（5）停顿

停顿是指除语法上的停顿外的警示性停顿.在特定的环境和条件下传递着一定的信息,也是引起注意的有效方式.警示性停顿有以下三种情况.

① 稳定情绪的停顿.在课前或一节课之中,有时学生情绪亢奋,注意分散.教师可以不讲话,以严肃的目光注视全体或部分学生.学生会很快安静下来.

② 提示注意的停顿.在教学过程中,有的学生难免会出现"走神"、开小差、玩东西等现象.这时教师的讲授可以戛然而止,并且以目光示意.这样会终止学生与教学内容无关的行为.

③ 关键处的停顿.在教师讲到关键处时,可以做有意识的停顿,以提示学生对所讲内容引起注意,引发思维,给学生一个深入思考的信号.这时学生可能小声议论学习内容,这是正常的.

以上简单讲了运用语言时语调、音量、语速、节奏和停顿的变化.教师在讲课时正确运用这些变化,会使语言简洁、流畅、生动而有特色.只有具有特色的语言才具有强烈的感染力.

2. 教态的变化

教态的变化是指教师的表情、动作、身体姿态以及身体移动等方面的变化.它是教师在运用口语进行教学时情感的自然流露,是有声语言的补充和延伸,是教师教学热情和感染力的外在体现.它可以传递丰富的教学信息,唤起学生的注意力,加深学生对知识的理解和掌握.教态变化不需要任何辅助工具就可以实现,因此是数学教学中最基本、最常用的变化方式.

教态的变化包括:声音的变化、情绪和态度的变化、停顿的变化、眼光接触的变化、头部动作变化、手势的变化、身体位置的变化.

(1)身体的动作.教师在课堂上身体的动作,主要指教师在教室里身体位置的移动和身体的局部动作.

① 教师在课堂上的走动:走动是教师传递信息的一种方式,如果一个教师一节课只一个姿势地站在那里一动也不动,课堂就会显得单调而沉闷.相反,教师适时地在学生面前走动,而又没有分散学生注意力的动作,课堂就会变得有生气,还能激发学生的兴趣,引起注意,调动学生的积极情绪.教师在课堂上的走动大体有两种:一种是教师在讲课时并不总站在一个位置上,而是适当地在讲台周围走动;另一种是在学生做练习、讨论、实验时,教师在学生中间走动.从讲台上下来走到学生中间,这种空间距离的缩小,带给学生的直接影响是与学生心理上的接近.因此,教师走到学生中间可以密切师生关系,加强课堂上师生间的感情交流.同时,在走动中教师可进行个别辅导,解答疑难,了解情况,检查和督促学生完成学习任务.

② 教师身体局部的动作.教师除全身的动作外,头部和手等的动作均能表达一定的思想或辅助语言的表达.毛主席曾提出,以手势助说话.美国心理学家艾伯特·梅拉比安(Albert Mehrabian)在一系列实验的基础上得出:人的信息由三个方面组成:55%的肢体语言$+38\%$的声调$+7\%$的言辞.这就是说,人的"身体语言"占整个信息表达量的一半以上.这一研究告诉我们:教师如果能较好地驾驭自身的身体语言,则可以成为对学生施加特定影响、调整双方心理距离的重要手段.相反,如果教师体势呆板,一方面有损于教师的形象和威信,另一方面也不利于集中学生在课堂内的注意力,不利于保持教师对学生的吸引力.在与学生交流的过程中,头部的动作对于表达思想或态度起着重要的作用.例如,在学生回答问题或提出问题时,你使劲地点头则表示:"我知道了,你快讲吧!"如果你将眉毛抬到不能再抬高的程度,则表示:"我太惊奇了!"假使你慢慢地抬起眉毛并轻轻地点头,表示你正在注意听,而且对他的回答进行思索,会使学生更愿意谈自己的意见和见解.

(2)面部的表情.情感是打开学生智力渠道阀门的钥匙,这一点已被现代心理学的研究所证明.课堂上师生之间情感的交流,是创造和谐的课堂气氛,良好智力环境的重要因素,在交流中教师的表情对激发学生的情感有特殊的重要作用.

(3)眼神的交往.在人类的历史上,眼睛一直对人的行为有很大的影响,它是人与人沟通中最清楚、最正确的信号.作为教师,讲话时要面对全班,使用从注视全班到部分学生的变化方法.与每个学生都有目光接触会使学生对教师增加信任感,喜欢听讲.

(4)适宜的停顿.停顿也是一种语言,是引起注意的一种有效方法.在讲述一个重要事实之前作一个短暂的停顿,能够有效地引起人们的注意.同样的句子中间突然插入停顿,也会起到同样的作用.三秒钟的停顿足以引起人们的注意,二十秒钟的沉默对人是一种折磨,更长时间的沉默简直会使人难以忍受.一个新教师往往会害怕停顿和沉默,每当出现这种情形时,他们就赶紧用附加的问题或陈述填补进去.而一个有经验的教师在提出一个问题后,总是停顿一会儿让学生思考,做好回答的准备.当学生回答完问题之后再次停顿,给学生进一步思考的时间,促使其问题回答得更全面.另外,在对一个概念分析、综合之后,或对一个问题演绎、推理之后,也要有一个适当的停顿,以使学生回味、咀嚼、消化、巩固所学的知识.一节课中恰当地进行停顿会使人感到有节奏感,不停顿地讲述 45min,不给学生留下思考的余地是不可取的.

3. 教学媒体的变化

数学课堂上常见的媒体包括黑板、实物模型、计算机多媒体.

随着计算机技术的飞速发展,信息化教学也逐渐成为课堂教学的重要手段,在培养学生素质中起着非常突出的作用.多媒体辅助教学成为教师们的首选,但是任何一种教学媒体都不是万能的,对于多媒体辅助教学,也存在不足的地方,有些内容并不适合多媒体教学.因此,对于老师来说,选择合适的教学媒体十分重要.那么如何选择教学媒体才能最好地优化数学课堂教学呢?首先要根据教学媒体的特征和功能,结合教学目的和教材的内容特点来选择教学媒体,如:黑板使用于逻辑推理,实物媒体使用于具体的操作活动,计算机多媒体使用于比较抽象的教学等.其次,要注意传统媒体与现代教学媒体的优化组合.

4. 师生相互作用变化

在课堂上教师、学生和教学内容三者之间存在着相互作用.学生在教师指导下学习教学内容,完成学习任务.由于教学观念的改变,当前人们对教师与学生相互作用的方式的认识也随着改变了.为了更好地促进学生的学习,教师应在课堂上变换与学生的相互作用方式.

(1)师生交流方式的变化

在课堂教学中教师应采用多种方式与学生交流,了解学生的想法、学习中的问题,以便获得全面的教学信息反馈.这些交流方式有:教师与全体学生;教师与个别学生;学生与教师;学生与学生;学生与教学内容.

(2)教学方法的变化

在课堂教学中变化教学方法和方式,不仅仅是指根据教学目的、教学内容和学生的特点,选择、组合、变换和穿插使用各种方法(如讲解、提问、演示、读书等),而且还包括灵活而机巧地变换各种教与学的个别活动方式(如游戏、操作、表演、模拟、说唱等).教学方式和方法的变化,有利于各种方法和方式优势互补、相互配合,实现教学的最优化,提高教学活动的质量和效率;有利于激发学生的积极性,稳定学生的注意,引起学习兴趣,推动学生参与教学活动,促进他们主动地、生动活泼地学习.

4.6.4　变化技能的应用要点

在课堂教学中,变化技能的有效运用对于提升教学效果、增强学生学习兴趣和参与度起着至关重要的作用.运用变化技能时,需着重注意以下几个要点.

1. 紧密契合教学目标

课堂教学犹如一场精心编排的演出,每一个环节都应围绕核心目标展开.在运用变化技能时,教师要时刻以教学目标为导向,根据教学进程中的实际需求以及学生的实时反馈,灵活选择和运用相应的变化技能.例如,若教学目标是帮助学生深入理解抽象的数学概念,教师可适时采用直观演示的变化技能,通过具体的模型或动态的演示,将抽象知识具象化,助力学生更好地掌握.绝不能仅仅为了追求形式上的新奇与多样,而脱离教学主题,否则就如同偏离航线的船只,难以抵达知识的彼岸.

2. 精准把握针对性

学生是具有独特个性和差异的个体,他们在能力水平、兴趣爱好方面各不相同,同时,不同的教学内容和学习任务也各具特点.教师需充分考量这些因素,运用具有针对性的变化技能.对于兴趣广泛、思维活跃的学生群体,教师可采用小组竞赛、角色扮演等充满趣味性和挑战性的变化技能,进一步激发他们的学习热情;而对于理解能力相对较弱的学生,则可运用循序渐进的提问、细致的讲解等变化技能,帮助他们逐步攻克知识难点.

3. 确保教学的连贯性

课堂教学是一个有机的整体,各个教学环节和技能之间应相互衔接、自然过渡,如同一条连贯的丝线,将知识的珍珠串联起来.变化技能作为教学过程中的重要组成部分,必须与其他教学技能紧密配合,保持流畅的连续性.例如,在从讲解技能过渡到提问技能时,教师的语言表达和肢体动作应自然衔接,不能让学生感觉到突兀.同时,在运用变化技能时,也要确保教学节奏的稳定,避免因变化过于频繁或突兀而打断学生的学习思路,影响教学的整体连贯性.

4. 合理掌控分寸,避免过度夸张

教师在运用变化技能时,不仅要在方式方法上进行精心选择,还需在运用程度上加以严格把控,做到恰到好处、适度适宜.不同的变化技能有着各自独特的作用,同一变化技能在运用程度上的差异,也会带来不同的教学效果.例如,适度的身体语言变化,如一个鼓励的眼神、一个肯定的点头,能够增强与学生的情感交流,提升教学效果;但如果动作过于夸张、频繁,反而可能分散学生的注意力,干扰正常的教学秩序.因此,教师必须以实现师生之间最佳的沟通效果为衡量标准,精准把握变化技能运用的分寸,让变化技能真正成为促进教学的有力工具.

4.7 演示技能

4.7.1 演示技能的定义

演示技能是教师根据教学内容特点和学生学习的需要运用实验、实物、模型、图片、图表

以及现代教育技术等直观教学手段,为学生提供感性材料,把事物的形态、结构或变化过程展示出来,充分调动学生的感官,形成表象和联系,指导学生理解和掌握知识,训练操作技能,培养观察、思维和记忆能力的教学行为.当教师能够根据教学内容和学生的认知特点,准确地选择演示类型并能按照有关要求熟练地进行演示操作、讲解时,表明该教师形成或掌握了教学演示技能.教师掌握演示技能的必要性在于它能使教师准确、迅速、高效地进行演示教学.

4.7.2 演示技能的意义

演示是出现较早的辅助教学的一种方法,由于它符合从生动的直观到抽象的思维,再从抽象的思维到实践这一转换的规律,因此受到了许多教育家的重视.两千多年前,我国战国时期的教育家荀况就提出,教学要以"闻见"为基础.三百多年前的捷克教育家夸美纽斯(Comenius,1592—1670)也提出,要"先示实物,后教文字".毛泽东同志说:"无数客观外界的现象通过人的眼、耳、鼻、舌、身这五个官能反映到自己头脑中来,开始是感性认识.这种感性认识的材料积累多了,就会产生一个飞跃,变成了理性认识."虽然学生学习的知识是间接经验,但仍然需要感性认识作基础.他们的感性认识,一方面是在生活中取得的,另一方面则是在学习中,特别是通过观察教师演示直观材料来取得的,或直接地参加实验、实践等活动而获得的.教学中运用直观演示手段,能够丰富学生的感性经验,减少掌握新知识尤其是抽象知识的困难.在教学中,教师如果只凭语言、文字这些抽象的符号,所能唤起学生表象的完整性和鲜明性,远不如刺激物直接作用于学生的感官所产生的知觉那样鲜明、具体和深刻.所以,教育家们普遍重视感性认识对提高学生认知能力的作用.实践证明,在解决教学上比较抽象和复杂的问题的时候,如果借助于直观形象,将有助于学生思维的顺利发展.

演示虽然是一种教学的辅助方法,但随着科学技术的发展,大量的现代教育技术进入教学领域,为改革教学方法起了较大的推动作用.同时,也使演示的内容更加丰富,形式更加生动,方法更加多样,为演示教学开拓了新的领域.

4.7.3 数学演示技能的功能

演示作为一种较早出现的辅助教学方法,一直备受众多教育学家的关注.在数学教学领域,演示有着不可小觑的作用,其技能具备以下多种功能:

1. 提供直观感知,助力理性认识

借助演示,能够将抽象的数学知识与实物、模型和生活实际紧密相连,使数学知识变得具体、形象,这不仅便于学生理解,还有利于学生形成数学概念,对知识进行理解与巩固,进而缩短知识掌握的进程.

2. 培养多元能力,激发思维活力

教学演示在培养学生观察、思维和记忆能力方面颇具成效,能够充分开发学生潜能,同时减轻学习疲劳,提升教学效率,还能增强学生学习的兴趣和积极性.在演示过程中,鲜明、生动且直观的现象为学生提供了丰富的形象思维素材,有力地激发了他们的想象和联想能力. 此外,演示所引发的问题,能够促使学生运用归纳、演绎、分析、综合等方法去探寻答案,从而推动其形象思维和抽象思维能力的培养与发展.

3. 激发学习兴趣,转变学习态度

演示有助于激发学生强烈的好奇心,调动他们的学习兴趣. 在数学教学中运用多媒体进行演示,以形象生动的画面、悦耳动听的音乐和生动有趣的动画效果,能让学生始终保持浓厚的学习兴趣,积极主动地参与课堂,实现从"要我学"到"我要学"的心态转变.

4. 有助于加深学生对知识的理解

在数学教学中,很多概念、定理和公式较为抽象,学生理解起来存在一定困难. 通过演示技能,教师可以将这些抽象的内容以直观的形式展现出来. 例如,在讲解函数的单调性时,教师可以利用几何画板软件,动态演示函数图像的变化过程,让学生直观地看到函数值随自变量变化的趋势,从而深刻理解单调递增和单调递减的概念. 又如,在推导三角形面积公式时,教师可以用两个完全相同的三角形拼合成平行四边形,通过演示这一过程,让学生清晰地看到三角形与平行四边形之间的关系,进而理解三角形面积公式的由来. 这种直观的演示能够帮助学生透过现象看本质,从具体的实例中抽象出数学原理,有效加深对知识的理解和记忆.

5. 有助于提高课堂教学的效果

演示技能的合理运用能够营造良好的课堂氛围,吸引学生的注意力,使学生更加专注于课堂学习. 当学生对演示内容产生浓厚兴趣时,他们会积极参与课堂互动,主动思考问题,与教师和同学进行有效的交流和讨论. 例如,在进行教学实验演示时,学生可能会对实验结果充满期待,积极参与到实验的观察和分析中,这种主动参与能够提高他们的学习效果. 此外,演示技能可以帮助教师更高效地传递知识,减少学生理解知识的时间和难度,从而在有限的课堂时间内完成更多的教学任务,提高教学的效率和质量. 同时,通过演示所培养的学生的各种能力,如观察能力、思维能力等,也会对学生在课堂上的学习表现产生积极的影响,进一步提升课堂教学的整体效果.

综上所述,教师的演示技能,会对学生的学习兴趣、课堂教学效率、学生获取知识的质量以及智能发展产生直接影响.

4.7.4 数学演示技能的类型与方法

在数学教学中,演示技能是帮助学生理解抽象知识、提升学习效果的重要手段. 数学演示法大体可分为以下三种类型,每种类型都有其独特的演示方法和要点.

1. 实物和模型的演示

演示目的与作用:在教学过程中,演示实物和模型旨在让学生具体感知教学对象的结构特征,获取直接的感性认识. 学生通常对这些直观材料兴趣浓厚,例如在学习立体几何时,正方体、球体等实物模型能让学生直观地看到不同几何体的形状、面与棱的关系等,远比单

纯的文字描述更具吸引力和说服力.

演示技能要点:为了让学生的观察更具成效,教师不仅要正确掌握演示技能,还要运用简洁的语言适时组织、引导和启发学生.一方面,材料的演示需与语言讲解恰当融合.当教师把实物、模型展示给学生后,若不做任何讲解,仅让学生自行观察思考,学生可能难以抓住关键要点;反之,若教师在学生观察时一味地详尽讲解,不给学生留下自主观察和思考的空间,也不利于学生思维的发展.正确的做法是将讲解语言与材料演示有机结合,同时让讲解语言与学生的思维紧密相连,这充分体现了教师演示的教学艺术.

以圆面积公式的推导教学为例,很多教具中都配备了相关模型.教师先将一个圆面等分成若干份,再分成两个半圆,然后缓慢地将两个半圆展开,拼合成一个近似的长方形.在演示过程中,引导学生观察所拼成的近似长方形的长和宽与原来"圆面"的周长和半径之间的关系.待学生看清并理解上述关系后,再把新拼成的图形分开,收拢为两个半圆,恢复到原来的"圆面",如此反复一两次,帮助学生深入掌握圆面积公式的推导过程.通过这种实物模型的演示,原本抽象的数学推导变得直观易懂,学生能够更好地理解和记忆圆面积公式.再引导学生观察思考,怎样剪拼才能使这个圆转化成最近似的长方形? 这对于学生来讲很难想象.为了突破这个教学难点,在教学时,可以充分发挥信息技术辅助教学的优势,利用动画展示圆的面积公式推导过程,使抽象化具体,化难为易,以达到最佳效果.接着再演示拼 32 份、64 份……转化过程形象生动地展现在学生面前,这样开发了学生的想象能力和推理能力.学生轻松地完成了本课的学习任务.

2. 挂图的演示

教学手段特点:挂图是教学中最早被使用的教学手段之一,它制作方法简便,图的形式灵活多样,使用时不受地点条件的限制,因此也是最常使用的教学手段.然而,要充分发挥其作用,教师必须掌握正确的演示方法.

演示方法要点:

(1)注意演示的及时性.把握好演示时间至关重要.挂图不能在课前就展示给学生,否则容易分散学生的注意力.上课前应将挂图背面朝外挂在挂图架或黑板上,当教学需要时,再将其正面挂在明显位置让学生观察,使用完毕后及时把它反过去或取下放回原处.这样,学生在观察时会更专注,也能感受到新鲜感,提高观察效果.

(2)挂图、语言、文字有机结合.教师在讲解过程中,为辅助讲解,既要演示挂图,又要书写必要的板书,使语言、图像、文字紧密配合,发挥多种符号的作用,提升学生的理解力.但要做到这三者配合恰当自然并非易事.有些教师刻板地遵循主板书在黑板中间,副板书在黑板左边,挂图挂在黑板右方的要求,导致教学过程中频繁走动,在忙碌中进行讲解、演示和书写文字,不仅教师疲惫,还会使学生注意力难以高度集中,思维时常间断,难以达到预期的教学效果.有经验的教师常采用缩短挂图与板书间距离的方法,在图的旁边对应图中各部分的位置写板书;或者在讲解、演示、板书时明确主次,演示挂图时暂不板书,总结时再进行板书,使板书起到归纳总结的作用,充分发挥语言和挂图有机结合的优势.

3. 幻灯、投影演示

演示优势与应用:幻灯、投影演示是利用幻灯机、投影仪进行的演示,它能够将抽象的知识化为具体,把虚幻的内容变为实际,还能将大的物体缩小展示,向学生提供丰富的感性材料.而且幻灯片、投影片制作简单,成本较低,容易掌握,所以在现代教学中应用十分广泛.

使用注意事项:

(1) 保证画面质量.幻灯、投影放映出来的画面质量对教学效果有着直接影响.清晰、色彩鲜明、色调协调的画面能够吸引学生的注意力,激发他们的学习兴趣;相反,模糊、色调暗淡的画面则容易让学生产生厌烦情绪.因此,在演示前要精心设计、仔细挑选幻灯、投影片,放映时要准确调节焦点,确保画面大小适宜.

(2) 控制演示时间.虽然幻灯、投影演示容易吸引学生的关注,激发学习兴趣,但长时间演示会使学生产生视觉疲劳.所以,每次演示的时间不宜过长,同时演示次数也要适量,避免过于频繁,以免学生注意力分散.

(3) 室内局部遮光.尽管幻灯机、投影仪亮度较高,但演示时仍需要一定的遮光条件.然而,教室内长时间遮光会影响学生视力,亮暗变化过大不仅会给教师操作带来不便,还会影响学生的情绪.因此,一般采用局部遮光的方法,将靠近银幕的窗户遮挡起来,这样既不会影响学生看书或做笔记,又能保证较好的放映效果.

通过合理运用这三种类型的演示技能及其对应的方法,教师能够为学生创造更加生动、直观的数学学习环境,有效提升教学质量和学生的学习效果.

4.7.5 演示的基本要求

为了发挥教学演示的作用,提高演示效果,教师需要在演示时遵守和注意以下几点:

1. 演示与语言讲解紧密结合

教师在演示的同时需要进行必要的讲解.学生以视听结合的方式理解并接受知识,对于提高他们的理解力和巩固知识有重要的作用.演示与讲解相结合的形式有以下几种:

(1) 用直观手段辅助讲解.教师通过对教学内容进行语言描述并附有直观的教学演示,让学生在观察的过程中获取知识.例如在讲解圆柱体积公式推导时,教师一边用语言阐述圆柱体积公式推导原理,即把圆柱通过切割、拼接转化为近似长方体,一边用圆柱体积演示教具实际操作,将圆柱分割再拼成近似长方体,让学生直观看到圆柱与转化后长方体的关系,从而理解圆柱体积公式.

(2) 将直观教学手段作为讲解的出发点.这种方式是教师先提出问题,然后让学生根据问题对直观事物进行观察,最后教师对学生观察结果进行概括并将其上升到理论的高度.这时,直观教学手段的应用只是作为教师讲解的出发点,为学生的学习提供感性基础.比如:在讲授勾股定理时,教师先提出"直角三角形三条边长度之间是否存在某种特定关系"的问题,然后让学生观察不同直角三角形边长数据,用直角三角形纸片进行测量、拼凑等操作,最后对这些现象进行分析总结,得出勾股定理.

(3) 利用语言指导学生的观察.这种形式是让学生通过自己观察,获得直观教学手段能呈现出来的知识,此时,教师并不直接传授知识,而是通过指示学生有重点地观察,启发他们思考问题.以函数图像教学为例,教师指导学生使用绘图软件绘制一次函数 $y=2x+1$ 的图像,提示学生重点观察函数图像与坐标轴的交点、函数的增减性等特征,让学生在观察中自主探索一次函数的性质.

（4）引导学生自己得出观察的结论. 这种方式由教师先提出问题, 然后由学生自己观察. 在观察的基础上, 引导学生自己思考, 得出概括性的结论, 最后由教师进行总结. 比如在数学教学中, 教师展示一些不同边长的等边三角形, 提出"等边三角形的内角和以及每个内角的度数有什么规律"的问题, 让学生通过用量角器测量、折叠等方式观察, 引导他们自己得出等边三角形内角和为 $180°$ 且每个内角都是 $60°$ 的结论, 最后教师进行总结和拓展.

2. 演示要适时适度

所谓演示适时是指演示要在恰当的时候进行. 教师的演示总有其特殊的目的, 特定的时机. 教师应根据具体情况在适当时机演示, 不能提前也不能延后. 否则, 就达不到演示效果. 通常, 根据学生的心理特点, 演示时机有离散时机、渴求时机、疑难时机、升华时机、欲试时机和懈怠时机等类型. 例如: 在学生对圆锥表面积公式推导感到困惑不解, 处于疑难时机时, 教师及时使用圆锥展开图教具进行演示, 能帮助学生理解公式推导过程; 当学生学习积极性有所下降, 处于懈怠时机时, 通过动画演示数学图形的奇妙变换, 如三角形如何通过平移、旋转拼成平行四边形, 重新激发他们的学习热情.

演示适度是指在演示过程中, 当需要学生观察时, 再展示媒体材料, 不需要时则及时收起, 避免学生因长时间面对演示材料而产生视觉和心理疲劳, 进而分散注意力, 影响听讲效果. 比如在使用动态几何软件演示三角形全等的判定过程时, 讲到对应判定定理时再展示相应的三角形变换动画, 讲完后切换到其他内容, 保持学生的新鲜感和注意力.

3. 选取能给学生适当刺激的素材

在挑选演示素材时, 教师应着重留意选取那些能给学生带来适当刺激效果的内容. 过强的刺激, 如过于刺眼的颜色、过大的声音等, 可能会干扰学生的学习, 分散他们的注意力; 而刺激过弱则难以引起学生的关注和兴趣. 理想的素材是既能有效激发学生的情感活动, 让他们产生情感共鸣, 又能成功引发学习兴趣的内容, 其刺激强度应恰到好处. 例如在讲解黄金分割比例时, 展示一些包含黄金分割比例的经典建筑图片, 如古希腊的帕特农神庙 (Parthenon Temple), 其建筑结构中蕴含的黄金分割比例既美观又能引发学生对数学与美学联系的思考, 不会因过于复杂的视觉元素而干扰学生对黄金分割知识的学习.

4. 活用演示材料

要充分彰显演示教学的艺术性, 教师就需要灵活运用各种演示材料, 充分调动学生的积极性, 促使他们对所学知识产生浓厚的兴趣. 这要求教师不拘泥于传统的演示方式和材料, 积极创新, 善于挖掘不同材料的独特价值. 比如在数学教学中, 除使用常规的几何图形教具外, 还可以利用废旧物品制作数学模型, 像用饮料瓶制作圆柱和圆锥, 通过倒水实验演示它们体积之间的关系, 激发学生的学习兴趣和创新思维.

5. 设置悬念, 引导探索

在教学演示前, 教师应巧妙营造学生渴望演示出现的心理氛围, 以便在演示呈现后, 能够吸引学生全神贯注地观察和积极主动地思考. 为此, 演示前的简短引言至关重要, 教师要精心设计引言内容,努力激发学生想要观看、想要弄清楚某些问题的强烈欲望.例如在进行圆与直线位置关系的教学演示前,教师可以说:"同学们,今天我们将用一种特别的方式来探究圆和直线相遇时会发生什么奇妙的事情,大家先猜猜,一条直线和一个圆,它们最多能有几个交点呢?"通过这样的悬念设置,激发学生的好奇心和探索欲,使他们更加专注地投入到后续的演示观察和学习中.

6. 合理地使用计算机辅助教学

在信息技术飞速发展的当下,计算机辅助教学作为新型现代化教学方式,引发教育深刻变革,冲击传统教学模式.它能突出重点、突破难点,提升教学效率,激发学生学习兴趣与主动性,利于培养学生思维等能力.不过,如何充分且恰当地运用多媒体,发挥其演示作用,值得深入研究.

(1)选准教学内容:选内容是制作多媒体课件的首要步骤,需基于吃透教材,找准媒体最佳作用点.并非所有学科环节都适用多媒体,也非用得越多越好,应依据教学目的、内容和学生情况而定,重点用于突出重点、突破难点.

(2)控制使用量:多媒体辅助教学要把握好声音、图像、文字、动画的运用,避免过多过滥.画面应简洁明快,突出主题.适量运用可调动学生积极性,反之则分散注意力.

(3)把握呈现时机:选好内容后,要设计多媒体呈现的时机与方式.教师需针对学生心理状态和学习水平,在最佳时机以最佳方式呈现,助力解决"知识掌握与能力形成"的矛盾,防止喧宾夺主.

(4)明确师生角色:计算机辅助教学是"辅助"手段,教师要从讲解者转变为指导者和组织者,学生从被动变主动,成为知识建构主体.教师的"导"至关重要,串起教学环节,同时突出学生主体,增强其参与意识.

(5)更新教育观念:现代媒体融入应体现新教育思想与观念,多媒体教学不应只用于示范课等,要切实进入课堂.教育工作者需拥抱现代教育技术,学习课件设计制作,提升科技素养,抓住机遇,为学生发展负责.

思考与练习 4

1. 什么是教学技能? 教学技能与教学能力有何区别与联系?

2. 什么是导入技能? 它在教学中的主要作用是什么?

3. 数学课堂教学中常用的导入技能有哪几种? 选择一个课堂,设计一下导入过程?

4. 讲解技能在数学教学中的作用是什么? 讲解技能有哪些特点、优点和缺点?

5. 如何克服讲解技能的缺点?

6. 讲解技能有哪些构成要素? 每个要素分别有什么要求?

7. 课堂提问的功能是什么? 有哪些类型?

8. 如何进行有效的课堂提问?

9. 板书技能在教学中的作用有哪些? 教学中如何发挥这些作用?

10. 板书设计程序是怎样的? 有哪些设计原则? 自己动手设计一堂课的板书.

11. 结束技能有哪些？结束技能的要求有哪些？自己设计一堂课的结束.

12. 自选观看一段数学课堂的录像,说说在这段教学过程中,教师是如何运用结束技能的?

13. 数学课堂结束技能在课堂教学中的作用.

14. 变化技能的作用主要有哪些?

15. 观察一节课,找出其变化技能的使用情况,并分析每个变化技能的使用对教学有什么作用?

16. 当使用计算机辅助演示时,怎样避免学生注意力被多媒体特效吸引,而忽略了演示核心内容?

17. 演示时,如何引导学生将观察到的直观现象与抽象理论知识建立联系,深化对知识的理解?

第 5 章

微格教学技能

5.1　什么是微格教学

微格教学起源于 20 世纪 60 年代初期,20 世纪 80 年代中期传入我国,并在 2000 年成立了中国教育技术协会微格教学专业委员会,专委会建了官网,可以在官网中查看到相关资料.

微格教学的英文为 microteaching,又被译为微型教学、微化教学、微观教学、小型教学、录像反馈教学等. micro 的意思是微小的、超短的,teaching 的意思是教学、教授. "微"即小,意为教学的小型,训练教学技能的小步原则,教学内容选择的少;名词"格"意为标准、规格、法则等,意为单项教学技能可观察、可描述、可评价的训练方法、训练程序、评价标准与规范要求.

"微格教学"是师范生必修的一门课程. 作为一名合格的教师,不仅要有扎实的学科专业基础,还要熟练掌握各项教学技能. 微格教学课程,就是在加强学科基础理论学习和教育理论学习的基础上,从教学内容、教学方法和教学手段等方面强化教师教学技能的训练和运用,从而熟练掌握各项教学技能的课程. 微格教学课程的学习过程:将师范生分成若干小组,选出组长,在指导教师的指导下,在学习相关理论与精心备课的基础上,让学生针对某教学技能训练进行 5min 左右的"微格教学",当场将实况摄录下来,参与人员一起现场观课并反复观看录像,进行讨论和评议,最后由指导教师进行小结,然后在反思修改的基础上反复这样的过程.

微格教学是一种教师基本技能的训练方法. 以教育学、心理学、信息即时反馈原理、现代教育测量与评价原理等现代教育理论为基础,运用现代视听技术和教学媒体手段,对师范生进行教学技能训练,从而提高师范生或在职教师的教学技能和教学技巧.

微格教学是对普通课堂教学的分解. 单项教学技能的训练目标可以制定得更清晰、具体和明确,是可以观察到的、可提供典型示范的、可操作的、可检测评价的. 微格教学把复杂教学过程中的教学技能分解为单一教学技能,利用现代化的视听设备对师范生或在职教师进行训练,使师范生集中解决某一特定的教学问题.

5.2　微格教学的基本特征

由上面对微格教学的叙述,可以归纳出微格教学的三个基本特征.

(1)细分复杂教学过程,训练内容微型化.微格教学将复杂的教学过程分解为一个个具体的教学技能,如导入技能、讲解技能、提问技能等,每次训练集中训练某一单项教学技能,训练时参与人数较少,教学时间短,使教学过程更加聚焦和易于把控.每次训练只针对一种技能,目标明确具体,技能训练规范化.例如,在进行导入技能训练时,可以专注于如何设计一个吸引人的开头,以引起学生的兴趣和注意力,而不必同时考虑其他教学环节,这使得学生能够集中精力学习和掌握特定的教学技能,提高训练的效果.

(2)小组合作师生互议,观摩评价及时化.微格教学通常是按十人左右一组,分小组进行训练,学生在小组中可以互相观察、互相评价、互相学习.这种小组合作的方式有助于学生从不同的角度看待自己的教学,吸收他人的优点,共同提高教学水平,例如,在小组评议中,学生可以听到其他同学对自己教学的看法和建议,这些意见可能是自己没有意识到的,从而拓宽了自己的视野.微格教学会使用录像设备记录学生的教学过程,学生可以在教学结束后立即观看自己的录像,对自己的教学表现进行客观的评价和反思.在教学过程后能迅速得到反馈信息,包括自我分析、他人评价等,便于及时改进.这种及时的反馈让学生能够清楚地看到自己的优点和不足之处,从而有针对性地进行改进.例如,学生可以发现自己在讲解过程中语言是否清晰、语速是否适中、肢体语言是否得当等问题.

(3)应用视听设备反馈,记录过程声像化.微格教学通常需要使用录像设备等技术手段来记录教学过程,模拟真实的教学场景,让学生在相对真实的环境中进行教学训练,提高他们的教学实践能力.同时,由于微格教学的教学对象通常是小组成员,而不是真正的学生,这在一定程度上降低了学生的心理压力,使他们能够更加放松地进行教学尝试.

5.3　微格教学教案编写

微格教学设计与一般的课堂教学设计没有什么太大的区别,应用的理论、方法、程序相同,不同的是:微格教学设计是对一个教学片断的设计,以某项教学技能为主,微格教学设计的目的是训练.可以参照表5.1填写微格教学设计,表中的"观课议课"是记录反馈评议环节中各方观点,"教学总结"是最后评价,用于改进.

表5.1　微格教学记录表

授课人		课题		
训练技能				
教学目标				
时间分配	教师的授课行为	学生的学习行为		设计意图
观课议课				
教学总结				

5.4 微格教学的实施步骤

（1）理论学习.微格教学是在现代教育理论和思想指导下的实践活动,是以教育学、心理学、信息即时反馈原理、现代教育测量与评价原理等现代教育理论为基础,运用现代视听技术和教学媒体手段,以掌握教学技能为目标的实践活动.在进行微格教学训练之前,必须对微格教学的理论进行学习和研究.学习的主要内容有微格教学的基本理论、教学技能分类、教学目标分类、教学设计、教材分析、微格教案编写的方法、课堂教学观察方法、反馈评价方法等.

（2）确定培训技能和编写教案.微格教学的特点是将课堂教学分为不同的单项教学技能分别进行训练,每次集中培训一个技能.对教学技能进行分类,然后确定每个微格教学课堂需要培训的技能.培训技能确定后,选择恰当的教学内容,根据所设定的教学目标进行教学设计,并编写出较为详细的教案.教案是训练者角色扮演课的依据,是完成教学任务的保证.

（3）角色扮演.训练者充当教师登台讲课,由他或她的同学充当学生.训练者轮流扮演教师、学生和评价员的角色.

（4）反馈评议.所有参加微格课堂的人都要参与讨论评价,评价的重点为是否达到教学技能训练的既定目标.为了使训练者能及时地获得反馈信息,角色扮演完成后要重放录像,教师角色、学生角色、评价人员和指导教师一起观看,进一步考量训练者达到技能培训目标的程度.作为教师角色的受训者要进行自我剖析,评判是否达到了自己所设定的目标,所训练的教学技能是否已掌握.学生角色、评价人员和指导教师要从各自的视角来评价,讨论所存在的问题,指出努力的方向.

（5）再循环.根据反馈评议的结果,训练者针对存在的问题和不足对教案进行修改,对课堂进行重新设计,重新进行角色扮演,进入微格教学的再循环.重教是教学改进和完善的过程.实验结果表明,经历重教过程与不经历这一过程效果大不相同,没有重教这一步骤,就不能算是微格教学.

思考与练习 5

1. 微格教学的基本特征是什么?
2. 举例说明微格教学教案的编写.
3. 举例说明微格教学的实施步骤.

第6章

教研技能

6.1 教育调查

教育调查是指在教育理论指导下,有目的、有计划地对部分研究对象进行访谈、问卷,了解其总体现状,进而分析其因果关系,揭示教育规律的一种研究方法.其特点主要包括:自然性、间接性、适用性、灵活多样性和自主性.教育调查法的使用也有其局限性,主要表现在两个方面:难以解释调查结果;调查结果的可靠性很大程度上取决于被调查对象的合作态度.从不同的角度分析,教育调查法有多种不同的类型.

教育调查法与教育观察法相比,调查法也主要是对现状的调查,而且要求在自然状态下,即对调查对象的思想、言论与行为,不加以引导、控制与干涉.但调查法具有"间接性"这一特点.研究人员不必进入现场用感官对研究对象直接进行观察以获取资料,主要是通过问卷、访谈等调查手段获取信息.

6.1.1 教育调查的特点和局限性

与其他研究方法相比,调查法因下列特点而被广泛采用.

(1) 自然性.调查法通常是在常态的教育过程中收集资料,调查对象处于自然的状态下,其活动不受调查研究影响.

(2) 间接性.与直接观察不同,研究人员不必进入现场对研究对象进行直接观察获得研究资料,而主要通过问卷、访谈等手段获取信息.这种间接调查,避免了因研究人员的直接介入而使调查对象产生某种情绪或认知障碍,影响调查结果的客观性和可信度.

(3) 适用性.表现在三方面:其一,调查法比较方便、简单、易行.对调查设备、条件的要求也不高.其二,调查法中信息的获得是通过统一的、标准化的程序进行的,只要按同一程序进行,不同研究者都能获得基本一致的结果.具有较强的可重复性.其三,调查法既可用于教育现状、问题的调查,也可用于验证教育假设,还可用于探索现象间、现象与心理间的因果关系.因此,从形式到内容上都具有广泛适用性.

(4) 灵活多样性.其一,是调查手段方式的灵活多样性.有问卷调查、访谈调查、成品调查、座谈调查等.每一种手段既可以单独使用,也可以综合运用.可以根据研究课题的需要进行选择.其二,是调查范围的灵活性.调查研究因课题需要、调查条件等因素,范围可大可小,可集中可分散.

(5)自主性.与其他研究方法相比,调查法较少受时间、空间因素的限制,研究者可根据研究需要自主选择时间、空间,广泛收集资料进行系统周密的调查.有些大型调查可以打破省市限制进行调查研究.

教育调查法能为研究人员提供第一手的数据和资料,有利于课题研究的深入开展和教育行政部门的教改决策.但它的使用也有其局限性,主要表现在两个方面:

(1)难以解释调查结果.调查法是在自然状态下进行的,同一时间内可能有多种事实现象同时发生,难以辨别现象发生的先后顺序;也难以对一些与调查主题无关的因素进行控制,使调查结果处于多种错综复杂的因素影响下,很难对调查结果作出解释,尤其难以判断现象间的因果关系.

(2)调查结果的可靠性很大程度上取决于被调查对象的合作态度.调查是通过被调查对象的问卷、访谈等形式获取资料、信息的.因此,被调查者所反映的现象与事实的客观性和真实性决定了调查所收到的资料的可靠性.由于种种原因,在调查中,被调查者往往会有意无意地在一定程度上渗透了自己的主观意向或偏见,或者隐瞒了某种事实,而研究者往往很难控制这种主观介入的程度,从而影响了调查结果的可靠性.

6.1.2　教育调查的类型

从不同的角度分析,教育调查法有多种不同的类型.根据调查目的的不同,可分为现状调查、比较调查、相关调查、预测调查.

(1)现状调查.现状调查是指对某一教育现状或某类教育对象的已然状况进行调查,其目的是了解教育的一般情况,探寻某类现象的特性.比如,"中学生课外阅读情况的调查报告""中学生家庭作业情况调查报告""初中学生自学能力调查报告""中学生对待考试的态度调查报告"等.

(2)比较调查.比较调查的目的是比较不同类型的教育对象、不同性质的教育现象之间的相似性和差异性.一般用于比较两个群体或固定群体在两个时期的教育状况.比如"物理生与历史生大一学业成绩比较研究""中考体育成绩的性别差异研究"等.

(3)相关调查.相关调查指通过对一组对象的两种或两种以上特征的调查研究,来分析判断他们之间是否存在关联,其程度和性质如何.包括因果关系调查.比如"初中阶段数学成绩与物理成绩相关性调查""小学生语文阅读能力与数学成绩相关性的调查"等.

(4)预测调查.通过对研究对象的某一特征或某一现象随时间的延续而发展变化的情况调查,预测事物发展的趋势.比如"2024年广东中考数学卷压轴题预测的调查研究""2024年七年级入学新生的情况调查"等.

根据调查对象范围可分为普遍调查、抽样调查、典型调查和个案调查.

(1)普遍调查.根据研究课题需要对某一时间、地点、范围内的所有研究对象进行调查.旨在获得课题所涉及的所有研究对象的有关信息.普遍调查的范围可以是全国的,也可以是全市的,或全校的.调查结果具有普遍性,可作为重大决策或教育规划的制定依据.如要了解某市高中教育普及情况,就需对该市全部初中毕业生的入学率、在校生的巩固率等指标进行全面调查.普遍调查虽然准确性高,但由于调查范围广、对象多,所耗财力、物力较大,调查的代价也较高.

(2) 抽样调查.抽样调查即从调查总体中用科学的方法抽取一部分样本进行调查,旨在通过获得的样本信息推断总体情况的一种调查方法.这是调查研究过程中广泛应用的一种调查方法.抽样调查的信度和效度很大程度上依赖于抽取的样本的典型性、客观性和代表性.调查者应在抽样前对总体的各种特征有全面的了解,并结合课题需要选择适当的抽样方法.与普遍调查相比,抽样调查可以节省人力、物力、财力和时间,使调查更深入、更具体,然而,调查者却难以控制样本误差,使样本更精确地代表总体.

(3) 典型调查.典型调查在对调查对象进行具体分析的基础上,有目的、有意识地从中选择一个或若干具有代表性的典型对象进行深入、细致的调查研究的方法.典型的选取,可先将总体分类,然后分别从每类选取符合研究任务的具有代表性的典型个体;也可根据研究目的选取几个不同典型进行调查研究.典型调查有利于比较深入、细致地研究,但很难推断出总体特征.

(4) 个案调查.个案调查是在对研究对象进行具体分析的基础上,有目的、有意识地选取某一个或少数几个具有特定意义的个体、事件或现象,进行深入、全面和细致的调查研究的方法.个案的选择,可以基于其独特性、典型性或极端性,以便深入探究其背景、成因、发展过程及影响.个案调查通常采用多种数据收集方法(如访谈、观察、档案分析等),以获取丰富、详细的资料.个案调查有助于对研究对象进行深度剖析,揭示复杂现象的细节和内在机制,但由于样本量小,其研究结果通常难以推广到更大范围的总体.不过,它能为后续研究提供重要线索,或用于验证、补充量化研究的结论.

根据调查研究的方式不同可分为问卷调查、访谈调查、文献资料调查.

(1) 问卷调查.问卷调查是指根据一定的研究目的设计问卷,以书面形式向调查对象收集资料,通过分析揭示某种教育的本质及其规律的调查方式.它既包括以提问形式,让被调查者作出书面回答的方式,也包括采用测验方法进行定量化的测定;还包括使用调查表对调查对象进行调查登记.问卷调查法简便易行,省时省力,所收集的材料也较易整理统计.但很难保证100%的问卷回收率,而且难以深入了解问题;被调查者的回答或真或伪也不易区分或核定.

(2) 访谈调查.访谈调查指根据研究目的选择一定的调查对象,就研究的有关问题进行访问、谈话等方式了解情况、搜集资料的一种调查方式.访谈可以采取个别访谈,或召开座谈会等方式进行;可以直接访谈研究对象,也可通过与访谈对象有关的个体间接了解研究对象的方式进行.访谈调查有利于更详细、更准确、更真实地深入了解有关细节,然而访谈过程中易掺入调查者的主观猜测或倾向,而且比较费时费力.

(3) 文献资料调查.文献资料调查是调查研究法中普遍使用的一种方法.它是通过已有的文字、音像等资料间接了解研究对象的一种调查法.文献资料内容非常丰富,包括档案、文件、录音、录像、统计年鉴、报表、报告等.在一般情况下,文献资料调查法不单独使用,而是作为一种补充方法配合其他方法使用.

总之,调查法的类型是多种多样的,每种类型都有它各自的优势和局限性,在研究过程中,研究者可以根据研究的需要选择恰当的调查方法,也可综合使用多种调查法.

6.1.3 教育调查数据分析工具

教育调查是教育领域中的常用手段,通过调查采集数据可以对学生、教师、教育管理者等多个方面的情况进行全面了解.但是,采集到的数据仅仅是各种数字和信息,如果不能进行有效的分析处理,那么这些数据将无法为教育事业提供实质性的支持和改进方向.因此,教育调查数据分析工具成为重要的辅助手段,可以帮助教育工作者更好地理解和运用数据,对教学质量、资源配置和教育管理等方面进行持续的优化和改进.

(1)分析工具

教育调查数据分析工具的种类包括统计软件、在线问卷工具、数据挖掘工具等.

统计软件是处理教育数据的重要工具,比如 SPSS,Excel 等.这类软件可以进行数据的存储、分析和可视化展示,让教育工作者更加方便快捷地进行统计和分析.

在线问卷工具是进行教育调查的常用手段,比如问卷星、腾讯问卷等.这类工具可以帮助教育工作者快速制作和发布问卷,采集数据后也可以自动进行统计和分析.

数据挖掘工具是一类较为高级的工具,可以通过数据挖掘技术自动发现隐藏在数据背后的规律和关系.比如 R 语言、Weka 等.教育工作者可以通过这些工具对大量数据进行深入挖掘和分析,获得更深层次的认识.

(2)使用场景

教育调查数据分析工具的使用场景包括教育质量评估、教师和学生评价、学生选课和招生计划等.

教育质量评估需要从多个方面评估和衡量,比如学生学业水平、授课质量、师资队伍建设等.教育调查数据分析工具可以根据评估需求,选择合适的工具进行数据采集和分析,获得对教育质量全面的了解.

教师和学生评价是了解教学过程中的重要手段.通过在线问卷或者纸质问卷的形式进行收集,然后使用统计软件进行数据分析,可以帮助教育管理者更好地了解教学过程中的强项和弱项以及改进的方向.

学生选课和招生计划需要根据历史数据和市场需求进行调整和规划.数据挖掘工具可以帮助学校更好地发现和了解市场的需求,制定更符合市场和学生需求的选课和招生计划.

(3)教育调查数据分析工具的优势

教育调查数据分析工具能够大幅提升教育工作者的效率,实现数据的快速采集、处理、分析和展示,为教育改革和优化提供有力支持;调高准确度,教育调查数据分析工具通过科学的算法和分析方法,能够准确地反映教育数据的真实情况,避免了人为因素对数据的影响.教育工作者可以通过教育调查数据分析工具,将数据通过图表、报告等形式进行可视化展示,实现数据的可视化,从而更加直观地观察和理解教育数据的变化和趋势.

教育调查数据分析工具已经成为提高教育工作效率和质量的必备工具.选择合适的工具进行数据的采集和分析,能够为教育工作者提供更多的决策支持和数据洞察.

6.1.4 教育主题调查报告

教育主题调查报告通常包括以下几个方面:调查的具体目标和方法、调查结果、调查对象的特征、调查结论和建议.调研报告的结构还可以根据具体情况采用"情况—成果—问题—建议"式结构、"成果—具体做法—经验"式结构、"问题—原因—意见或建议"式结构,以及"事件过程—事件性质结论—处理意见"式结构等.

撰写调研报告通常遵循以下基本结构:

标题:标题应简洁明了,概括报告的主题.它可以是事由加文种的组合,直接标明调查对象和主题,也可以是正副标题结合的形式,正标题揭示主题或表明主要观点,副标题标明调查对象及所调查的问题.

前言:前言部分起到导读的作用,介绍调查的目的、调查对象、调查方法和简要经过,简要介绍使读者对调查情况有一个总体的印象,便于把握全文的中心思想.

正文:正文是调查报告的主体,包含调查的主要情况和分析过程以及对策建议.正文可以按照不同的结构方式组织,如递进式结构、并列式结构、综合式结构等.

结论:结论部分根据调查的实际情况,总结出工作的基本经验和形成调查的基本结论.它可以是对调查结果的归纳说明,总结主要观点,深化主题,以提高人们对问题的认识;也可以是对事物发展的展望,提出努力的方向,启发人们进一步去探索;或者是提出建议,供领导参考;或是指出存在的问题或不足,说明有待未来研究解决.

结尾:结尾部分通常是对整个报告的总结,可能包括对调研报告归纳说明,总结主要观点,深化主题,以提高人们的认识;对事物发展做出展望,提出努力的方向,启发人们进一步去探索;提出建议,供领导参考;写出尚存在的问题或不足,说明有待未来研究解决;补充交代正文没有涉及而又值得重视的情况或问题.

综上所述,教育主题调查报告的内容丰富,涵盖了教育价值观、学习态度、学习需求、学习环境等多个方面,旨在通过数据分析和案例分析,为教育改革提供客观依据.

6.2 教育课题

教育研究课题是指在教育科学领域内,有明确而集中的研究范围和任务,能够通过研究加以解决的具有普遍意义的问题.

课题研究是校本教研中的一项重要内容,是促进教师专业成长的重要途径,也是营造良好校园文化氛围的重要方式.

6.2.1 课题研究的相关概念

在现代社会中,随着科技的不断进步和全球化的不断深入,各行各业对于研究的需求也越来越大,因此课题研究也成为当今社会中非常重要的一部分.那么,课题研究的课题有哪些呢?本文将从多个角度进行分析.

(1)科学领域.课题研究在科学领域中扮演着至关重要的角色.科学领域中的课题研究可以分为基础研究和应用研究两种类型.基础研究是指对自然现象进行深入研究,以探索未知的规律和原理;应用研究则是将基础研究的成果应用于实践中,以解决实际问题.在科学领域中,课题研究的课题有很多,例如基础研究方面有粒子物理学、数学、天文学、化学、生物学等,应用研究方面的医学、环境科学、新材料研究等.

(2) 人文社科领域.除自然科学领域外,课题研究在人文社科领域中也有着广泛的应用.人文社科领域中的课题研究可以分为文学研究、语言研究、历史研究、经济学研究、政治学研究等多个方面.例如,文学研究可以研究文学作品的创作、风格、主题等方面,揭示文学作品背后的文化、社会和历史背景;历史研究可以研究历史事件的发生、演变和影响等方面,探究历史背后的人文因素和社会动因;经济学研究可以研究经济现象的规律和趋势等方面,为制定经济政策提供理论依据.

(3) 教育领域.课题研究在教育领域中也有着广泛的应用,教育领域中的课题研究可以分为教育理论研究和教育实践研究两种类型.教育理论研究是指对教育现象进行深入研究,以探索教育规律和原理;教育实践研究则是将教育理论的成果应用于实践中,以提高教育质量.在教育领域中,课题研究的课题有很多,例如教育评估、教育管理、教育技术等.

教育类课题可分为规划课题与个人课题.

规划课题一般是指由教育行政部门批准立项的课题,分为国家、省、市、区(县)级课题等,由教育行政部门委托各级教育科研部门进行规划、申报、评审和管理.规划课题具有较高的组织程度,并具有较强的宏观性、前瞻性和理论性,其研究偏重学术性、政策性和普遍性,与基层教师的教育教学有一定距离,与他们的实际需要往往也不相吻合,因而缺乏针对性和指导意义.

"个人课题"一般是指由教师个人独立或教师小组合作承担的课题.它是一种切合教师自己教育教学实际的、对改进教师自己教育教学有用的、能够促进教师自己专业发展的课题.

"个人课题"具有以下特征:

(1) 从研究目的看,"个人课题"主要解决教师个人教育教学中出现的问题,"我们在研究如何让不交作业的学生交作业,我们在研究如何让学生喜欢自己的课,我们研究的都是真实的课题和有生命力的课题,都是发生在学生和前线的课题".

(2) 从承担者的角度看,"个人课题"由教师个人自己确立并独立承担,教师即研究者,是研究的主角,而不是配合专家进行研究.当然,教师在研究过程中需要专家的引领、帮助和指导.

(3) 从研究内容看,"个人课题"一般是小课题,小指的是研究内容和范围,而不是指研究价值和意义.

(4) 从研究方法看,"个人课题"主要采用适合教师个人的叙事研究、个案研究和行动研究等方法.

(5) 从研究成果看,"个人课题"的研究成果强调在"做得好"的基础上"写得好","做得好"表现在实践上的创新和经验的先进性,"写得好"体现在研究报告的形成既具有个性意义的扎根理论,又具有教师自己的"话语系统",它是质的研究中形成的、富有教师内心体验的、情境性、过程性的描述.

规划课题自上而下,个人课题自下而上.当然,规划课题和个人课题的划分绝不是截然的,规划课题进入学校层面,就会转变或分解为许多教师的个人课题;而个人课题经过发展、提炼、总结也可以升华为规划课题.对中小学教师而言,重要不是课题的级别和类型,而在于课题的针对性和实效性,这也是校本课题研究的灵魂.从学校的角度来说,个人课题的立项标准主要看：这是不是一个真实的实践问题？解决这个问题对改进教学实践和教师教学行为有无积极作用？作用有多大？

课题研究专题有：教育管理、教学管理、学生管理、心理研究等类别．教育管理就是管理者通过组织协调教育队伍，充分发挥教育人力、财力、物力等信息的作用，利用教育内部各种有利条件，高效率的实现教育管理目标的活动过程．教学管理包括计划管理、教学目标管理、教学过程管理、质量管理、教师管理、学生管理、教学档案管理．学生管理是对学生要张弛有度地进行管理，用自身的人格魅力来引导学生．心理研究主要读者对象为从事心理学领域的教学、科研和管理工作者，适合于关注自身心理素质发展的各级各类人员．

总之，课题研究的课题是多种多样的，不同领域的课题研究都有着不同的研究内容和方法．通过开展课题研究，可以深入了解各个领域的问题和规律，为实现经济、社会和文化的可持续发展提供理论和实践支持．

6.2.2　教育课题的一般形式

（1）课题的确立

课题的形成是一个由感觉到、意识到的问题经过概括、提炼、转化到确定问题的过程，确定问题意味着该问题已经成为研究者关注的焦点、思考的对象，对问题的探究已经成为研究者的行为和工作．从教师角度而言，研究课题的确立要基于以下五个方面的考虑：

一是学科背景．课题要与自己任教的学科相关联，从而使课题研究活动与日常的学科教学活动合二为一，体现"教学即研究""研究教学化"的理念．

二是经验基础．任何研究都不可能凭空进行，教师原有的教学、研究的经验和基础是开展课题研究的必备条件．

三是兴趣爱好．每个教师都有自己的专业兴趣点，有的教师喜欢探究学科本身的问题，有的教师乐意思考教学过程的问题，有的教师则对学生及其成长感兴趣，课题研究要是能反映教师个人的兴趣爱好，则能起到事半功倍的效果．

四是教学意义．教学意义是研究课题的价值定位．研究课题应该围绕教学活动中重点、难点等具有普遍性的问题来确立，从而使课题的研究在化解教学难点、重建教学模式、改进教学方式方面有所突破、有所创新、有所前进．

五是实际可行．课题研究对研究资料、人员素质、时间投入、学术环境等都有一定程度的要求，一方面学校要积极营造研究氛围、创造条件，另一方面，研究课题的确立一定要从学校和教师实际出发，同时着眼于学校和教师最迫切解决的问题．

（2）课题研究的主要步骤

① 界定研究内容

准确界定研究内容是课题研究的前提和关键，一个有待研究的问题不管大小，一般都可以也应当进一步具体化的．研究内容的界定不但将课题分解为一个个可以直接着手的具体的问题，也规定了一定的范围，任何一项研究不可能也不必将课题所能涉及的所有问题进行全面研究．中小学教师开展课题研究首先必须明了研究的内容，否则，研究工作将无从着手．

如对"七年级学生自主学习能力培养研究"课题界定的研究内容．

第一侧重理论方面的有：自主学习的本质和特征、自主学习能力构成和表现、中小学生

自主学习能力形成和发展的过程和规律;

第二侧重实践方面的有:自主学习能力培养的教学原则、教学策略;以自主学习为核心的课堂教学模式;各学科自主学习的特殊性.

这样的内容界定使课题具体化、明朗化,问题结构有层次也比较清晰,各科教师都可以选定其中的任意一个问题,作为课题研究的切入点、聚焦点和突破点,任何一个问题在解决的过程中,必然会引申新问题,从而成为研究课题的派生问题.

课题研究要研究的必要性和可行性.包括说明问题产生的原因、课题的理论和实践价值、前人的工作和经验教训、完成本课题已具备的条件、存在的困难和障碍,以及克服困难的主要措施等.

制定整个研究过程的实施步骤,包括研究阶段划分,每阶段的具体任务,各位参与研究人员的工作范围和任务,各阶段各方面的负责人,研究成果的形式和要求,所需财力、物力及开支的预算计划与安排.

② 设计研究方案

研究问题明确后,就要进一步分析问题的成因,规划问题解决的方法和步骤.其中最重要的工作如下:

第一,要了解已有研究成果,学习相关理论.任何课题研究都不是从"零"开始,有效的研究都是以原有成果为起点的.教师要围绕课题研究的问题,搜集相关的文献,并对文献进行认真阅读和分类梳理,从而全面了解同类或相关课题研究现状方面的信息,明确已有的研究结论和经验,发现原有研究的不足,站在问题的前沿,寻找研究问题的理论支撑,保证研究工作在理论指导下有针对性地开展.

第二,提出自己的研究假设,这是研究方案中最富有个性化和创造性的部分.任何假设都具有假定性、科学性和预见性.所谓假定性是说它具有推测的性质,即这种假设是现实中暂不存在的或未被确认的,或虽见于彼处却未见于此处的,它可能被实践证实,也可能被证伪,因此,假设决定了研究的探索性.但是假设又并非臆断,它以教育理论为导向、以经验事实为根据、以原有研究为借鉴,又经过研究者的论证和交流,因此,假设又具有科学性,正是科学性避免了研究的盲目性.假设也是一种走在行动之前的思想、一种先于事实的猜想,是研究者从思想观念上对未来的洞察和把握,所以它能使研究活动更富有预见性.事实证明:一个好的假设,是课题研究的关键.当然,一个好的有价值的研究假设的提出是经过一个过程的,研究者要在研究过程中不断修改、完善研究假设.

③ 形成开题报告

开题通常是为了解决某个特定的问题或者探索一个新的研究方向,它代表了研究的开端,是对前述两项工作的整理,也是后续研究和写作的基础.以下是关于开题报告的一些通用内容:

定义:描述你所选择的研究主题及其重要性.

背景和研究现状:说明为什么这个课题值得探讨,以及当前对这个问题的理解和研究成果.

研究的问题和假设:明确指出你想要解答的具体问题,以及你提出的假设或预期结果.

研究的方法和步骤:概述你将如何进行研究,包括使用的数据收集和分析方法.

现实意义:解释研究的结果如何应用于实践,比如改善政策、提升服务质量或推动产业发展.

理论意义：表明研究的内容如何丰富或拓展相关领域的知识体系,比如提出新的理论模型或概念.

创新性：强调研究的方法或视角的新颖性和独特性,以及可能的学术贡献.

在实际撰写时,应根据自己具体的研究领域和个人兴趣来确定目的和意义的具体内容和侧重点.同时,要注意避免过于空泛或不切实际的说法,确保内容的准确性和可行性.

（3）开展行动研究

研究方案只是一个解决问题的思路和设想,课题研究的核心是行动,行动是研究方案付诸实践的过程,但是这种行动不是一般意义的行为和动作,而是一种变革、改进、创新,是一个寻找问题解决、创造教育实践新形态的过程,它具有以下特征：

第一,验证性,检验研究方案的可行性,证实或证伪研究假设.这是课题研究的基本特征.

第二,探索性,发现和寻找各种新的可能性.行动绝不是按图索骥的机械活动,而是一种积极寻找和探索解决问题、达到目的的最佳途径和最佳策略的过程.这意味着教师在行动时,不应拘泥于原有的假设和事先的设计,要根据实际情况,随时对方案作出有根据的调整、变更.探索性是课题研究的本质特征.

第三,教育性,服从、服务于学生的成长和发展.任何行动都应该无一例外地遵循人道主义原则,体现教育活动的价值导向和人文关怀,无条件地有利于所有学生的成长和发展,这是行动的最高原则.验证和探索只有在完整地关注学生的全面成长的前提下进行才是有价值的、符合教育道德的.教育性是课题研究的灵魂.行动研究不仅需要行动,而且也要求"写作",教师应将行动过程中发现的新问题、激发出的新思考、新创意忠实而全面地记录下来,并形成改进自己教学行为的方案,在以后的教学实践中作新的尝试,在尝试过程中再记录新发现,形成新思路,从而使自己的教学行为处于不断的重新建构之中.

（4）总结研究成果

总结在课题研究中既是一个研究循环的终结,又是过渡到另一个研究循环的中介.在总结这个环节中教师作为研究者主要要做以下几件事：

第一,整理和描述,即对已经观察和感受到的,与研究问题有关的各种现象进行回顾、归纳和整理,其中要特别注重对有意义的"细节"及其"情节"的描述和勾画,使其成为教师自己的教育故事或教学案例.这是叙事研究在课题研究中的体现,它会给教师的研究带来新的变化,教师作为研究者不再依赖于他人的话语而转向直接讲述自己的教育生活经历和教育生活体验,"做自己的事""说自己的话".这是个人课题校本研究改变教师职业生活方式的关键.

第二,评价和解释,在回顾、归纳和整理的基础上,对研究的过程和结果作出判断,对有关现象和原因作出分析和解释,探讨各种教学事件背后的理念,揭示规律,提高认识,提炼经验.

第三,重新设计,针对原有方案及其实施中存在的各种偏差或"失误",以及新的感悟、新的发现、新的认识和新的思考,修改原有方案或重新设计方案,并付诸实施,进行进一步的检验、论证和改革探索.个人课题研究的目的是改进和改正,它不可能停滞在一个凝固的"成果"上,而是一个不间断的自我修订、自我完善的"过程".所以,任何总结,都只是意味着一个新的开始.

在上述工作之后,教师应该撰写一份相对完整的课题研究报告,其构成主要包括:①课题提出的背景;②课题研究的目的和意义;③已有的研究成果;④课题研究的内容、目标;⑤课题研究的实施过程;⑥课题研究的主要结论.框架如表 6.1 所列.

表 6.1　课题研究报告的主要构成

一、课题名称	(1) 明确表述研究问题. (2) 揭示研究对象. (3) 用语规范、科学.
二、研究背景、现状和意义	(1) 阐述课题研究的背景(问题提出). (2) 阐述研究的意义. (3) 国内外研究现状(文献综述).国内外作过哪些研究;取得哪些成果;达到什么水平.
三、阐述研究目标、内容	(1) 明确研究目标. (2) 阐述研究内容.
四、课题研究方法	"研究方法"主要反映一项课题的研究要"做些什么"和"怎样做".要尽可能写得细致一些.如用调查法,可写明调查方式是问卷还是访谈.如果用问卷调查,最好能将设计好的问卷附上.
五、明确研究程序、步骤	研究持续的时间、阶段划分、每个阶段的主要工作、达到的要求.
六、阐明成果表现形式	如总结报告、公开发表论文等
七、课题研究资源的配置	(1) 研究组成员及其分工. (2) 经费预算及设备条件的需要.
八、参考书目及有关附录	真实引用和参考的文献和相关资料等.

这是一般的体例,切忌将其形式化和绝对化,写作过程也要避免"科学化""客观化"的纯理性论述,要积极采用生活故事和经验叙事来撰写课题研究报告,凸显课题研究的人文性、个体经验性,反映教师的个体体验和个体实践知识,使研究报告充满生活气息和人文气息.课题研究过程是一个螺旋上升循环发展的动态过程,它不是一个线性结构,而是一个不断地趋进问题解决的复式循环结构.实践证明,课题研究对于提升教师科学素养和理论水平具有特别重要的推进作用.

6.3　教研论文的写作

教研论文是指在教育教学领域内,围绕学科教学的特定问题或知识点进行深入研究的学术性文章.它通常是在一定的理论指导下,通过有目的、有计划的科学研究过程形成的,目的是使人们对教育现象的理解从感性提升到理性,并且包含创造性的思维成分.教研论文不仅能够反映教育活动的本质和规律,还能够为教育工作者提供宝贵的经验和指导,帮助他们改进教学方法和质量,促进教师间的交流与学习.这类论文可能来源于个人的经验总结,也可能是对他人经验的提炼和综合,它们往往结合了理论与实践,体现了感性与理性的统一.

6.3.1 教育论文选题

论文是指围绕学科教学的某个点,总结出具有普遍意义,可资借鉴或值得推广的做(想)法的文章.它既可以是自己经验的总结,也可以是其他老师做法的提炼,更多的是包括自己在内的众多老师的经验荟萃,具有理论与实践结合,感性与理性交融的特点.与纯理论性的教育论文相比,教研类论文的撰写相对比较容易.一般来说,在开始研究之时已经确定了课题研究题目,但课题题目和论文题目并不是完全等同的,尤其是一些周期较长、内容较广的教育科研课题,其研究成果往往需要通过几篇论文才能表示出来的.因此,论文撰写的第一步就是要确定题目.它可以和课题研究题目相一致,也可以不一致.无论是否一致,一个好的论文题目都应符合下列要求:

(1)时效性.所谓时效性,就是论文的选题要"与时俱进".在职称申报和教师荣誉称号评选时,要求提供的论文都是近 3~5 年的,难道教研论文也有"保质期"? 在写有关课改方面的论文时,如果还是停留在"转变教育观念""转变教师角色""转变教学行为"等比较肤浅的内容上,就会给人一种脱离时代的感觉.为此,老师们一定要密切关注教育、教学改革发展的现状和动向,去研究一些具有时代性的,能够解决现实教育、教学中具有普遍意义的问题,这样写出来的教研论文才具有可借鉴性.

(2)独特性.论文有创新性才能体现其本身的价值.无论是教学研究还是论文写作,都必须具有创新点.独特性包含着两层意思,一是指抓住最新出现的问题,具有开创性的题目,就很新颖.二是指在原有的问题之外,提出新的问题.提出了一个新的研究思路,也具有新颖性.选题时,要避免已经泛滥的题目.在教育教学实践中大家共同面对和关注的问题,无法刻意回避选题,可尝试用不同的"方法"和"途径"展开论述,选取独特的落笔角度应该是论文撰写的一个追求.另一个选题的途径是参考优秀论文,国内还有一些实践性很强的数学教育类杂志,更加直接地反映数学课堂教学的经验和问题.中学数学教师是这些杂志的主要作者,比较重要的有天津的《数学教育学报》、北京的《数学通报》、上海的《数学教学》、西安的《中学数学教学参考》、重庆的《数学教学通讯》等.具有独特性的选题一般有以下特点:①新热点:某种新的教学理论、教学理念被倡导之初,针对某种困惑开展解惑的研究和探索,再将这些研究和探索的具体做法加以提炼和总结,就可能成为一篇具有新意的教研论文.②交叉点:一般老师都将自己关注的视线投向自己所教的学科领域,如果能够进行跨学科或跨领域的探索,也许会发现更多新的写点.③逆向点:在一些新理论实施期间,肯定会有一些操作层面的"误区".从反面事例进行总结、剖析阻碍这种理念过程中的种种表现及其原因.

(3)合理性.就是题目的体量需要创作者能量匹配.如果把题目定得太大,不是无从下手,就是泛泛而谈,这是初次写教研论文时容易出现的问题.比如,把论文题目定为《初中阶段培养数学核心素养的研究》,就属于选题过大.因为"初中阶段"和"数学核心素养"内容极为丰富,需要探讨的问题极其多样化.一般来说,教研论文的选题应根据自己的教学实践,选择一些大课题中的"小问题"来进行研究.题目过大,容易写得空泛,初写论文时更是如此.广大教师应该根据自己的教育实践,选择一些小的题目进行写作.例如,对于"数学核心素养培养"这个大课题,可以分解成"小专题",选择其中最适合的分支开展研究.如"在三角形单元中培养几何推理能力的策略".当然,有些问题如果太小又过于具体的话,就会缺乏普遍意义和借鉴的价值.

6.3.2 教育论文的组成要素

教育类科研论文撰写的基本结构及方法,它有 3 个组成部分:前置部分、主体部分、附录部分.

(1) 前置部分

撰写教育类科研论文在教育科学研究中,一般有三种类型的论文.一是理论研究类教育科研论文;二是实验研究类教育科研论文;三是描述研究类教育科研论文.这三种类型的教育科研论文的基本结构共同的部分:前置部分.前置部分是教育科研论文的第一部分,一般包括题目、署名、摘要和关键词四个方面的内容.

题目是论文的窗户,它应是论文内容的高度概括.好的论文题目能大体反映出作者研究的方向、成果、内容、意义.题目引用语要确切、简洁、精练、通俗和新颖.确定题目时,题目要专一,开掘要透,道理要深,立意要新.一般选题宜小,挖掘要深.题目的形式多样,可以明确点明题意,可以仅指出研究的问题范围,可以用提出问题的方式.实验研究报告的题目常直接采用研究课题的名称,指明所研究的主要变量,使人对研究对象一目了然.

署名是为了表示对论文负责,要署上作者的姓名.

摘要是论文内容不加注释和评论的简短陈述.它要求把文章讨论的主要问题、取得的主要成果作明晰的交代,使无法或无时间阅读完全文的读者读后能获得大致全面、清楚、明了的信息与印象.摘要的语句最好不要与前言或结论部分雷同,以免给人以重复之感.摘要独立成篇,一般为 200~1000 字(中文或外文),不要过长.

关键词是为便于文献索引的制作而从论文中选出的最核心的专性概念或词语.通常一篇论文要求 3~5 个关键词.这 3~5 个词一般分别用分号隔开,不要求连贯起来表达一个完整的意思,也不必考虑语法结构.关键词一般来源于论文题目或摘要,也可来源于论文内容.

(2) 主体部分

丰体部分是教育科研论文的主要部分,不同类型的教育科研论文,其主体部分的具体内容不尽相同.

在教育科研论文中,主要为学术论文,它是某一学术课题在实验性、理论性或观测性上具有新的科学研究成果或创新见解和知识的科学记录,或是某种已知原理应用于实际中取得新进展的科学总结.其主体部分一般包括前言、正文、结论、后记或致谢、引文注释与参考文献.

① 前言.写在正文之前,用于说明写作的意图及研究方法.学术论文的前言一般包括三个方面的内容:阐明研究的背景和动机,提出自己所要研究的问题;简介研究方法和有关研究手段;概述研究成果的理论意义和现实意义.

② 正文.这是教育科研论文的主体部分.包括论点、论据、论证,是作者研究成果的表现,在整个论文中占极重要的地位.它着重讨论取得研究成果所用的论证手段及所建构的理论观点及体系,观点与材料相结合,通过由表及里,由此及彼的推理,显示研究的正确性.

③ 结论.这是围绕正文所作的结语,将研究成果进行更高层次的精确概括.结论是论题被充分论证后得出的结果,作者将自己的观点鲜明地铺垫出来,引出新的思考.

④ 后记或致谢.这是对在教育科学研究中或写作过程中曾经给予帮助、参与讨论、审阅或提出建议的单位或个人表示谢意.这是对他人劳动的一种尊重.

⑤ 引文注释与参考文献.论文中应列出直接提到的或利用的资料来源.凡引用了他人的材料、数据、论点,应注明出处,这就是注释.注释的方式有三种:文内注(行内夹注)、页末注(脚注)和文末注.参考文献是指与论文有关的重要文献,一般采用文末注.

实验研究类教育科研论文,主要表现为实验研究报告.它是对整个教育实验研究的全面总结.其主体部分包括前言、方法、结果、讨论、后记或致谢、参考文献.

① 前言.一般也包括三个方面的内容:提出问题、表明研究的有关文献的考察,说明选题的依据,课题的价值和意义;目前国内外在这一方面研究的成果、现状、问题及趋势;该项研究所要解决的问题及研究的理论框架.

② 方法.要阐明实验研究所使用的研究方法,即要让别人了解研究结果是在什么条件和情况下,通过什么方法,根据什么事实得出来的,便于别人对整个研究过程的科学性加以评价和鉴别,便于他人用同样的方法进行同样的重复实验.方法部分一般要写明五项具体内容:研究课题中出现的主要概念的定义和阐述;被试的条件、数量、取样方法;实验的设计、实验组与控制组情况;研究的自变量因素的实施及条件控制等之前的程序、通常涉及实验步骤的具体安排、研究时间的选择;资料数据的搜集和分析处理,实验结果的检验方式.

③ 结果.这是实验报告的主要部分,要求说明每一个结果与研究假设的关系,将研究结果作为客观事实呈现给读者.其基本内容有两个方面:对研究中所搜集的原始数据、典型案例、观察资料,用统计表、曲线图,结合文字进行初步整理、分析;对资料进行初步整理分析的基础上,采用一些逻辑的或统计的技术手段,得出研究结果或结论.

④ 讨论.讨论是对研究结果的含义和意义进行评价.研究者根据研究的客观事实和结论,结合自己的认识和了解,通过思考、讨论和分析与实验结果有关的问题,对当前教育理论或实验的发展提出自己的认识、建议和设想.其基本内容包括:对实验结果进行理论上的分析和论证;对本实验研究方法的科学性和局限性的探讨,如对误差、显著性的分析等,进行必要的反省;对研究成果的可靠程度和适用范围进一步说明;提出可供深入研究的问题以及本实验研究中尚未解决或需要进一步解决的问题;对未来的研究以及如何推广提出建议.讨论与研究结果的主要区别在于:研究结果呈现的是研究中的客观,它应该是基本肯定的,并可以在相同的研究中重复出现;讨论则是教育主观的认识与分析,是研究者将研究的结果引向理论认识和实验应用的桥梁.

⑤ 后记或致谢.为了对那些对实验的开展进行了有效的配合、给予了有力的帮助的单位和个人表示感谢,可以写一后记或致谢,它可以用脚注的形式,在论文题注中说明,而不作为论文主体部分中的一部分.

⑥ 参考文献.实验报告的末尾,应注明实验报告中所直接提到的或引用的资料来源.

描述研究类教育科研论文主要是指教育调查报告和教育经验总结报告.主体部分一般包括前言、正文、结论与建议.前言.教育调查报告和教育经验总结报告的前言要交代清楚调查和经验总结的目的、意义、任务和方法.一般要说清调查和总结的问题是什么,为什么要进行调查和总结,调查和总结的时间、地点、对象、范围、抽样及调查或总结的方式方法等;正文.正文部分即调查或总结的内容,通过叙述、调查图表、统计数字及有关文献资料,用纲目、项或篇、章、节的形式,把主体内容有条理地、准确地提示出来;结论与建议.在对整个调查或总结内容进行总体的定性、定量、分析的基础上,概括出事物的内在联系和规律,提出新的见解、新的理论和参考意见.在这一部分中,也可以进一步指出存在的问题和今后的改进意见.附录部分实验研究类和描述研究类教育科研论文一般都附有附录部分.在实验研究类教育科研论文中,一般把实验研究中得到的原始数据、实验观察记录、繁杂的数学推导、问卷或其他不便放入正文中的资料列入附录,以便查证.在描述研究类教育科研论文中,一般把调查工具,部分原始材料附在报告后面,包括各种调查表格、原始数据、研究记录等.把这些内容作为附录,一方面可以使正文内容更集中,另一方面也是为读者提供可供分析的原始资料,以便让他人分析搜集方法是否科学,事实材料是否可靠,并供其他的研究人员参考.

6.3.3 撰写教育论文一般流程

(1) 教育论文的构思

构思,是在写作目的确定之后正式动笔之前,对通篇文章的安排设计.构思清楚、巧妙,写出来的论文才能布局巧妙,条理清楚,使论点鲜明,论据充分,论证有力,逻辑性强,学术见解深刻.反之,构思混乱,布局必然混乱.

教育论文与教育经验构思是有差异的.教育论文的构思是通过发散思维,运用概念、判断、推理等方式,对确凿事实进行分析综合、抽象概括,达到对事物本质的认识,并在认识过程中用严密的逻辑推导形式论证其学术观点,使读者相信并接受这个观点;而教育经验的构思则是通过叙述做法,阐明观点,反映事物发展变化的因果关系,揭示教育效果获得的内在机制,并从各种表面的、全部教育事例的总和中找出规律性的联系,从而介绍经验,使读者相信其做法,学习这种经验.

(2) 拟定提纲

题目确定之后,就要根据题意,拟定写作提纲,对论文的基本框架和总体布局进行设计、安排.因此,提纲实际上是一篇论文的写作设计蓝图.提纲一般可分为简单提纲和详细提纲两种.简单提纲的特点是比较概括,只列出论文各部分的大小标题,对如何具体展开论述则不涉及.详细提纲除列出论文各部分的标题外,还在每一个标题下较为详细地写出所要阐述的内容的要点.一份好的论文写作提纲,一般要求能做到三点:安排好全文的布局;安排好材料的使用;安排好论文的篇幅.

(3) 论文写作

拟定了提纲后,就可以按提纲进行写作.在写作中应该注意以下几点.

① 注意立论、推论和表述的科学性.论文是科学研究的结晶,丧失了科学性,论文就不称其为论文了.因此,在写作中,提出论点,运用概念,进行推论时都应该充分注意是否科学、严谨,任何夸大其词的表述都会降低论文的质量.

② 注意论点、论据和论述的逻辑性.一篇好的论文,必须论点明确,论据确凿,论述严密,形成三者间的逻辑统一.

③ 注意数据和文字表述的有机统一.为了科学、准确地表述研究成果,在一篇论文中必须提供数据.但是,数据只是供作分析的素材,主要的部分还是文字表述.缺乏数据固然会削弱说服力,只有数据则会混同于统计报表.因此,在论文写作中,应该有选择地提供具有代表

性的数据,同时,也应该重视对数据的逐层分析,展开充分论述,才能使论文具有较高的可信度和理论深度.

④ 注意典型分析和一般分析的结合.在论文撰写中,应该注意两者的结合使用,才能更具有说服力.

（4）推敲修改

论文写完后,不仅对文章的立论、结构要进行认真推敲,而且对每个句子、字词,甚至标点都要细加斟酌.首先,要作严格的自我审阅,自我修改.其次,在文章的修改过程中,还可以请周围的老师或同行审阅,以征求更多的修改意见.一篇高质量的学术论文正是在不断的推敲修改基础上形成的.

思考与练习6

1. 教育调查的类型有哪些? 教育调查的局限性主要有哪些?
2. 教育调查的对象分哪几种? 简述进行调查时,选择调查对象的局限性.
3. 简述教育调查报告的基本结构.
4. 教育领域中的课题研究主要有哪两种? 请比较两种课题的异同.
5. 简述课题研究的主要步骤.
6. 简述论文写作过程中需要注意的一些问题.

参 考 文 献

[1] 官运和.初等数学研究[M].北京:清华大学出版社,2017.

[2] 官运和.数学方法论[M].北京:清华大学出版社,2020.

[3] 官运和.说课与师资培训[J].江西教育科研,2006(4):38-39.

[4] 中华人民共和国教育部.普通高中数学课程标准(2017年版)[M].北京:人民教育出版社,2018.

[5] 中华人民共和国教育部.义务教育数学课程标准(2022年版)[M].北京:北京师范大学出版社,2022.

[6] 何小亚.数学学与教的心理学[M].广州:华南理工大学出版社,2016.

[7] 何小亚,姚静.中学数学教学设计[M].北京:科学出版社,2020.

[8] 胡庆芳.优化课堂教学:方法与实践[M].北京:中国人民大学出版社,2014.

[9] 郑金洲.教学方法应用指导[M].上海:华东师范大学出版社,2006.

[10] 叶雪梅.数学微格教学[M].2版.厦门:厦门大学出版社,2019.

[11] 刘宗南.微格教学概论[M].天津:天津大学出版社,2011.

[12] 陈引兰,李必文.数学教学设计与案例分析[M].北京:科学出版社,2024.

[13] 吕晓元.基于数据分析的初中数学试卷讲评课精准教学研究[D].沈阳:沈阳师范大学,2023.

[14] 蒙美兰.基于心理学相关理论的初中数学试卷讲评课的实践研究[D].武汉:华中师范大学,2023.

[15] 王蓓蓓.基于大数据的精准教学互动模式研究[D].青岛:青岛大学,2020.

[16] 李彩玲.基于习题链的初中数学单元复习课的教学研究[D].徐州:江苏师范大学,2018.

[17] 王金.初中数学习题课课堂效率研究[D].长沙:湖南师范大学,2014.

[18] 吴岳冬.中学数学讲评课"QNDZB"教学模式的研究[D].武汉:华中师范大学,2008.

[19] 陈佳莉.基于高中数学试卷分析的试卷讲评课设计[D].拉萨:西藏大学,2021.

[20] 顾明远.教育大辞典[M].上海:上海教育出版社,1998.

[21] 戴尔·H.申克.教育视角下的学习理论(第7版)[M].上海:华东师范大学出版社,2022.

[22] 艾丽森·A.卡尔-切尔曼.教师教学设计-改进课堂教学实践[M].福州:福建教育出版社,2018.

[23] 张奠宙,李士锜,李俊.数学教育学导论[M].北京:高等教育出版社,2003.

[24] 曾峥,李劲.中学数学教育学概论[M].郑州:郑州大学出版社,2007.

[25] 张奠宙,宋乃庆.数学教育概论[M].北京:高等教育出版社,2004.

[26] 李求来,昌国良.中学数学教学论[M].长沙:湖南师范大学出版社,2006.

[27] 翁凯庆.数学教育学教程[M].成都:四川大学出版社,2002.

[28] 曹才翰、蔡金法.数学教学概论[M].南京:江苏教育出版社,1989.

[29] 胡炯涛.数学教学论[M].南宁:广西教育出版社,1994.

[30] 田万海.数学教育学[M].杭州:浙江教育出版社,1992.

[31] 曹才翰.中学数学教学概论[M].北京:北京师范大学出版社,1991.

[32] 孙名符,等.数学教育学原理[M].北京:科学出版社,1996.

[33] 李忠海.数学教学论与案例分析[M].沈阳:辽宁教育电子音像出版社,2008.

[34] 罗增儒,李文铭.数学教学论[M].西安:陕西师范大学出版社,2003.

[35] 涂荣豹.数学解题的有意义学习[J].数学教育学报,2001(4):15-20.

[36] 孙方.PowerPoint!让教学更精彩:PPT课件高效制作[M].北京:电子工业出版社,2011.

[37] 王贵军.GeoGebra与数学实验[M].北京:清华大学出版社,2017.

[38] 万志琼."听数学""做教学""说数学":关于数学学习方式的思考[J].课程教材教学研究,2003(11):15-17.

[39] 钟进均,朱维宗.从默会知识例析"说数学"[J].中学数学研究,2009(9):7-10.

［40］ 齐银天.基于有效提问 优化数学课堂［J］.数学教学通讯,2024(29)：83-85.

［41］ 杨鹤云.从教学原则的视角谈提高课堂提问的有效性［J］.中学数学月刊,2015(12)：16-17.

［42］ 余小芬,刘成龙.让板书留下思维痕迹 促进学生学会学习：以高中数学五节课的板书设计为例［J］.中学数学研究(华南师范大学),2024(11)：15-17.

［43］ 陈算荣,董琳琳,陈建祥.让传统板书成为激发数学思维的支架：以"等比数列前 n 项和"的教学为例［J］.中国数学教育(高中版),2021(6)：34-37.

［44］ 王克军.核心素养背景下反例在高中数学教学中的应用研究［J］.中学数学,2024(3)：22-23.

［45］ 石晓圳.初中数学教学中的变式教学［J］.中学数学,2024(4)：15-16.

［46］ 程华.新课程理念视角下数学课堂板书的功用［J］.数学通报,2023,62(8)：16-20.

［47］ 黄吉红.数学教学中板书作用的有效发挥［J］.甘肃教育,2019(22)：83.

［48］ 任华.浅析数学课堂教学中板书的作用［J］.卫星电视与宽带多媒体,2018(21)：263.

［49］ 李博翰,范佳清.HPM 视角下正弦定理教学案例研究［J］.数学通讯,2022(6)：16-18,39.